# 大数据技术原理与应用

程秀峰　严中华　主编

科学出版社
北京

# 内 容 简 介

本书从大数据基础原理、大数据分析方法和大数据行业应用三个部分介绍大数据技术。全书共 12 章，内容包含大数据的基本概念，分布式基础架构 Hadoop，分布式文件系统 HDFS，NoSQL 数据库，分布式计算框架 MapReduce，大数据基本分析方法（聚类、分类与预测），大数据在搜索引擎、推荐系统以及其他行业的应用。本书在前 7 章设置 8 个实验，帮助读者初步掌握大数据技术、大数据分析与大数据应用的相关知识与操作技能。

本书可作为信息管理与信息系统相关专业的教材，也可用作计算机相关专业的教材。同时，本书在编写时考虑到前期没有接触过计算机原理、数据库、操作系统相关内容的读者群，尤其是信息管理相关专业的本科生、跨专业的研究生，帮助他们更好地理解和掌握大数据基础原理与方法。

**图书在版编目（CIP）数据**

大数据技术原理与应用 / 程秀峰，严中华主编.—北京：科学出版社，2022.9

ISBN 978-7-03-072957-6

Ⅰ.①大…　Ⅱ.①程…②严…　Ⅲ.①数据处理　Ⅳ.①TP274

中国版本图书馆 CIP 数据核字（2022）第 152229 号

责任编辑：邵　娜　董素芹 / 责任校对：刘　芳

责任印制：吴兆东 / 封面设计：无极书装

科学出版社 出版

北京东黄城根北街 16 号

邮政编码：100717

http://www.sciencep.com

北京凌奇印刷有限责任公司 印刷

科学出版社发行　各地新华书店经销

*

2022 年 9 月第　一　版　开本：787×1092　1/16

2024 年 3 月第三次印刷　印张：16 3/4

字数：422 000

**定价：78.00 元**

（如有印装质量问题，我社负责调换）

# 前　言

大数据产业发展迅速，社会对大数据人才需求迅速增长，迫切需要高效、及时地建立大数据专业方向的课程体系，快速、高效地培养大数据专业人才，使之快速融入大数据分析与应用等行业。对于没有接触过计算机或信息技术的研究生或本科生，特别是对跨专业的学生来说，学习大数据需要提前对程序设计、计算机网络、数据库原理、算法设计等基础知识有所涉及，这就需要他们在极短的时间内掌握以上基本知识，再去理解大数据原理和方法，达到入门标准。由于大数据技术基础课程往往只有一个学期，导致学生基础不扎实，从而影响他们后续的专业实践。再者，市场上大数据方面的书籍可谓琳琅满目，鲜有一本由浅入深、从零开始、系统梳理大数据技术原理与方法的教材。

本书定位为信息管理相关专业学生的入门教材，在系统地梳理、总结大数据相关知识的基础上，论述大数据分析的主要研究方法，介绍大数据在主要行业的应用。同时，注重案例引导和原理解释，力争让零基础的读者从一个个实际案例中理解大数据技术的精髓，形成大数据知识体系的轮廓，为读者在大数据领域深入探索提供方向性指引。

全书共分为三个部分：大数据基础原理、大数据分析方法和大数据行业应用。其中 1～6 章为大数据基础原理，7～9 章为大数据分析方法，10～12 章为大数据行业应用。

第 1 章从大数据的基本概念、类型特征开始，阐明学习大数据需要具备的思维方式、大数据分析的技术流程、主流的大数据平台以及典型行业介绍。

第 2 章介绍大数据处理架构 Hadoop，由于 Hadoop 是一个应用相对广泛、相对经典的大数据架构，所以本书技术部分主要围绕 Hadoop 展开。

第 3 章介绍 Hadoop 的分布式文件系统 HDFS，从 HDFS 的概念、寻址机制、存储原理、读写过程等方面阐述 HDFS 的工作原理。

第 4 章介绍 NoSQL 数据库及其典型代表，包括 HBase、MongoDB。

第 5 章和第 6 章分别为大数据计算框架 MapReduce 的理论和实践。分布式并行编程模型 MapReduce 是大数据的核心框架，因此对其进行原理解释和实验介绍。

第 7～9 章介绍对大数据技术进行聚类、分类和预测的分析方法及实证。

第 10～11 章选取两个典型案例（检索与推荐）对大数据技术进行深入介绍。

第 12 章从应用层面对大数据技术的行业应用及发展进行展望。

本书教学建议安排 42 学时，其中原理讲解为 30 学时，实验为 12 学时，共 16 个教学周。

本书在写作过程中得到华中师范大学信息管理学院邹晶晶、贾超、张梦园、丁芬、罗小路、程欣然、张楚怡、张君勇、李云沛、董迪迪等研究生的帮助，在此，对这些同学表示衷心的感谢。同时本书也是作者近年来在数据科学领域从事教学、科研的成果。由于作者学识水平的限制，疏漏之处在所难免，恳请读者批评指正。

程秀峰

2021 年 10 月

# 目　　录

前言
第 1 章　大数据概述 ………… 1
1.1　什么是大数据 ………… 1
1.1.1　关于大数据的预言 ………… 1
1.1.2　触发大数据产生的三种技术 ………… 2
1.1.3　大数据形成中遇到的问题及解决方案 ………… 3
1.1.4　各方对大数据的定义 ………… 4
1.2　大数据的类型与特征 ………… 4
1.2.1　按照数据结构分类 ………… 4
1.2.2　按照生产主体分类 ………… 6
1.2.3　按照作用方式分类 ………… 6
1.2.4　大数据的特征 ………… 7
1.3　大数据的思维方式 ………… 8
1.4　大数据的技术流程 ………… 9
1.4.1　总体处理流程 ………… 9
1.4.2　数据采集与数据预处理 ………… 10
1.4.3　数据存储 ………… 10
1.4.4　数据分析与数据挖掘 ………… 11
1.5　主流的大数据平台 ………… 11
1.5.1　Hadoop ………… 12
1.5.2　Spark ………… 12
1.5.3　Storm ………… 13
1.5.4　Flink ………… 13
1.5.5　主流的大数据平台比较 ………… 14
1.6　大数据集群的部署方式 ………… 14
1.6.1　分布式 ………… 14
1.6.2　云架构 ………… 15
1.7　实验 1：熟悉虚拟环境、Linux、Java ………… 17
1.7.1　安装 VMware ………… 17
1.7.2　Linux 基本命令 ………… 21
1.7.3　在 Linux 中安装 Java 环境 ………… 22
1.8　习题与思考 ………… 23

**第 2 章　分布式基础架构 Hadoop** …… 24
2.1　什么是 Hadoop …… 24
2.2　Hadoop 的发展历史 …… 25
2.3　Hadoop 的基本特性 …… 27
2.4　深入了解 Hadoop …… 28
2.4.1　Hadoop 的体系结构 …… 28
2.4.2　Hadoop 的并行开发 …… 30
2.4.3　Hadoop 的生态系统 …… 31
2.5　Hadoop 与其他技术和框架 …… 33
2.5.1　Hadoop 与关系型数据库 …… 33
2.5.2　Hadoop 与云计算 …… 34
2.6　实验 2：快速搭建 Hadoop 集群环境 …… 34
2.6.1　准备工作 …… 34
2.6.2　安装配置虚拟机 …… 35
2.6.3　配置固定 IP 并测试 …… 35
2.6.4　克隆虚拟机 …… 36
2.6.5　配置 SSH 无密码登录 …… 36
2.6.6　配置时间同步服务 …… 37
2.6.7　安装 JDK …… 38
2.6.8　上传、解压 Hadoop 安装包 …… 38
2.6.9　配置 Hadoop …… 38
2.6.10　启动集群 …… 41
2.6.11　查看集群监控 …… 41
2.7　习题与思考 …… 42
**第 3 章　分布式文件系统 HDFS** …… 43
3.1　什么是 HDFS …… 43
3.1.1　文件系统和计算机集群 …… 43
3.1.2　分布式文件系统 …… 43
3.1.3　HDFS …… 45
3.1.4　HDFS 的优点和缺点 …… 48
3.2　HDFS 中的概念 …… 48
3.2.1　块 …… 49
3.2.2　三级寻址和元数据 …… 49
3.2.3　命名空间 …… 50
3.2.4　名称节点 …… 51
3.2.5　第二名称节点 …… 52
3.2.6　数据节点 …… 53
3.2.7　客户端 …… 54
3.2.8　心跳机制 …… 54

3.2.9 块缓存……54
3.3 HDFS 的存储原理……55
3.3.1 冗余存储机制……55
3.3.2 数据存取策略……55
3.3.3 数据的错误与恢复……56
3.4 HDFS 的数据读写过程……57
3.4.1 RPC 实现流程……57
3.4.2 文件的读流程……58
3.4.3 文件的写流程……59
3.5 HDFS 的命令、界面及 API……60
3.5.1 HDFS 的主要命令……60
3.5.2 HDFS 的 Web 界面……61
3.5.3 HDFS 常用的 Java API……61
3.6 实验 3：HDFS 编程实践……62
3.6.1 在 Eclipse 中创建项目……63
3.6.2 为项目添加需要用到的 JAR 包……63
3.6.3 编写 Java 应用程序……63
3.6.4 编译运行程序……65
3.6.5 应用程序的部署……65
3.7 习题与思考……67
**第 4 章 NoSQL 数据库**……68
4.1 关系型数据库……68
4.1.1 关系模型……69
4.1.2 设计数据库……71
4.1.3 使用数据库……72
4.1.4 数据库恢复和数据保护……73
4.2 非关系型数据库 NoSQL……74
4.2.1 关系型数据库和 NoSQL 的比较……75
4.2.2 NoSQL 的基础理论……76
4.3 NoSQL 数据库的分类……79
4.3.1 列族数据库……80
4.3.2 键值数据库……82
4.3.3 文档数据库……83
4.3.4 图数据库……84
4.3.5 四种 NoSQL 数据库的比较……85
4.4 列族数据库——HBase……85
4.4.1 HBase 概述……85
4.4.2 HBase 的数据模型……86
4.4.3 HBase 的实现原理……88

4.4.4 HBase 的系统架构 …… 91
4.5 实验 4：HBase 的基本操作 …… 92
4.5.1 HBase 的安装 …… 92
4.5.2 HBase 的配置 …… 93
4.5.3 使用 Shell 命令操作 HBase …… 95
4.5.4 用程序操作 HBase …… 96
4.6 文档数据库 MongoDB …… 100
4.6.1 MongoDB 概述 …… 100
4.6.2 MongoDB 的体系结构 …… 101
4.6.3 MongoDB 的数据类型 …… 104
4.7 实验 5：MongoDB 的基本操作 …… 107
4.7.1 MongoDB 的安装 …… 107
4.7.2 MongoDB 的基本操作 …… 108
4.7.3 MongoDB 的索引操作 …… 114
4.7.4 MongoDB 的聚合操作 …… 115
4.8 习题与思考 …… 117
**第 5 章 MapReduce 原理** …… 118
5.1 什么是 MapReduce …… 118
5.1.1 MapReduce 模型 …… 118
5.1.2 MapReduce 函数 …… 120
5.2 MapReduce 的体系架构 …… 122
5.2.1 MapReduce 的工作主体 …… 122
5.2.2 MapReduce 的工作流程 …… 124
5.2.3 MapReduce 的执行过程 …… 125
5.2.4 Map 任务和 Reduce 任务 …… 127
5.3 Shuffle 的具体过程 …… 127
5.3.1 Shuffle 过程简介 …… 128
5.3.2 输入数据和执行 Map 任务 …… 129
5.3.3 Partition 操作 …… 129
5.3.4 Sort 操作 …… 130
5.3.5 Combine 操作 …… 130
5.3.6 Merge 操作 …… 131
5.4 MapReduce 的数学应用 …… 132
5.4.1 在关系代数运算中的应用 …… 132
5.4.2 分组与聚合运算 …… 133
5.4.3 矩阵-向量乘法 …… 133
5.4.4 矩阵乘法 …… 134
5.5 习题与思考 …… 135

第 6 章 MapReduce 实践案例 …… 136
6.1 实验 6：WordCount …… 136
6.1.1 实验需求 …… 136
6.1.2 实验设计 …… 136
6.1.3 执行过程 …… 137
6.1.4 实验分析 …… 138
6.1.5 WordCount 编程实践 …… 139
6.2 实验 7：MapReduce 统计气象数据 …… 142
6.2.1 实验需求 …… 142
6.2.2 数据格式 …… 142
6.2.3 实验分析 …… 143
6.3 习题与思考 …… 147
第 7 章 基于大数据的聚类分析 …… 148
7.1 聚类分析概述 …… 148
7.1.1 聚类分析的定义 …… 148
7.1.2 聚类算法的分类 …… 149
7.1.3 相似性的测度 …… 150
7.2 基于划分的聚类算法 *k*-means …… 153
7.2.1 *k*-means 聚类算法 …… 153
7.2.2 *k*-means 聚类算法的拓展 …… 155
7.3 层次聚类算法 …… 157
7.3.1 AGNES 算法 …… 158
7.3.2 DIANA 算法 …… 160
7.4 实验 8：*k*-means 算法的 MapReduce 实现 …… 161
7.4.1 实验内容与实验要求 …… 161
7.4.2 实验数据与实验目标 …… 162
7.4.3 实现思路 …… 162
7.4.4 代码实现 …… 163
7.4.5 实验结果 …… 164
7.5 习题与思考 …… 166
第 8 章 基于大数据的分类分析 …… 167
8.1 分类问题概述 …… 167
8.1.1 学习阶段 …… 167
8.1.2 分类阶段 …… 168
8.2 *k*-最近邻算法 …… 169
8.2.1 KNN 算法原理 …… 169
8.2.2 KNN 算法的特点及改进 …… 172
8.3 决策树分类方法 …… 173
8.3.1 决策树概述 …… 173

8.3.2 信息论 …… 177
8.3.3 ID3 算法 …… 179
8.3.4 算法改进：C4.5 算法 …… 183
8.4 贝叶斯分类方法 …… 187
8.4.1 贝叶斯定理 …… 188
8.4.2 朴素贝叶斯分类器 …… 189
8.4.3 朴素贝叶斯分类方法的改进 …… 192
8.5 习题与思考 …… 195
**第 9 章 基于大数据的预测分析** …… 196
9.1 大数据预测方法概述 …… 196
9.1.1 预测的定义 …… 196
9.1.2 预测方法的划分 …… 196
9.1.3 预测的基本步骤 …… 199
9.2 回归分析预测 …… 201
9.2.1 回归分析概述 …… 201
9.2.2 线性回归 …… 201
9.2.3 多项式回归 …… 204
9.2.4 逻辑斯谛回归 …… 205
9.3 时间序列预测 …… 208
9.3.1 时间序列概述 …… 208
9.3.2 时间序列平滑法 …… 210
9.4 习题与思考 …… 215
**第 10 章 大数据在搜索引擎中的应用** …… 216
10.1 应用现状概述 …… 216
10.1.1 搜索引擎的概念 …… 216
10.1.2 国内外搜索引擎的应用现状 …… 216
10.1.3 大数据与搜索引擎优化 …… 217
10.2 基本实现原理 …… 217
10.3 搜索引擎的大数据时代 …… 221
10.3.1 谷歌的大数据应用 …… 221
10.3.2 百度的大数据应用 …… 222
10.3.3 雅虎的大数据应用 …… 224
10.4 习题与思考 …… 224
**第 11 章 大数据在推荐系统中的应用** …… 226
11.1 应用现状概述 …… 226
11.1.1 推荐系统的概念 …… 226
11.1.2 推荐系统的应用 …… 227
11.2 基本实现原理 …… 227
11.2.1 推荐系统模型 …… 227

11.2.2 推荐系统的主要算法 …… 228
11.2.3 协同过滤实践 …… 233
11.3 应用案例 …… 236
11.3.1 智能推荐引擎 …… 237
11.3.2 智能推荐引擎系统架构 …… 237
11.3.3 用户画像 …… 238
11.4 习题与思考 …… 238
**第 12 章 大数据在其他行业中的应用** …… 239
12.1 大数据行业应用 …… 239
12.1.1 大数据行业应用现状 …… 239
12.1.2 大数据行业应用模式 …… 239
12.1.3 大数据行业应用概览 …… 240
12.1.4 大数据应用的时代划分 …… 240
12.2 大数据在医疗卫生行业中的应用 …… 242
12.2.1 应用现状概述 …… 242
12.2.2 应用案例——Nference 对 COVID-19 的研究 …… 243
12.2.3 医疗大数据的发展趋势 …… 244
12.3 大数据在智慧物流中的应用 …… 244
12.3.1 应用现状概述 …… 245
12.3.2 应用案例——京东无人车 …… 245
12.3.3 智慧物流的发展趋势 …… 246
12.4 大数据在智慧城市中的应用 …… 246
12.4.1 智慧城市的概念 …… 246
12.4.2 大数据在城市交通领域中的应用 …… 247
12.4.3 大数据在市民生活领域中的应用 …… 247
12.5 大数据在金融行业中的应用 …… 248
12.5.1 大数据在银行中的应用 …… 248
12.5.2 大数据在证券行业中的应用 …… 248
12.5.3 大数据在保险行业中的应用 …… 249
12.5.4 大数据在支付清算行业中的应用 …… 249
12.6 大数据面临的挑战和发展前景 …… 249
12.6.1 大数据面临的挑战 …… 249
12.6.2 大数据的发展前景 …… 250
12.7 习题与思考 …… 251
**参考文献** …… 253

# 第 1 章　大数据概述

## 1.1　什么是大数据

### 1.1.1　关于大数据的预言

维克托・迈尔-舍恩伯格（Viktor Mayer-Schönberger）是一位著名的数据科学家，先后有 100 多篇论文公开发表在《科学》《自然》等学术期刊上，通常被认为是最早洞察大数据时代来临的数据科学家之一。当大数据的概念还处在方兴未艾、众说纷纭的时候，他在《大数据时代：生活、工作与思维的大变革》一书中对人们的思维模式、商业模式、管理模式的变革进行了细致的描述，认为世界的本质是数据，大数据时代即将来临，从因果关系到相关关系的思维变革是大数据的关键，建立在相关关系分析法基础上的预测才是大数据的核心……。在今天看来，书中很多观点和内容仍然对大数据技术及应用的发展做了极为精准的预言。那么，这个预言成真背后的技术推动力又是什么呢？

首先，让我们看维克托・迈尔-舍恩伯格的预言的关键点。

（1）世界的本质是数据。世界的本质的确是人类社会数千年争论而未有定论的问题之一。数学家毕达哥拉斯认为世界的本质是数，因为数是描述事物的通用语言；爱因斯坦坚持自然唯物论，用数学描述宏观的宇宙现象；很多学者也有自己对于世界本质的理解。因此，对于世界本质问题而言，我们可以不采纳任何观点，但不可否认的是，数据可以自然地描述客观世界，而主观认知也离不开数据，数据的存在既客观又不可或缺。

（2）注重全样而非抽样。在人类历史中的绝大多数时间里，通过分析海量数据得到精确的结论是一种挑战。这是因为过去我们只能对少量数据（小数据）进行分析，虽然统计学家研究出许多放大样本可解释性的方法，但是直到现在，我们依然没有完全意识到自己拥有了能够收集和处理大规模数据的能力，还是习惯于在假设之下做很多事情。例如：人们一次次地观察天象，却始终得不到星系全图；一次次测量水稻的长势，却不知道明年是否会丰收；一次次积累临床经验，却不知道下一次流行病会从何时何地开始……

（3）注重融合而非精确。人们通常会把测量的精确程度视为科学发展水平的重要标志，测量方法越精确，得到的结果越理想。然而，许多人忽视了一个问题，那就是对精确度要求苛刻的根本原因是收集到的信息有限，而有限的信息意味着细微的错误会被放大。如今，不断涌现的新技术允许不精确、接受适量错误的存在、注重减轻数据的混杂程度，从而利用简单算法进行大规模数据的批量计算，已成为大数据时代的一种特征。

（4）注重相关而非因果。因果定律一直以来被视为科学研究和社会生产的铁律。的确，知道“为什么”仿佛在很多时候比知道“是什么”看上去更加有意义，但是，“为什么”在大数据中显得并不是那么重要，而“是什么”看上去更加能够产生收益。例如，基于大数据技术的推荐系统为许多公司带来了利润，但是公司好像从来都不会关心为什么（某个）客户喜欢（某些）商品，而只是根据他们喜欢的那些商品列表，推算出他们有可能感兴趣的其他商品，再把那些商品推荐给客户。

（5）思维模式的转变。从以上几点我们可以看出，大数据带来了人们在认知、探索、阐释和生产上思维的若干转变，这些转变是相互联系的。首先，要分析与某事物相关的所有数据，而不是分析少量的数据样本；其次，要乐于接受数据的纷繁复杂，不再过于追求精确性；最后，不再探求难以捉摸的因果关系，转而关注事物的相关关系。

（6）商业模式的转变。如今，对于很多行业而言，数据成为重要的生产要素，如何利用大规模的数据成为赢得竞争的关键。随着“互联网+数据”和工业 4.0 战略的逐步推进，以大数据为核心的技术具有前瞻性、带动性和精准性的特点，能够有效促进制造业与服务业融合，提升制造业企业的竞争力和创新能力。

（7）管理模式的转变。大数据为人类社会的生产、生活管理带来了改变。毕竟，大数据的核心思想就是用规模剧增来改变现状，而数据获取成本的降低与分析工具的先进，使社会管理做出相应的转变。大数据对管理影响最大的方面包括隐私保护、数据安全、法治建设，乃至政府、教育以及军事管理等。

另外，《大数据时代：生活、工作与思维的大变革》还为我们提供了丰富的案例，充分解读大数据将为人类社会的生活、工作和思维带来一系列冲击，为当时需要看清数据时代发展趋势的人们提供了清晰的思路。该书所提倡的全样本分析，仍是指导大数据技术发展的重要指标，本书认为，支持这种全样本分析的技术、方法、产品以及其他相关事物，即是大数据。

### 1.1.2 触发大数据产生的三种技术

如今，大数据已经对各行各业产生了影响。物联网、智能家居、智能交通、社交网络快速发展，新型移动设备、个人穿戴设备、感知设备不断涌现，数据量呈现爆炸式增长，数据的产生已经不受时空控制。那么，是哪些技术因素导致了大数据时代的来临呢？

**1. 存储技术不断升级、存储成本不断降低**

大数据产生的第一个重要因素是数据存储技术的迅速发展。1965 年，英特尔创始人戈登·摩尔（Gordon Moore）提出著名的摩尔定律，即当价格固定时，每隔 18～24 个月，相同多的钱能买到的设备上的元器件数目会增加 1 倍，设备性能也会提升 1 倍。直至 2012 年，计算机设备的发展总体规律依然符合摩尔定律，数据处理速度大幅增加，而生产成本却逐渐降低。另外，由于存储技术的提升、制造存储设备的成本下降，人们更倾向于将全部数据保存下来，而不会考虑保存什么。购买更多的存储设备又促使生产商制造更大容量的产品来满足市场需求，在这样滚雪球式的发展下，人们开始谋求用更先进的数据分析工具从海量数据中挖掘价值。

**2. 传输速度不断增加、移动网络迅速发展**

这里的数据传输有两个方面：一方面是指数据处理设备[如主板、内存和中央处理器（central processing unit，CPU）]中的数据总线的传输速率[总线输入/输出（input/output，I/O）]；另一方面是指互联网的数据传输。数据总线是将信息以一个或多个源部件传送到一个或多个目的部件的一组传输线。通俗地说，就是多个计算机部件之间的连接线，通常用 MHz 来描述总线的传输速度。同时，网络技术的发展也带来了数据传输的飞跃。1975 年第一条光纤通信系统投入商用，数据传输速率为 45 Mbit/s，而到 2021 年，第五代移动通信技术（5th generation mobile communication technology，5G）已经开始普及，理论传输速率达到了 10 Gbit/s。

**3. 数据处理能力大幅提升、单机处理能力遭遇瓶颈**

CPU 性能的提升大大提高了数据处理的能力，使我们可以更快地处理不断累积的海量数据。从 20 世纪 80 年代至今，CPU 制造工艺不断精进，随之而来的是数据处理能力呈几何级数上升。在过去的 40 多年里，CPU 的处理速度已经从 10 MHz 提高到 10 GHz。

CPU 处理速度的增加一直遵循摩尔定律，但是，到了 2012 年之后，CPU 的处理速度的增速逐渐趋缓，主要原因是在制造工艺上，CPU 内部元件的密度已经达到峰值（纳米级），而提高单个 CPU 的处理速度需要付出极大的研发代价。这样就带来一个突出的矛盾：数据的存储和传输可以无限增长，而单机处理数据的能力遇到瓶颈，这就催生了大数据技术的基础技术——分布式存储与分布式计算。

### 1.1.3 大数据形成中遇到的问题及解决方案

在这里我们看一个案例：一家电信运营商在 2018 年购入了两台惠普小型机，每台小型机有 512 GB 内存，128 个 CPU，且都安装了最新版本的关系型数据库，每台小型机的 I/O 和计算能力很强。其中一台用于入库操作（入库操作不能是多机器操作，否则容易引起存取冲突，使运行变慢），另外一台用于查询操作。整个系统的存储用的是惠普的虚拟化存储，里面用了超过 3000 个硬盘，每个硬盘的存储量是 1 TB。

现在遇到两个问题：第一，入库瓶颈。系统采用 Insert 操作来入库，但是，随着业务量的增加，有越来越多的数据需要入库，操作的速度要求也越来越高，慢慢地，一台机器已经不能满足入库需求。第二，查询瓶颈。在数据量越来越大的情况下，查询响应速度越来越慢，这样下去显然会出现问题。那么如何解决呢？对于这两台小型机来说，CPU 和内存的扩展空间已达到极限。如果重新购置更高级的机器，将会浪费时间成本，而仅凭这两台小型机，已经捉襟见肘。

从以上案例中，我们归纳出以下问题。

（1）数据存储量越来越大，无论入库操作还是查询操作，如果采用小型机与传统数据库搭配，速度都将越来越慢，不久会出现性能瓶颈。

（2）系统的实时性和响应时间要求越来越高。在很多场景下，企业需要立刻得到分析结果。

（3）数学模型越来越复杂。以前，系统中用到的数学模型较简单（计算平均数、方差、直方图等），但是一些数据分析所用到的数学模型远非这么简单。也就是说，不仅计算规模在扩展，算法的复杂度也在呈指数级增长。

这样，如果想要满足企业的需求，就需要计算能力越来越强的系统，但是成本会越来越高，不仅如此，即使购买更高级的机器，也仍然会达到其计算能力的瓶颈。那么，如何提供这样强大的计算能力呢？

光靠增加或置换小型机显然已经不行了。因此，人们期待以下解决方案。

（1）新系统能够完美解决性能瓶颈，并且在未来一段时间不容易出现新的瓶颈。最好的情况是：一旦出现性能瓶颈，那么直接购买机器加入计算集群即可，也就是说，这样的集群可以无限扩充节点。

（2）新系统能够使过去的技能平稳过渡。例如，公司员工以前用的是结构化查询语言

（structured query language，SQL）进行数据统计，用 R 语言进行数据分析，那么在新的体系里面，员工的这些技能最好还可以用下去。

（3）转移新平台的转移成本要低。转移成本包括平台软硬件的成本、再次开发的成本、员工技能培训的成本以及维护成本。

这样的一组解决方案，在如今看来，正是大数据系统的通用解决方案。即利用多个机器组成的分布式集群，将数据分割并存储在不同的机器中，每台机器利用相同的算法处理不同的数据部分，再将处理结果有机整合并呈现。

### 1.1.4 各方对大数据的定义

对大数据的概念界定，从业各方都有各自的看法。维基百科的定义是：大数据指的是需要处理的资料量规模巨大，无法在合理时间内，通过当前主流的软件工具获取、管理、处理并整理的资料，它成为帮助企业经营决策的资讯。美国国家标准与技术研究院（National Institute of Standards and Technology，NIST）发布的研究报告中对大数据的定义是：大数据是用来描述我们在网络的、数字的、遍布传感器的、信息驱动的世界中呈现出的数据泛滥的常用语。研究机构加特纳（Gartner）对大数据的定义是：大数据是指需要借助新的处理模式才能拥有更强的决策力、洞察发现力和流程优化能力的具有海量、多样化和高增长率等特点的信息资产。

维基百科中的定义缺乏精确性，常用软件工具的范畴难以界定；NIST 片面强调数据本身的量、种类和增长速度；Gartner 给出的定义偏向于对数据特征的宏观描述。我们可以看到，就“大数据”这一提法本身来讲，具有明显的时代相对性，今天的大数据在未来可能就不一定是大数据，或者说从业界普遍来看是大数据，但对一些领先者来说或许已经习以为常了。因此，我们将大数据分为狭义的大数据和广义的大数据两个层面进行解读。

狭义的大数据，主要是指与大量数据相关的关键技术及其在各个领域中的应用，以及从各种各样类型的数据中，快速地获得有价值的信息的能力。一方面，大数据反映的是数据规模大到无法在一定时间内用一般性的常规软件工具对其内容进行抓取、管理和处理的数据集合；另一方面，大数据还指海量数据的获取、存储、管理、计算分析、挖掘与应用的全新技术体系。

广义的大数据，囊括了大数据技术、大数据工程、大数据科学、大数据应用等所有相关的领域。大数据工程，是指大数据的规划建设运营管理的系统工程；大数据科学，主要关注在大数据网络发展和运营过程中发现和验证大数据的规律及其与自然和社会活动之间的关系。

## 1.2 大数据的类型与特征

### 1.2.1 按照数据结构分类

大数据不仅体现在数据量大上，也体现在数据类型的繁多上。数据如果按照数据结构分类，那么类型将是无限的，因为结构化的数据类型包括线性结构、非线性结构、树结构、图结构等，而非结构化的数据类型更是无法计数。因此，我们只能将大数据的处理对象放到一定情境中进行划分。在大数据处理情境下，可将大数据分为结构化数据、半结构化数据和非结构化数据。据统计，结构化数据只占所有数据的 20%左右，而其余 80%或更高比例的数据属于半结构化数据和非结构化数据。

### 1. 结构化数据

结构化数据可以理解为一张张二维表，表中的任何字段（列）都不可以继续细分，并且任何一个字段数据的类型都相同。结构化数据一般存储在关系型数据库中，关系型数据库遵循关系型数据模型创建。关系型数据库（如 SQL Server、Oracle、MySQL、DB2 等）中的数据全部为结构化数据，其示例见表 1.1。

**表 1.1　结构化数据示例**

| 学号 | 学生姓名 | 科目 | 成绩 |
| --- | --- | --- | --- |
| 20090903 | 张伟 | 数学 | 90 |
| 20090702 | 李东 | 英语 | 88 |
| 20090832 | 王明 | 计算机 | 91 |
| 20100835 | 刘晓 | 数学 | 84 |

### 2. 非结构化数据

非结构化数据是指不能用二维表结构来表现的数据，非结构化数据广泛存在于物联网、社交网络、电子商务平台等领域，包括各种格式的办公文档、图片、图像、文本、各类报表、音频和视频信息等。存储这些非结构化数据的是非结构数据库，与关系型数据库相比，其最大的区别在于它突破了关系型数据库中对数据结构的定义。数据长度、字段、格式、重复性不再具有严格的限制，在处理大数据时有着关系型数据库无法比拟的优势。值得注意的是，非结构化数据库也可以处理结构化数据。

### 3. 半结构化数据

在许多系统中，既含有结构化数据，也含有非结构化数据，但是还有部分数据介于两者之间。例如，一个购物网站既包含商品信息，这些信息是二维的，因此是结构化数据，同时又包含一些页面图片，但是要将网站用 Web 页面的形式组织起来，还需要用到一些描述性语言构成的程序或文件，如超文本标记语言（hyper text markup language，HTML）、可扩展标记语言（extensible markup language，XML）或 JavaScript 对象简谱（JavaScript object notation，JSON）等，我们称它们为半结构化数据或元数据。这类数据的格式一般较为规范，可以通过某种特定的方式解析得到原始数据，原始数据以纯文本的格式存储，管理、维护非常方便，文本中的每条语句（脚本）不尽相同，但都遵守预定义规范。在对这些数据进行分析（如采集、查询）时，需要先对这些数据格式进行相应的转换或解码，我们称之为解析。下面是一个 JSON 文档的示例：

```
{ "programmers":[
    { "firstName":"Brett","lastName":"McLaughlin","email":"a@a.com" },
    { "firstName":"Jason","lastName":"Hunter","email":"b@b.com" },
    { "firstName":"Elliotte","lastName":"Harold","email":"c@c.com" }
                ],
"authors":[
    { "firstName":"Isaac","lastName":"Asimov","genre":"science fiction" },
    { "firstName":"Tad","lastName":"Williams","genre":"fantasy" },
```

```
  { "firstName":"Frank","lastName":"Peretti","genre":"christian fiction" }
  ],
"musicians":[
  { "firstName":"Eric","lastName":"Clapton","instrument":"guitar" },
  { "firstName":"Sergei","lastName":"Rachmaninoff","instrument":"piano" }
     ] }
```

以上半结构化数据解析之后的原始数据为 Brett McLaughlin，a@a.com；Jason Hunter，b@b.com。

结构化与半结构化数据都遵循预定义好的数据模型，只是结构化数据基本是由关系模型定义的，而半结构化数据有自己的预定义规范。相较而言，半/非结构化数据和大数据之间的关系更为紧密，且半结构化和非结构化数据之间的界限较模糊。从宏观上来看，数据的结构化程度不是离散的，而是连续的。另外，现在人们将大数据归为半/非结构化数据的说法，是因为大数据技术最先是在半/非结构化数据领域发挥作用的。

### 1.2.2 按照生产主体分类

按照生产主体，大数据技术产生的数据又分为企业数据、机器数据、社会化数据。企业数据包括企业各种系统中的经营数据、传统的企业资源计划(enterprise resource planning，ERP）数据、库存数据、账目数据等；机器数据包括工业设备传感器、智能仪表、设备日志、呼叫记录、交易数据等；社会化数据包括用户行为记录、反馈数据等，如微博、推特（Twitter）、微信朋友圈、脸书（Facebook）这样的社交平台。

（1）企业数据（enterprise data）。2020 年，全球存储的数据已经进入了 ZB 级别，每天，数据如“洪流”注入人类社会，成为社会化生产的重要组成部分。数据和企业的固定资产、人力资源一样，成为生产过程中的基本要素。仅在我国的市场上，银行、电信、政府和制造业通过多年的信息化建设，已经拥有了成熟的信息化系统，积攒了海量的行业数据。

（2）机器数据（machine data）。机器数据，顾名思义，是由软硬件设备产生的数据，也是大数据最初的形态。它通常包括日志文件、交易记录、网络消息、传感器等数据，囊括了所有设备记录的信息。每个现代机构，尤其是工厂，无论规模大小，都会产生海量的机器数据。

（3）社会化数据（social data）。随着大数据的发展，社交网络迅速流行。据中国互联网络信息中心（China Internet Network Information Center，CNNIC）报告显示，截至 2020 年，社交网络用户已经超过 38 亿。社交媒体庞大的用户群及其发生的用户行为将会产生巨量的行为数据，包括评论、视频、照片、地理位置、个人资料、社交关系等。

### 1.2.3 按照作用方式分类

按照数据的作用方式，大数据分为交易数据、交互数据、传感数据。

（1）交易数据。交易数据即为 ERP、电子商务、销售点（point of sales，POS）机等交易工具带来的数据。

（2）交互数据。交互数据即为微信、微博、即时通信等社交平台带来的数据。

（3）传感数据。传感数据即为全球定位系统（global positioning system，GPS）、射频识别（radio frequency identification，RFID）、视频监控等物联网设备带来的传感数据。

### 1.2.4　大数据的特征

IBM 公司认为大数据具有 3V 特征，即规模性（volume）、多样性（variety）和高速性（velocity），但是这并没有体现出大数据的巨大价值。以互联网数据中心（Internet Data Center，IDC）为代表的业界认为大数据具备 4V 特征，即在 3V 的基础上增加价值性（value），表示大数据虽然价值总量高但其价值密度低。以上四个基本特征获得广泛认同，即所谓的 4V 特征，如图 1.1 所示。

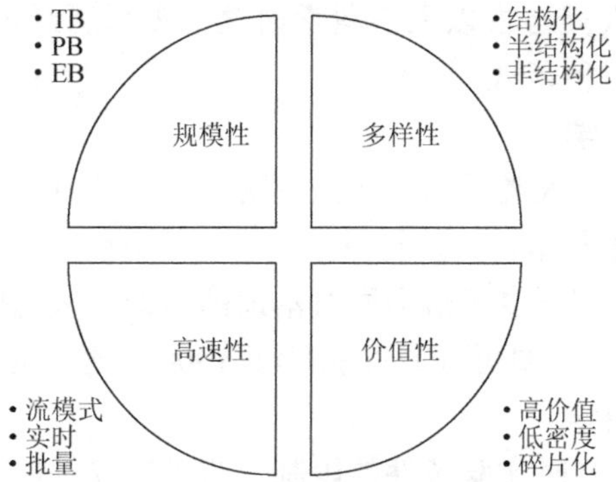


图 1.1　大数据的 4V 特征

**1. 规模性**

数据的规模性是大数据的基本属性。随着互联网的用户急剧增多，数据的获取、分享变得相当容易，普通用户也可以通过网络非常方便地获取数据。据统计，目前整个人类社会总共拍摄了超过 20 万亿张照片，绝大多数是数码照片，每分钟拍摄的照片数就比整个 19 世纪拍摄的照片总数还多。

**2. 多样性**

多样性主要体现在数据来源多、数据类型多和数据之间的关联性强三个方面。数据来源方面，除了传统的销售、库存等数据外，企业数据还包括网站日志数据、呼叫中心通话记录、社交媒体中的文本数据、智能手机中的传感器信息等。数据类型方面，数据多以半/非结构化数据为主，类型涵盖图片、声音、视频、网络日志、链接信息等。数据关联方面，数据之间频繁交互，如游客在旅途中上传的照片就与其所在的地理位置、天气等信息具有很强的关系。

**3. 高速性**

数据产生和更新的频率也是大数据区分于传统数据的显著特征。例如，大数据系统对处理速度的要求，一般要在秒级时间内给出分析结果，俗称“1 秒定律”。高速性还是大数据与海量数据的重要区别，一方面，大数据的数据规模更大；另一方面，大数据对数据处理的响应速度有更严格的要求。因此，数据的增长速度和处理速度是大数据高速性的重要体现。

**4. 价值性**

数据量在呈现几何级数增长的同时，背后隐藏的有用信息却没有呈现出相应比例的增长，反而是获取有用信息的难度不断加大。例如，现在很多地方安装的监控使相关部门可以获得连续的监控视频，从而产生了大量数据，但是，有用的数据可能只有几秒钟。因此，大数据的 4V 特征不仅表现为数据量大，还表现在大数据分析手段的价值性上。

## 1.3　大数据的思维方式

自然科学研究的是自然世界的特征，社会科学研究的是社会现象。无论自然科学研究，还是社会科学研究，研究方式主要都是采样分析，这是人类在无法获得总体数据样本时的无奈选择。但是，在大数据时代，人们可以获得全样本数据，而不再依赖于采样，从而可以准确地发现局部样本无法揭示的信息。图灵奖获得者、著名数据库专家吉姆·格雷（Jim Gray）观察并总结认为，人类自古以来在科学研究上先后历经了实验科学、理论科学、计算科学和数据密集型科学四种范式。

**1. 第一种范式：实验科学**

在最初的科学研究阶段，人类采用实验来解决一些科学问题，著名的比萨斜塔实验就是一个典型实例。1590 年，伽利略在比萨斜塔上做了“两个铁球同时落地”的实验，得出了质量不同的两个铁球同时从相同高度下落会同时落地的结论，从此推翻了亚里士多德“物体下落速度和重量成比例”的学说，纠正了这个持续了 1900 年之久的错误结论。

**2. 第二种范式：理论科学**

实验科学的研究会受到当时实验条件的限制，难以完成对自然现象更精确的理解，随着科学的进步，人类开始采用各种数学、几何、物理等理论，构建问题模型和解决方案。例如，牛顿第一定律、牛顿第二定律、牛顿第三定律构成了牛顿力学的完整体系，奠定了经典力学的概念基础，它的广泛传播和运用在很大程度上推动了人类社会的发展与进步。

**3. 第三种范式：计算科学**

随着 1946 年人类历史上第一台电子数字积分计算机（electronic numerical integrator and computer，ENIAC）的诞生，人类社会开始步入计算机时代，科学研究也进入了以“计算”为中心的全新时期。在实际应用中，计算科学主要用于对各个科学问题进行计算机模拟和其他形式的计算。通过设计算法并编写相应程序输入计算机运行，人类可以借助计算机的高速运算能力解决各种问题。计算机具有存储容量大、运算速度快、精度高、可重复执行等特点，是科学研究的利器，推动了人类社会的飞速发展。

**4. 第四种范式：数据密集型科学**

随着数据的不断累积，其宝贵价值日益得到体现，促成了事物发展从量变到质变的转变。现在，计算机不仅仅能进行模拟仿真，还能进行分析总结，得到理论。在大数据环境下，一切将以数据为中心，从数据中发现问题、解决问题，真正体现数据的价值。大数据将成为科学工作者的宝藏，从数据中可以挖掘未知模式和有价值的信息，服务于生产和生活，推动科技创新和社会进步。

虽然第三种范式和第四种范式都是利用计算机来进行计算的，但是两者还是有本质的区别的。在第三种范式中，一般是先提出可能的理论，再搜集数据，然后通过计算来验证。而对于第四种范式，则是先有了大量已知的数据，然后通过计算得出之前未知的结论。

在大数据时代，随着数据收集、存储、分析技术的突破性发展，数据分析人员可以更加方便、快捷、动态地获得研究对象有关的所有数据，而不再因诸多限制不得不采用样本研究方法。相应地，我们的思维方式也应该从抽样思维转向总体思维，从而能够更加全面、立体、系统地认识总体状况。总的来说，具有以下五种思维的人可以更加适应大数据时代的工作和生活。

1）全样思维

我们习惯把统计抽样看作是文明得以建立的牢固基石，就如同几何学定理和万有引力定律一样。但是，统计抽样其实只是为了在技术受限的特定时期，解决当时存在的一些特定问题而产生的，其历史不足一百年。如今，技术环境已经有了很大的改善。在大数据时代进行抽样分析就像是在汽车时代骑马一样。在某些特定的情况下，我们依然可以使用样本分析法，但这不再是我们分析数据的主要方式。

2）容错思维

在过去，由于收集的样本信息量比较少，所以必须注重分析的精确性。然而，维克托·迈尔-舍恩伯格指出，执迷于精确性是信息缺乏时代和模拟时代的产物。只有接受不精确性，我们才能打开一扇从未涉足的世界的窗户。在大数据时代，大量的半/非结构化数据被存储和分析，因此思维方式要从精确思维转向容错思维，当拥有海量即时数据时，绝对的精准不再是人们追求的主要目标，容许一定程度的错误与混杂，反而可以在宏观层面拥有更好的洞察力。

3）相关思维

在过去，人们往往执着于现象背后的因果关系。然而，事物之间更加普遍的是相关关系。在大数据时代，人们可以通过大数据技术挖掘出事物之间隐蔽的相关关系，建立在相关关系分析基础上的预测正是大数据的核心。我们不必非得知道事物或现象背后的复杂深层原因，只需要通过大数据分析获知“是什么”就意义非凡，这会给我们提供非常新颖且有价值的观点、信息和知识。因此，思维方式要从因果思维转向相关思维，形成相关性思维模式，才能更好地理解大数据。

4）智能思维

自进入信息社会以来，人类智能化水平已得到明显提升，但始终无法取得突破性进展，因为从机械的角度来思考，它属于线性思维模式。然而，在大数据时代，系统能够自动地搜索所有相关的数据信息，进而类似“人脑”一样主动、立体、逻辑地分析数据，做出判断，影响决策。因此，思维方式也要求从机械思维转向智能思维，不断提升机器或系统的社会计算能力和智能化水平，从而获得具有洞察力和新价值的东西。

5）分布式思维

大数据分析常和云计算联系在一起，因为实时的大型数据集分析通常要组织数以千计的机器组成集群，分配任务，整合结果。这需要用到本书接下来要介绍的技术来有效地在短时间内处理大量数据。这些技术包括 MapReduce、分布式文件系统、分布式数据库等。在后续的若干章节，我们将继续讨论分布式思想在大数据技术中的具体应用。

## 1.4　大数据的技术流程

### 1.4.1　总体处理流程

当人们谈到大数据时，往往并非仅指数据本身，而是数据和大数据技术这两者的综合。所谓大数据技术，是指伴随着大数据的采集、存储、分析和应用的相关技术，是一系列使用非传统的工具来对大量的结构化数据、半结构化数据和非结构化数据进行处理，从而获得分析和预测结果的数据处理和分析技术。学习大数据技术时，需要了解大数据的基本处理流程，具体环节如图 1.2 所示。

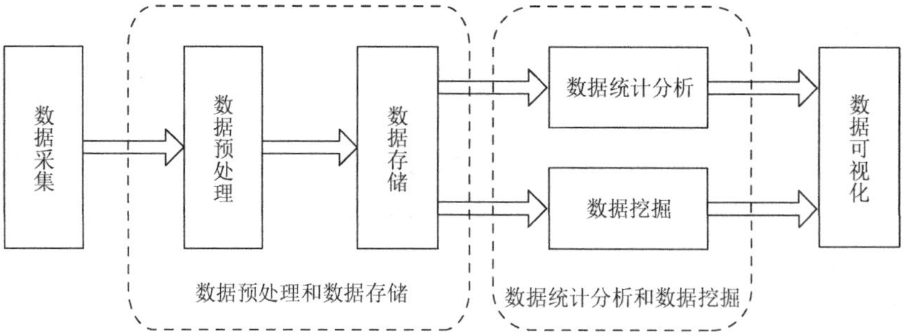


图 1.2　大数据的基本处理流程

首先需要采用相应的设备或软件采集分散在各处的数据。采集到的数据通常无法直接用于后续的数据分析，因为对于来源众多、类型多样的数据而言，数据缺失和语义模糊等问题是不可避免的，所以必须采取相应措施有效解决这些问题，这就需要一个被称为“数据预处理”的过程，把数据变成一个可用的状态。数据经过预处理以后，会被存放到文件系统或数据库系统中进行存储与管理，然后采用数据挖掘工具对数据进行处理分析，最后采用可视化工具为用户呈现结果。在整个数据处理过程中，还必须注意隐私保护和数据安全问题。因此，从全流程的角度，大数据技术主要包括数据采集、数据预处理、数据存储、数据统计分析和数据挖掘，再到有可能的数据可视化乃至数据安全和隐私保护等内容。

### 1.4.2　数据采集与数据预处理

数据采集主要通过 Web、应用、传感器等方式获得各种类型的数据，其难点在于采集量大且类型繁多，采集手段多种多样。例如：网络数据可以通过网络爬虫或利用开放应用程序编程接口（application programming interface，API）的方式来获取；系统日志可以通过直接下载来获取；传感器数据可以通过系统终端来获取等。

数据预处理包括对数据的抽取和清洗等。由于数据类型是多样化的，数据抽取过程可以将数据转化为单一的或者便于处理的数据结构。数据清洗是指发现并纠正数据文件中可识别的错误的最后一道程序，可以将数据集中的残缺数据、错误数据和重复数据筛选出来并丢弃。常用的数据清洗工具有 DataWrangler、Google Refine 等，本书主要涉及的大数据平台 Hadoop 也有自己的清洗工具，如 Flume、Kafka 等。

### 1.4.3　数据存储

大数据的存储及管理与传统数据相比，难点在于数据量大、数据类型多、文件大小可能超过单个磁盘容量。企业要解决这些问题，实现对结构化数据、半结构化数据和非结构化数据的存储与管理，可以综合利用分布式文件系统、数据仓库、关系型数据库、非关系型数据库等技术。常用的分布式文件系统有谷歌的 GFS、Hadoop 的 HDFS、Sun 公司的 Lustre 等。

本书主要涉及的 Hadoop 也有自己的数据仓储工具，如 Hive。Hive 最初用于解决海量结构化日志数据的统计问题，它使用类 SQL 的 HiveQL 来实现数据查询，并将 HiveQL 转化为在 Hadoop 上执行的 MapReduce 任务，通常 Hive 将结构化数据文件映射为一张数据库表，并且提供简单的 SQL 查询功能，具有学习成本低、快速实现简单的 MapReduce 的优点，十分适合数据仓库的统计分析。

### 1.4.4　数据分析与数据挖掘

在大数据出现之前，数据分析与数据挖掘就出现了。它们之间只有侧重方法上的区别，没有目的上的区别。

数据分析是根据需求，用适当的统计分析方法对数据进行分析和计算，从而提供有价值的信息。数据分析的类型包括描述性统计分析、探索性数据分析和验证性数据分析。描述性统计分析是指对一组数据的各种特征进行分析，用于描述测量样本及其所代表的总体的特征。探索性数据分析是指为了形成值得假设的检验而对数据进行分析的一种方法。验证性数据分析是指事先建立假设的关系模型，再对数据进行分析，验证该模型是否成立的一种方法。

数据挖掘是指从大量的数据中，通过统计学、人工智能、机器学习等方法，挖掘出未知的、有价值的信息和知识的过程。

大数据平台通过不同的计算框架执行计算任务，实现数据分析和挖掘。常用的分布式计算框架有 MapReduce、Storm、Spark 等。其中：MapReduce 适用于复杂的批量离线数据处理；Storm 适用于流式数据的实时处理；Spark 基于内存计算，具有多个组件，应用范围较广。

找到一种适合大数据分析与挖掘的工具，就能提高数据分析的能力和效率，并能准确地从大数据中寻找出隐含的规律和模式，而对于离线且有结构的数据而言，Hadoop+Mahout 是不错的选择。Mahout 可以看作成一个工具包，包含了很多机器学习经典算法的实现，如聚类、分类、推荐引擎、频繁项集挖掘等，Hadoop 可以有效利用 Mahout 进行大数据分析，降低数据分析的难度。

## 1.5　主流的大数据平台

大数据技术虽然包括以上提到的一系列流程，但分布式计算一直是大数据技术的核心。要想了解大数据技术，不妨从认识 MapReduce 着手。虽然这个计算模型（框架）并不是什么新的概念，但了解它对我们理解大数据分析至关重要。这里先对它做简要介绍，在第 5、6 章，我们将进行展开。

在很长一段时间里，摩尔定律一直是客观规律的。但是，摩尔定律正逐渐失效。因此，为了提升程序的运行性能，就不能再把希望过多地寄托在性能更高的机器身上，于是，人们寄希望于利用分布式并行编程来提高程序的性能。

分布式并行编程，也叫分布式计算（distributed computing），是指将分布式程序运行在大规模计算机集群上的技术。集群中的每个节点都运行同一个程序，从而保证集群可以高效处理大批信息。简而言之，就是“大事化小、小事各管、事事相同”的原则，将大量的计算任务分散到集群上，让每个节点计算自己的任务。这样，可以很方便地向集群中增加新的节点来扩充计算能力。分布式计算的大致架构如图 1.3 所示。

人们开发出了很多编程模型（编写分布式程序套用的模式）来适应这样的分布式计算架

构，其中最著名的就是 MapReduce，它于 2004 年由谷歌提出。在此之前，多数编程模型适用于在一个 CPU 上，或者在拥有大量 CPU 和定制硬件的超级计算机上完成。

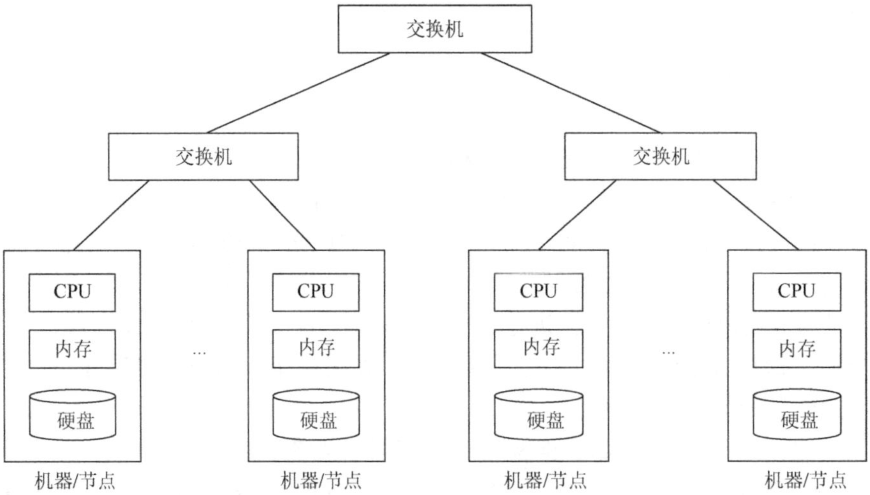


图 1.3　分布式计算的大致架构

### 1.5.1　Hadoop

Hadoop 是由 Apache 公司开发的一个基于 MapReduce 的分布式系统，使用 Java 语言实现。Hadoop 的框架最核心的设计就是 HDFS 和 MapReduce，HDFS 为海量的数据提供存储，而 MapReduce 则为海量的数据提供计算。HDFS 有高容错性的特点，并且被设计用来部署在低廉的硬件上；它提供高吞吐量来访问应用程序的数据，适合那些有着超大数据集的应用程序。此外，Hadoop 还有一套自己的生态组件，如分布式数据 HBase、数据分析平台 Pig、提供 SQL 查询的 Hive 和负责协调组件的 ZooKeeper。Hadoop 的优势主要在于以下几点。

（1）高的容错性和高可靠性。

（2）因为节点较为廉价，所以总体成本很低。

（3）适合存储和处理离线的大文件。

（4）十分适合实施简单的计算任务。

（5）适合不了解分布式底层细节的人员快速上手。

当然，Hadoop 也有自己的不足之处，例如：不适用于低延迟数据访问，不能高效存储大量小文件，不支持多用户写入并任意修改文件，与其他内存计算框架相比速度较慢等。本书主要基于 Hadoop 这种经典的架构来介绍大数据的原理及案例，但是需要注意的是，大数据不仅仅是 Hadoop，Hadoop 只是大数据的一种技术实现。

### 1.5.2　Spark

与 Hadoop 一样，Spark 也是 Apache 公司开发的一种通用的并行架构。与 Hadoop 不同的是，它是一种“一站式”计算框架——期望使用一个技术堆栈就可以完美地解决各种复杂场景下的大数据计算任务。另外，相对于其他架构，它的最大优势是内存计算。内存计算让它的计算速度可以达到 Hadoop 的数十倍。Spark 使用 Scala 语言进行实现，也包括十分丰富的组件生态，例如，用于离线计算的 Spark Core、用于交互式查询的 SparkSQL、用于机器学习的 SparkMLlib、用于实时流式计算的 Spark Streaming 和用于图计算的 Spark GraphX。Spark 的优势主要在于以下几点。

（1）运行速度快：Spark 拥有有向无环图（directed acyclic graph，DAG）执行引擎。

（2）易用性好：Spark 不仅支持 Scala 编写应用程序，而且支持 Java 和 Python。

（3）适合复杂计算：Spark 十分适合迭代计算等复杂计算问题。

（4）通用性强：上面介绍的组件应对了实时查询、机器学习、图处理等领域。

（5）随处运行：Spark 具有很强的适应性。

Spark 的弱势主要在于资源调度和流数据处理方面。本书提倡先学习基于 MapReduce 的 Hadoop，再学习 Spark。因为如果一开始就学习 Spark，那么我们需要对内存计算、面向对象、机器学习等有一定的掌握；如果我们先学习这些内容，那么对经典的大数据基本理论就会有所欠缺。另外，实践表明，业界 Spark 的优势在于复杂大数据的计算，而 Hadoop 的优势在于大数据存储及资源调度，而 Spark+Hadoop 的组合，是目前市场最有前景的组合。

### 1.5.3　Storm

Storm 是 Twitter 公司开发的分布式实时大数据架构，被业界称为实时版 Hadoop。近年来，越来越多的场景对 Hadoop 的 MapReduce 高延迟无法容忍，如网站统计、推荐系统、预警系统、金融系统（高频交易、股票）等。大数据实时处理解决方案（流计算）的需求，导致 Storm 成为流计算技术中的佼佼者和主流。

Hadoop 提供了 Map、Reduce 等原语，使我们编写分布式程序变得简单和高效。同样，Storm 也为实时计算提供了一些简单、高效的原语，如 spout 和 bolt 等。这些原语很多都是基于 Hadoop 原语的更高级抽象。Storm 最主要的优势在于实时处理，此外，它还具有如下优势。

（1）适用场景广泛。Storm 可以实时处理消息，对一个数据量进行持续的查询。

（2）可伸缩性好。相较于 Hadoop，Storm，Storm 通过增加机器来提高计算性能效果更好。

（3）无数据丢失。Storm 保证每一条消息都会被处理。

（4）异常健壮。Storm 集群非常容易管理，轮流重启节点不影响应用。

（5）容错性好。在消息处理过程中出现异常，Storm 会进行重试。

（6）语言无关性：Storm 的消息处理组件可以用任何语言来定义。

但是，Storm 也有自己的不足，例如，需要用户自行进行状态管理、缺乏高级功能等。

### 1.5.4　Flink

Flink 是 Apache 公司推出的一个最新项目，它也可以看作成一个框架和分布式处理引擎，用于对无界和有界数据流进行有状态计算。Flink 的设计初衷是让它能在所有常见的集群环境中运行，并进行内存计算。因此，Flink 十分适合拥有大量且持久的任务需要处理的公司采用，例如，信用卡管理、传感器测量、机器日志以及移动程序，因为这些场景具有一个共同的特点，那就是要处理的业务规模非常大，且这些计算任务一直存在，我们称之为流处理，它是相对于批处理来说的，批处理的特点是有界（有开始也有结束的过程）、持久、大量、需要访问全套记录才能完成计算工作。流处理的特点是无界、实时，且无须针对整个数据集执行操作，它是对通过系统传输的每个数据项执行操作。在 Spark 中，一切都是由批次组成的，离线数据是一个大批次，而实时数据是由一个一个无限的小批次组成的，而在 Flink 中，一切都是由流组成的，离线数据是有界限的流，实时数据是一个没有界限的流。Flink 的优势主要集中在流处理方面，包括以下几点。

（1）支持高吞吐、低延迟、高性能的流处理。

（2）支持时间概念：大多数窗口计算采用的都是系统时间。

（3）支持有状态计算：实现了有状态计算的“Exactly-Once 语义”①。

（4）支持高度灵活的窗口（window）操作。

（5）支持基于轻量级分布式快照（snapshot）实现的容错。

（6）基于 Java 虚拟机（Java virtual machine，JVM）实现独立的内存管理。

总的来说，Flink 在流处理上很理想，但在批处理上，Spark 反而更具优势。在实际的大数据平台应用当中，Flink 也并非完美，作为计算引擎，Flink 能满足绝大部分的数据处理需求，但是作为系统平台而言，Flink 的缺点也是显而易见的。

### 1.5.5 主流的大数据平台比较

由上可知，主流的大数据平台或者说分布式系统 Hadoop、Spark、Storm 和 Flink 在各种商业应用情境下具有自身的优势，表 1.2 选取了一些重要指标对其进行比较。

**表 1.2 主流的大数据平台比较**

| 对比点 | Hadoop | Spark | Storm | Flink |
|---|---|---|---|---|
| 批处理/流处理 | 批处理 | 批处理/流处理 | 流处理 | 流处理 |
| 处理速度 | 慢 | 快 | 超快 | 超快 |
| 内存计算 | 否 | 是 | 是 | 是 |
| 处理数据规模 | 大 | 大 | 特大 | 无界 |
| 实时计算 | 非实时 | 准实时 | 纯实时 | 纯实时 |
| 实时计算延迟 | <秒级 | 秒级 | 毫秒级 | 毫秒级 |
| 吞吐量 | 一般 | 高 | 中 | 高 |
| 事务机制 | 一般 | 支持 | 完美支持 | 完美支持 |
| 健壮性 | 一般 | 一般 | 高 | 高 |
| 容错性 | 高 | 一般 | 高 | 高 |

## 1.6 大数据集群的部署方式

### 1.6.1 分布式

前面提到，分布式系统是指由多台分散的、硬件自治的计算机经过互联网的网络连接而形成的集群。

① Exactly-Once 语义是消息系统和流式计算系统中消息流转的最理想状态。即“发送到消息系统中的消息只能被消费端处理且仅处理一次，即使产生端重试消息发送导致某消息重复报递，该消息也在消息端只被消费一次”。

分布式计算是相对于集中式计算而言的，它将需要进行大量计算的项目数据分割成小块，由分布式系统中的多台计算机节点分别计算，再合并计算结果并得出统一的数据结论。要达到分布式计算的目的，需要编写能在分布式系统上运行的分布式计算机程序。

分布式文件系统是将数据分散存储在多台独立的设备上，采用可扩展的存储结构。多台存储服务器分担存储负荷，利用元数据定位数据在服务器中的存储位置，具有较高的系统可靠性、可用性和存取效率，并且易于扩展。而传统的网络存储系统则采用集中的存储服务器存放所有数据，这样存储服务器就成为整个系统的瓶颈，也成为可靠性和安全性的焦点，不能满足大数据存储应用的需要。

分布式数据库是分布式文件系统的具体实现。它将原来集中式数据库中的数据分散存储到多个通过网络连接的数据存储节点上，以获取更大的存储容量和更高的并发访问量。分布式数据库物理上可以由多个异构、位置分布、跨网络的计算机节点组成，每个节点中都可以有数据库管理系统的一份完整或部分副本，并具有自己局部的数据库。

大数据的分布式部署分为完全分布式部署和伪分布式部署两种情况。

（1）完全分布式部署。完全分布式部署就是将一个系统拆分成多个子系统部署到不同的实体机器上，这就意味着拆分后的系统必然需要通过网络互相通信联系。随着业务慢慢地增长，扩展性、可靠性、数据一致性都需要进行考虑。

（2）伪分布式部署。伪分布式部署不是真正的分布式部署，它实际上和单机模式一样是在一台单机上运行的，但用不同的 Java 进程模仿各类节点。简单来说就是将多台机器的任务放到一台机器上运行，没有所谓的在多台机器上进行真正的分布式计算，故称为“伪分布式”。

### 1.6.2　云架构

**1. 云架构的基本层次**

根据云计算服务的部署方式和服务对象范围，可以将云架构的基本层次分为三类：私有云、公有云（也称公共云）和混合云。

1）私有云

私有云是指云设施为一个单独的组织所独享，组织内部可能有多个用户（如不同的业务部门）。此类云可以由该组织或第三方，或者两者的联合体所拥有、管理和运行。私有云是专为客户单独使用而构建的，因而对数据的安全性和服务质量提供最有效的控制。该组织拥有基础设施，并可以在此基础上控制部署应用程序的方式。私有云可以部署在企业的数据中心，也可以部署在一个主机托管场所。私有云可以由组织内部构建也可以由云服务提供商构建。

2）公有云

公有云是指云设施向公共开放使用，它可能由商业机构、学术机构、政府机构或者它们的联合体所拥有、管理和运行。因此，也可以说公有云是由第三方运行的，不同客户提供的应用程序会在云的服务器、存储系统和网络上混合。公有云通常在远离客户建筑物的地方托管，它们通过提供灵活或临时的扩展，降低客户风险和成本。公有云的优点之一是能够根据需要进行伸缩，并将基础设施风险从企业转移到云提供商。

将公有云的部分模块划分出去可以产生一个虚拟专用数据中心，客户不仅可以处理虚拟机映像，而且可以处理服务器、存储系统、网络设备和网络拓扑。利用位于同一场所的所有组件创建一个虚拟专用数据中心，充足的带宽可以缓解位置问题造成的数据压力。

3）混合云

混合云是由上述两种或多种不同云设施组成的混合体。这类云中不同的云设施分别保持独立，但是借助标准的或者私有的技术，云中的数据和应用程序可以在其间迁移。

混合云把公有云模式与私有云模式结合在一起。混合云有助于提供按需的、外部供应的扩展。利用公有云的资源来扩充私有云的能力，可以在工作负荷发生快速波动时维持服务水平。这在利用存储云支持 Web 2.0 应用程序时最常见。混合云也可用来处理预期的工作负荷高峰。

混合云引出了如何在公有云与私有云之间分配应用程序的复杂性问题，在分配应用时需要考虑数据和处理资源之间的关系。当数据量小或应用程序无状态时，与必须把大量数据传输到一个公有云中进行小量处理相比，混合云则有较多优势。

**2. 云架构的服务层次**

云服务提供商主要提供以下三种类别的服务：基础设施即服务（infrastructure as a service，IaaS）、平台即服务（platform as a service，PaaS）和软件即服务（software as a service，SaaS），如图 1.4 所示。

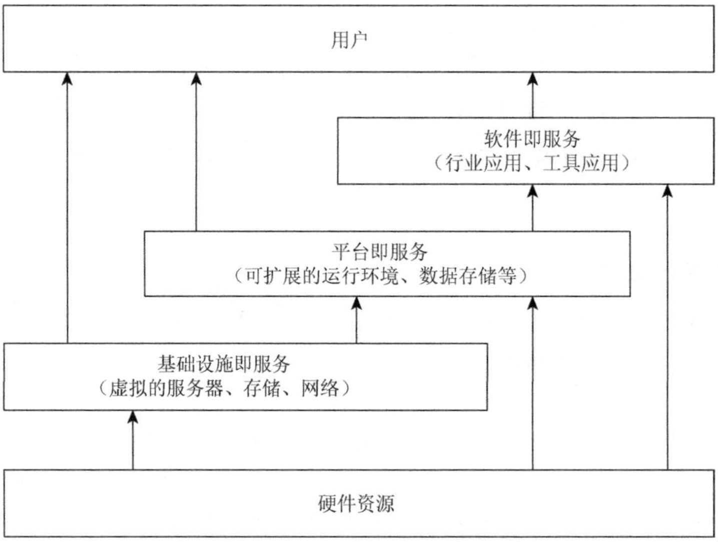


图 1.4　云计算按层次分类

1）IaaS

IaaS 层位于云计算三层服务的底层，即以服务形式提供基于服务器、存储设备、网络设备等硬件资源的可高度扩展和按需变化的信息技术（information technology，IT）能力。IaaS 层提供的是基本的计算和存储能力。以计算能力的提供为例，其提供的基本单元就是服务器，包含 CPU、内存、操作系统及一些软件。为了让用户能够定制自己的服务，需要借助服务器模板技术，即将一定的服务器配置与操作系统和软件进行绑定，来提供定制的功能。

2）PaaS

PaaS 层位于云计算三层服务的中间层，它提供给终端用户基于互联网的应用开发环境，包括应用编程接口、运行平台等，并提供应用从创建到运行的整个生命周期所需的各种软硬件资源和工具。该层服务提供商提供的是经过封装的 IT 能力和一些逻辑资源，如数据库、文件系统和应用运行环境。

PaaS 层又可以细分为开发组件服务和软件平台服务。开发组件服务是指提供一个开发平台和 API 组件，并根据不同的需求定制化服务，具有更大的弹性。其用户一般是应用软件开发商或独立开发者，他们在在线开发平台上利用 API 组件开发出 SaaS 应用。软件平台服务是指提供一个基于云计算模式的软件平台运行环境及一些支撑应用程序运行的中间件，使应用软件开发商或独立开发者能够根据负载情况动态地提供运行资源。

3）SaaS

SaaS 层位于云计算服务的顶层，是最常见的云计算服务。用户通过标准的 Web 浏览器使用 Internet 上的软件。服务供应商负责维护和管理软硬件设施，并以免费或按需租用方式向最终用户提供服务。这类服务既有面向普通用户的，如 Google、Calendar、Gmail 等；也有直接面向企业团体的，用以帮助人力资源、客户关系和业务管理，如 Salesforce 等。

这三层服务每层都有相应的技术支持，如弹性伸缩和自动部署。每层云服务可以独立成云，也可以基于其下层的服务提供云服务。

## 1.7　实验 1：熟悉虚拟环境、Linux、Java

Hadoop 是一种经典的分布式大数据架构，它拥有丰富的软件生态，使集群不仅拥有分布式计算、分布式文件、分布式存储的功能，还支持在各种操作系统上运行（Windows、Linux、UNIX）。Hadoop 是基于 Linux 系统、用 Java 语言开发的，因此，在搭建 Hadoop 之前，我们需要了解 Linux 系统的用法和若干命令，熟悉 Java 语言的基本操作。

另外，大多数人只有一台 Windows 计算机，因此，本书建议在 Windows 操作系统中首先安装 VMware 或者 VirtualBox 这类虚拟环境，再在虚拟环境中增加虚拟机，每台虚拟机安装 Linux 操作系统，来学习 Linux、Java 和部署 Hadoop。另外，我们也可尝试用 Docker 来减少复杂的步骤，加快集群的部署。当然，真正 Hadoop 的部署几乎都不是在虚拟环境中完成的。

### 1.7.1　安装 VMware

安装虚拟机时，计算机要具备 4GB 以上的内存，否则运行速度会很慢。另外计算机的剩余硬盘最好在 100 GB 以上。

（1）搭建前的准备。

VMware：VMware® Workstation 11（其他版本亦可）。

Linux：CentOS-6.8-x86_64-bin-DVD1.iso（无界面 Linux 镜像，Ubuntu 版本亦可）。

Java：jdk-8u151-linux-x64（其他版本亦可）。

（2）安装 VMware，然后打开并运行 VMware 虚拟机软件。

（3）选择“文件”→“新建虚拟机”选项，在弹出的对话框内选择“典型”安装。

（4）选择“安装程序光盘映像文件（iso）”，找到 Linux 的镜像安装文件（这里是 CentOS-6.8-x86_64-bin-DVD1.iso），单击“下一步”按钮，如图 1.5 所示。

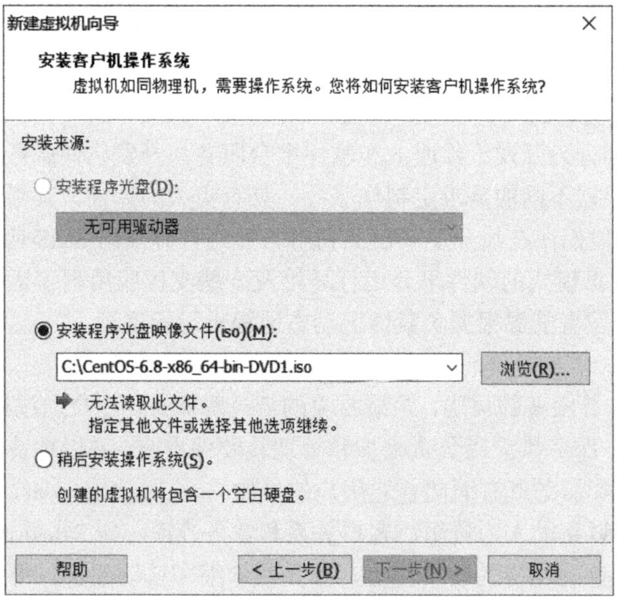


图 1.5　选择镜像文件

（5）填写建立的第一个 Linux 主机的用户名 myLinux1（这里自由命名），填写用户名和密码（这里均为 1），以后需要根据这个用户名和密码进行该主机的登录，如图 1.6 所示。

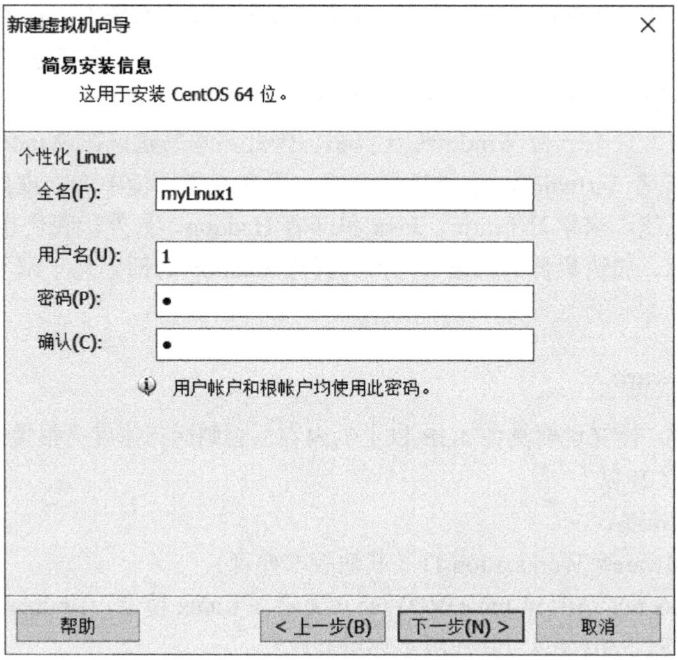


图 1.6　创建用户名和密码

（6）填写虚拟机名称，这里的虚拟机名称将成为在 VMware 中识别这台机器的唯一名称，所以非常重要（这里填 node01），如图 1.7 所示。

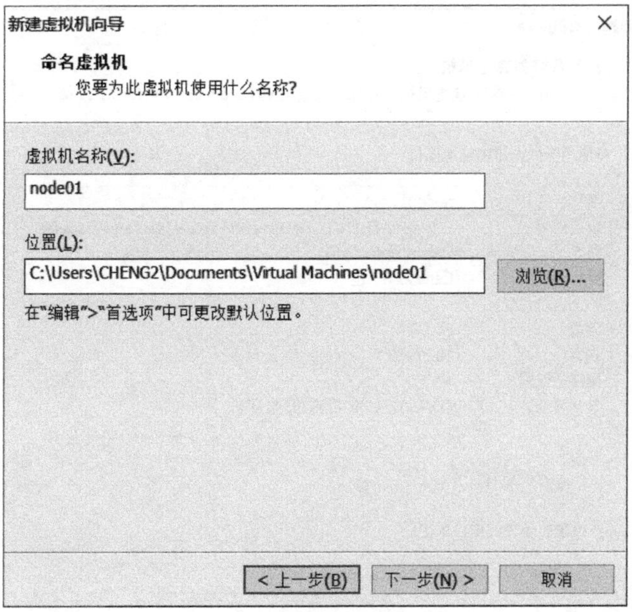


图 1.7 填写虚拟机名称

（7）选择“将虚拟磁盘存储为单个文件（O）”选项，单击“下一步”按钮，如图 1.8 所示。

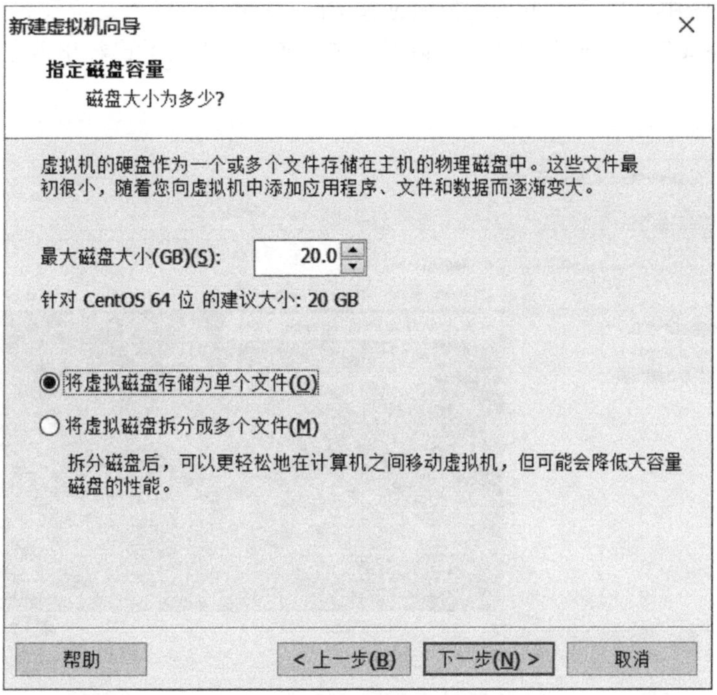


图 1.8 指定磁盘容量

（8）已准备好创建虚拟机，会显示该虚拟机的详细信息，检查后单击“完成”按钮，如图 1.9 所示。

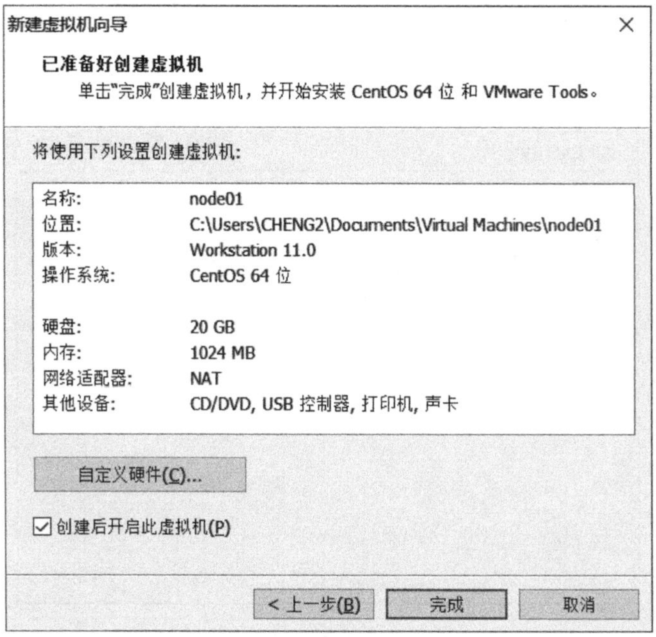


图 1.9　已准备好创建虚拟机

（9）接下来就是几分钟的安装过程，在安装过程中，可按 Ctrl+Alt 键让鼠标定向回 Windows 操作系统中，也可单击该虚拟机或按 Ctrl+G 键，让输入定位到虚拟机内部。

（10）安装完成后，回到主界面，可以看到该节点（node01）已经出现在左边边栏中，如图 1.10 所示。

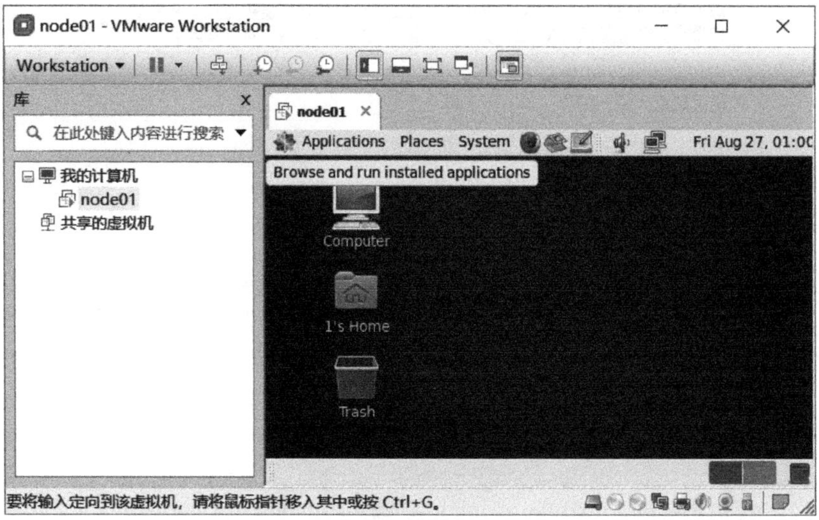


图 1.10　安装完成

（11）在 Linux 中，执行 Application→System Tools→Terminal 命令，打开终端命令行程序，进行 Linux 命令的输入，如图 1.11 所示。

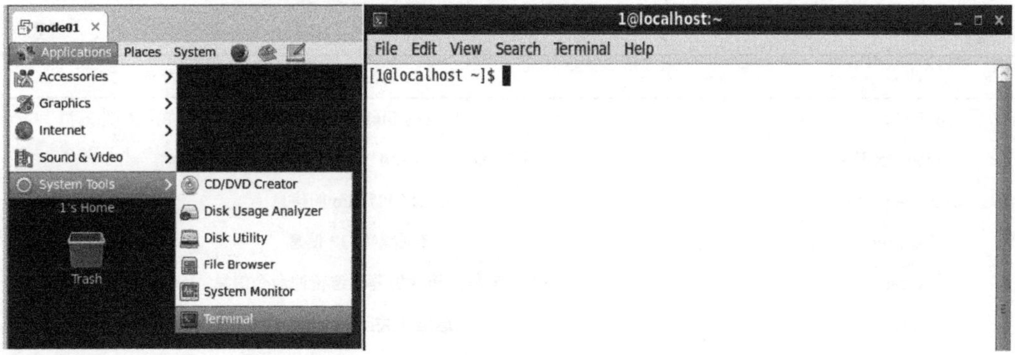


图 1.11 打开 Linux 命令终端

## 1.7.2 Linux 基本命令

Linux 是一种类 UNIX 的操作系统，支持多用户、多任务、多线程和多 CPU。Linux 有许多服务于不同目的的发行版，但是目前在全球范围内只有 10 个左右发行版被普遍使用，如 Fedora、Debian、Ubuntu、Red Hat、SUSE、CentOS 等。本书使用的是 CentOS 版本。

下面介绍学习 Linux 系统需要了解的相关知识以及基本命令，常用的 Linux 命令见表 1.3。

（1）Shell。Shell 是 Linux 系统的命令行用户界面，提供了用户与 Linux 系统内核进行交互操作的一种接口，它接收用户输入的命令并把它送入内核去执行。当人们在 Linux 系统中打开一个终端（快捷键为 Ctrl+Alt+T）时，就进入了 Shell 命令提示符状态，在里面输入的用户命令，都会被送入 Linux 内核去执行。

（2）root 用户。Linux 中超级用户一般命名为 root，相当于 Windows 系统中的 Administrator 用户。root 具有系统中的所有权限，如启动或终止一个进程、删除或增加用户等。用 root 进行不当操作是较危险的，因此，在实际使用中，一般情况下都不推荐使用 root 用户登录 Linux 系统进行日常操作，如本书采用的是 myLinux01 用户来开展实验。

（3）su 命令（慎用）。su 命令即 sudo 命令，是普通用户进入 root 用户权限的命令，由 root 用户回到普通用户的命令是 su+普通用户名。

**表 1.3 常用的 Linux 命令**

| 命令 | 命令解释 |
|---|---|
| ls | 查看当前目录中的文件 |
| ls-l | 显示当前目录中的文件和目录的详细资料 |
| cd/ | 进入 '/home' 目录 |
| cd .. | 返回上一级目录 |
| pwd | 显示当前目录的完整路径 |
| mkdir dir1 | 在当前目录下，创建一个名为 'dir1' 的目录 |
| rmdir dir1 | 在当前目录下，删除一个名为 'dir1' 的目录 |
| touch word | 创建一个名为 'word' 的文件（Vi、Vim 可实现编辑） |
| rm-f word | 删除一个名为 'word' 的文件 |
| rm-rf dir1 | 删除一个名为 'dir1' 的目录并同时删除其内容 |

续表

| 命令 | 命令解释 |
| --- | --- |
| cp file1 file2 | 复制 file1 到 file2 中 |
| cp/home/word/usr | 将/home 下的 word 文件复制到/usr 目录下 |
| cat/proc/cpuinfo | 显示 CPU info 的信息 |
| ifconfig | 查看本机 IP 信息 |
| clear | 清屏，清除屏幕上遗留的命令信息 |
| exit | 退出并关闭 Linux 终端 |
| tar/rar | 创建压缩和解压缩命令，详细用法请自行学习 |
| shutdown | 关机或重启命令，详细用法请自行学习 |

**1. 切换中英文输入法**

Linux 终端输入的命令一般都是使用英文输入的。但是，有时候也会需要输入中文。Linux 系统中的中英文输入法是使用 Shift 键来切换的，或者，也可以使用桌面菜单按钮进行切换。

**2. Vim 编辑器**

Vim 编辑器是 Linux 系统上最著名的文本/代码编辑器，是 Vi 编辑器的加强版，可以帮助人们完成文件的创建和代码的编写。在终端上输入“vi+目录/文件名”，即可用 Vim 编辑器打开文件。若需要编辑，则按键盘上的 Ins 键，编辑好后，需要按键盘上的 Esc 键，再按冒号键退出 Vim 的编辑状态，之后有以下几种选择。

（1）从键盘输入“：wq”，按 Enter 键，便是保存文件的更改并退出。

（2）从键盘输入“：q”，按 Enter 键，表示不保存更改直接退出。若编辑过程中只是查看了文件内容，并没有对文件做更改，则可以顺利退出。如果对文件做了更改，那么此命令不会被允许，这时就需要用到下面的命令。

（3）从键盘输入“：q!”，按 Enter 键，表示不保存强行退出。

一般情况下，若只是想查看一下文件内容，则倾向于用 cat 命令浏览文件内容。

### 1.7.3　在 Linux 中安装 Java 环境

Hadoop 是基于 Java 语言开发的，本书的 Hadoop 应用程序也是采用 Java 语言编写的，因此，需要安装 Java 环境。因为我们是在 VMware 虚拟环境下安装 Linux（CentOS），所以需要首先将 JDK 文件放到 Linux 下的某个目录里面，在这里，我们放到“/usr/java/”目录下，然后进行安装。

（1）下载 JDK 的 rpm 版本。可用任何浏览器搜索“jdk download”，会很容易链接到 Oracle JDK 各种版本的下载页面，我们下载 64 位 Linux 的 rpm 版本，文件名类似 jdk-8u151-linux-x64.rpm，其中，8u151 是一个版本号，随着 JDK 的不断升级，这个版本号可能会更改。

（2）将这个 rpm 文件放到 Linux 虚拟机的某一个目录中，直接拖动 Windows 中的文件到 Linux 虚拟机的桌面上（若此方法不可行，则可以用 Xshell、Xftp、PuTTY 等工具进行文件传输）。

（3）右击 Linux 桌面上的 rpm 文件，选择“Open With Package Installer”选项。

（4）双击 Computer 图标，找到“/usr”目录，下面会出现一个 Java 的安装目录，进入该目录后，会看到一个有编码的 JDK 目录，进入目录，可以看到 bin 目录，表示安装基本成功。

（5）在终端中配置环境变量。执行下列命令，用 Vim 编辑器打开/etc/profile 文件。

```
#vi/etc/profile//用 Vim 打开文件
```

（6）在 Vim 编辑环境中的文件的最后，按 Ins 键，添加以下两条环境配置语句：

```
export JAVA_HOME = /usr/java/jdk1.8.6_151
export PATH = $PATH: $JAVA_HOME/bin
```

（7）用-version 命令，测试 Java 是否安装成功。

至此，就成功安装了 Java 环境。

## 1.8　习题与思考

（1）大数据时代的主要特征是什么？

（2）哪些因素导致了大数据时代的来临？

（3）大数据处理的数据类型有哪些？

（4）学习大数据，我们需要做哪些思维方式上的改变？

（5）大数据的 4V 特征是什么？

（6）主流的大数据平台有哪些？分别有什么优势？

（7）实现大数据集群有哪些方式？

（8）大数据在未来有什么样的发展趋势？

# 第 2 章　分布式基础架构 Hadoop

## 2.1　什么是 Hadoop

第 1 章我们谈到了大数据平台架构 Hadoop，知道了 Hadoop 的两大核心分别是 MapReduce 和 HDFS。其中，MapReduce 是一种分布式并行编程框架。所谓编程框架，就是实现了某应用领域通用完备功能的底层服务，编程人员可以基于这个框架开发自己的程序，即在写程序时都应遵循这个框架所指导的模式进行开发。举个类似的例子：许多电子商务网站中都有“购买”功能，而购买流程中有“添加到购物篮”“下单”“付款”等环节，这是一套完整的流程，它成熟有效、可以复用且不易修改，因此许多应用就遵循了这个框架，以至于开发出来的应用的购买流程都大同小异。

谷歌公司在 2004 年就在论文 *MapReduce*：*Simplified data processing on large clusters* 中提出了 MapReduce。该论文同 *The Google file system* 以及 *Bigtable*：*A distributed storage system for structured data* 被称为“谷歌大数据三大论文”，这三篇论文奠定了大数据技术的理论基础（有兴趣的同学可以读一读）。

第一篇论文提出了一种十分适合机器集群离线处理大批量数据的编程框架，即 MapReduce 编程框架，它将并行计算过程高度抽象到了两个函数：Map 函数和 Reduce 函数。首先，利用 Map 函数处理一个键值对（key-value pair）来生成一组中间键值对；同时指定一个 Reduce 函数合并所有和同一中间 key 值相联系的中间 value 值，从而解决现实世界中“将大规模、有结构的数据进行切分，并运行在机器集群上，使每台机器同时处理不同数据”这类问题。事实上，这类问题在现实生活中非常多，但像以上这样说可能有些人不太理解，因此我们来看一个简单的实例。

例如，我们需要统计一沓扑克牌（有可能是一套扑克牌，有可能是几套扑克牌混成一沓，也有可能是一沓随机的扑克牌，去除大、小王，J = 11，Q = 12，K = 13）的数字之和，则可以将牌按照花色（桃、心、梅、方）分成四组，每组分别累加各自花色内的牌上的数字，完成之后，将四组计算结果相加，得到最终结果。这个过程可以拆分成两步：①映射（分发），即将每张牌视作一个键值对，每张牌的键即牌的花色，值即牌的数值，Map 函数所做的操作就是按照每张牌的花色，将牌分发到对应的花色中；②规约（聚合），即将具有相同花色的牌的值进行累加，并输出每组牌的累加结果，这样就完成了一个典型的 MapReduce 过程。而每组（或每两组）牌的计算任务可以看作分配到一台机器（节点）上的计算任务。由此例可以看出，MapReduce 本身并不是程序，而是一种框架，这种框架的核心目的在于指挥每台机器内的计算单元（可以理解成 CPU）去处理哪些数据，以及怎样处理。在现实中，我们需要根据任务的实际情况编写自己的 MapReduce 程序。因此，采用 MapReduce 模型在集群上分析和处理数据，可保证工作的高效性。Apache 软件基金会（一个提倡开源的非营利性组织）旗下的项目组开发 Hadoop 时就借用了 MapReduce 的原理来实现分布式并行框架。关于 MapReduce 的具体细节及其如何由程序实现的相关内容，在第 5 章和第 6 章将进行深入讲解。

第二篇和第三篇论文谈到大数据的另一个技术难点：数据存储。我们知道，大量数据是存储在文件中的，这种文件的大小通常是以 GB 计算的。所以，即使单个文件也很可能超过单个磁盘容量。因此，实现大型文件的分布式存储同样是大数据的关键技术。为此，谷歌提出了它自己的分布式文件系统（Google file system，GFS），是分布式文件系统（distributed file system，DFS）的一次实现。GFS 隐藏了存储机制下层的负载均衡、冗余复制等细节，它让程序员不必了解机器之间的文件分配的若干细节，对上层程序提供一个统一的 API，供一般程序员使用。Hadoop 则借用了这些思想，开发出了自己的分布式文件系统 HDFS，HDFS 将大型文件分成块（block），以块为单位，将数据存储在不同机器上，并提供冗余存储、数据恢复、映射读写等存取策略。

因此，Hadoop 由“分布式并行编程框架 MapReduce”和“分布式文件系统 HDFS”两大核心技术组成，见表 2.1。大多数程序员在不想了解分布式编程底层细节的情况下，通过学习 MapReduce 和 HDFS 的基本原理，就能很容易地自行开发处理大批量的数据。

**表 2.1　Hadoop 的两大核心技术**

| 来源 | 组件分类 | 实现 | 实现来源 | 开发语言 | 功能 |
|---|---|---|---|---|---|
| Hadoop | 核心组件 | Hadoop MapReduce | 谷歌 MapReduce | Java | 机器集群的大规模数据（大于 1TB）的并行计算，非结构化数据处理 |
| | | HDFS | 谷歌 GFS | Java | 提供海量数据分布式存储、文件管理、数据安全、冗余备份、隐藏存储机制下层的负载均衡等 |
| | 其他组件 | HBase、Hive、Pig、Mahout、ZooKeeper、Flume、Sqoop 等 | | | |

由于 Hadoop 是开源的，且有现成的框架 MapReduce 可以遵循，所以一经推出，就迅速被许多有相关需求的公司所采纳，从而成为第一个商业意义上的大数据计算平台。用户只要分别实现 Map 和 Reduce，即可在自己部署的集群上处理大批量数据。在适用场景不断丰富之后，Hadoop 衍生出了许多开源项目，形成了 Hadoop 生态系统。

## 2.2　Hadoop 的发展历史

2.1 节讲道，Hadoop 的核心技术是谷歌的 MapReduce 和 HDFS。Hadoop 这个词在英文中的原意是“大象”，结合 Hadoop 的 Logo，如图 2.1 所示。

图 2.1　Hadoop 的 Logo

2002 年，由于谷歌、雅虎等公司的搜索引擎项目取得了成功，尤其是谷歌公司的搜索引擎非常流行，Apache 公司想开发一个开源的搜索引擎项目，其他公司就可以将这个开源的搜索引擎部署在其网站上，于是 Apache 公司就提出了 Lucene 项目。Lucene 的目的是建立一个提供全文文本搜索的函数库，提供 API 供互联网公司使用。直到现在，Lucene 这个项目也一直被广泛使用。Nutch 是一个建立在 Lucene 核心之上的 Web 搜索引擎，主要在 Lucene 上加入了一些爬虫程序。我们知道，制作搜索引擎的前提是将网络链接结构爬取下来，然后通过 PageRank 一类的算法实现索引和查询。Lucene 和 Nutch 的创始人是道 • 卡廷（Doug Cutting），他的项目组在做 Nutch 的时候，随着抓取网页数量的增加，遇到了严重的可扩展性问题，不能解决数十亿网页的存储和索引问题。

2004 年，Doug Cutting 带领的 Nutch 项目组看到了谷歌有关分布式文件存储解决方案的论文 *The Google file system*，但由于谷歌未开放源代码，Nutch 项目组便根据这篇论文完成了一个开源实现，即 Nutch 的分布式文件系统（Nutch distributed file system，NDFS），也就是 HDFS 的前身。

2005 年，Nutch 项目组发现谷歌的那篇关于分布式计算框架 MapReduce 的论文 *MapReduce: Simplified data processing on large clusters* 里的框架可以用于处理海量网页的索引构建问题。但是同样，谷歌没有开放源代码，因此，Nutch 项目组便开源实现了谷歌的 MapReduce。

2006 年年初，为了使以上两个实现有别于 Nutch，项目组在 Lucene 项目下设立了一个新的子项目，在命名这个子项目的时候，看到自己的孩子在玩一个大象玩具，孩子把这个玩具叫作 Hadoop，Doug Cutting 认为这个词能很形象地表现大规模数据的吞吐能力（想象大象吸水），因此将这个新的子项目称为 Hadoop。不久之后，Doug Cutting 加入雅虎公司，且公司同意组织一个专门的团队继续发展 Hadoop。同年 2 月，Apache Hadoop 项目正式启动以支持 MapReduce 和 HDFS 的独立发展。

2008 年 1 月，Hadoop 正式成为 Apache 顶级项目，迎来了它的快速发展期，Hadoop 也逐渐开始被雅虎之外的其他公司使用。

2008 年 4 月，Hadoop 打破世界纪录，成为最快排序 1 TB 数据的系统，它采用一个由 910 个节点构成的集群进行运算，排序时间只用了 209 s。

2009 年 5 月，Hadoop 把 1 TB 数据排序时间缩短到 62 s，从此声名大噪，迅速发展成为大数据时代最具影响力的开源分布式开发平台，并成为事实上的大数据处理标准。

2009 年 7 月，MapReduce 和 HDFS 成为 Hadoop 项目的独立子项目。

2010 年，HBase、Hive、Pig、ZooKeeper 相继成为 Apache 顶级项目。

2013 年 10 月，Hadoop 2.0.0 版本发布，标志着 Hadoop 正式进入 MapReduce 2.0 时代。

2017 年 12 月，继 Hadoop 3.0.0 的四个 Alpha 版本和一个 Beta 版本后，第一个可用的 Hadoop 3.0.0 版本发布。

2019 年 1 月 21 日，Hadoop3.2.0 版本发布，带来了许多新功能和 1000 多个更改，通过 Hadoop 3.2.0 的云连接器的增强功能进一步丰富了平台，并服务于深度学习用例和长期运行的应用。

2021 年，Hadoop 的全球相关软硬件服务市场已经达到 406.9.2 亿美元，2016～2021 年的年均复合增长率（compound annual growth rate，CAGR）达到 43%。《2016 年至 2021 年 Hadoop 大数据分析市场全球预测》显示，越来越多的企业应用了 Hadoop 解决方案，以便处理分布式计算环境下极其庞大的数据集，开发符合其业务需求的大数据分析和管理服务。微软、亚马逊、IBM、Teradata、Tableau Software、Cloudera、Pentaho 以及国内的阿里巴巴、腾讯和百度，都是角逐 Hadoop 大数据分析市场的主要公司。Hadoop 的发行版本除了 Apache Hadoop 外，Cloudera、Hortonworks、MapR、华为、DKHadoop 等第三方都提供了自己的商业版本，这些版本都有自己的一些特点。在这里，我们仅对 Apache Hadoop 的发行版本进行简要介绍。

截至 2021 年 9 月，Apache Hadoop 版本分为三代，见表 2.2，我们将第一代 Hadoop 称为 Hadoop 1.0，第二代 Hadoop 称为 Hadoop 2.0，其中，第二代的版本，每代 Hadoop 中又包含了若干发布版本，发布版本中又有一些稳定版本。例如，第一代 Hadoop 包含 0.20.x、0.21.x 和 0.22.x 三个版本，其中，0.20 最后演化成 1.0.x，变成了稳定版。第二代包括 0.23.x、2.x 等版本，它们完全不同于 Hadoop 1.0，是一套全新的架构，增加了另一种资源协调器（yet another resource negotiator，YARN）框架，Hadoop 1.0 针对 HDFS、MapReduce 在高可用、扩展性等方面存在的问题进行了相应的改进。Hadoop 2.0 之后的第三代版本就相对稳定，主要增加了一些性能上的优化和支持。

**表 2.2　Hadoop 版本简介**

| 年度 | 代 | 版本号 | 组件 | 说明 |
|---|---|---|---|---|
| 2006～2012 | Hadoop 1.0 | 0.20.x（稳定版） | MapReduce<br>HDFS | 0.20.x 演化成 1.0.x 成为稳定版，0.21.x 和 0.22.x 增加 NameNode HA 等重大特性 |
| | | 0.21.x | | |
| | | 0.22.x | | |
| 2013～2017 | Hadoop 2.0 | 0.23.x | MapReduce 其他<br>YARN<br>HDFS | 提出 HDFS Federation 以及高可用 HA；引入 YARN 框架，负责 MapReduce 资源调度和管理；支持多种编程模型，如 Spark；扩展性极大增强 |
| | | 2.x（稳定版） | | |
| | | 2.7.x（稳定版） | | |
| | | 2.8.x（稳定版） | | |
| | | 2.10.x | | |
| 2017 至今 | Hadoop 3.0 | 3.1.x | 2.0 架构+<br>HDFS3 | 新功能和 1000 多项更改，通过 Hadoop3.0 的云连接器进一步丰富 |
| | | 3.3.0（稳定版） | | |

注：NameNode HA 即 NameNode 高可用，HDFS Federation 分布式文件系统联盟解决了 1 代的单点问题 YARN 分布式资源管理系统，解决 JobTrack 单点问题。

可见，Hadoop 版本比较繁杂，那么如何选择 Hadoop 的版本呢？实际上，只要记住 Hadoop 只有三个主要的区别即可：Hadoop 1.0 仅由 MapReduce 和 HDFS 组成，而 Hadoop 2.0 增加了 YARN，Hadoop 3.0 则在 Hadoop 2.0 的基础上增加了许多新功能。现阶段，大部分实际生产环境中使用的都是 Hadoop 2.0 版本，本书采用的也是 Hadoop 2.0 版本。

## 2.3　Hadoop 的基本特性

Hadoop 是一个能够对大量数据进行分布式处理的软件框架，它可以以一种可靠、高效、可伸缩的方式进行大量数据的处理。首先，Hadoop 是可靠的，因为在 HDFS 设计之初，就加入了多副本数据处理（multiple replica data processing）策略，该策略维护多个工作数据副本，即同样的工作数据会存储在两台甚至多台机器上，使系统允许某次计算的失败，确保能够针对失败的机器重新分布处理。其次，Hadoop 是高效的，因为它可以让多台机器并行工作，通过这种方式加快处理速度。最后，Hadoop 是可伸缩的，它能处理 PB 级数据。在这里，我们回顾一下大数据存储的基本单位。

在计算机底层，数据是以字节（byte）为单位存储的，每字节包含八位（bit），例如，字母A 占一字节，它由 01000001 八个位组成，剩余的单位按照进率 1024（$2^{10}$）依次进位，可得

$$1\ \text{B} = 8\ \text{bit}$$

$$1\ \text{KB} = 2^{10}\ \text{B} = 1024\ \text{B}$$

$$1\ \text{MB} = 2^{10}\ \text{KB} = 2^{20}\ \text{B} = 1\ 048\ 576\ \text{B}$$

$$1\ \text{GB} = 2^{10}\ \text{MB} = 2^{20}\ \text{KB} = 2^{30}\ \text{B} = 1\ 073\ 741\ 824\ \text{B}$$

……

MB 之后的单位依次是 GB、TB、PB、EB、ZB、YB 等。目前，Hadoop 已经达到了 PB 级数据处理能力。仅看这些数字估计没什么感觉，但是，如果想要将 1 PB 的数据存储到 100 GB 的移动硬盘上，那么需要 10 486 个这样的硬盘。

除了可靠、高效和可伸缩这三种特性外，Hadoop 依赖于廉价的商用服务器，因此它的成本较低。同时，Hadoop 是一个能够让用户轻松搭建和使用的分布式计算平台，用户可以轻松地在 Hadoop 上开发和运行处理海量数据的应用程序。Hadoop 的主要特性如下。

（1）高可靠性。采用冗余数据存储方式，即使一个副本发生故障，其他副本也可以保证正常对外提供服务。

（2）高效性。作为并行分布式计算平台，Hadoop 采用分布式存储和分布式处理两大核心技术，能够高效地处理 PB 级数据。

（3）高可扩展性。Hadoop 的设计目标是可以高效、稳定地运行在廉价的计算机集群上，可以扩展到数以千计的计算机节点上。

（4）高容错性。Hadoop 采用冗余数据存储方式，自动保存数据的多个副本，并且能够自动将失败的任务进行重新分配。

（5）成本低。Hadoop 采用廉价的计算机集群，成本比较低，普通用户也很容易用自己的个人计算机（personal computer，PC）搭建 Hadoop 运行环境。

（6）运行在 Linux 平台上。Hadoop 是基于 Java 语言开发的，可以较好地运行在 Linux 平台上。

（7）支持多种编程语言。Hadoop 上的应用程序也可以使用其他语言编写，如 C++。

Hadoop 得以在大数据处理中广泛应用得益于其自身在数据提取（extract）、转换（transform）和加载（load）（即 ETL）方面的天然优势。Hadoop 的分布式架构，将大数据处理引擎尽可能地靠近存储，对像 ETL 这样的批处理操作相对合适，因为类似这样操作的批处理结果可以直接走向存储，Hadoop 的 MapReduce 功能实现了将单个任务打碎，并将碎片任务发送到多个节点上，之后再以单个数据集的形式加载到数据仓库中。

## 2.4　深入了解 Hadoop

### 2.4.1　Hadoop 的体系结构

Hadoop 的体系结构包含了 HDFS 体系结构和 MapReduce 体系结构。正如 Hadoop 简介中所描述的一样，HDFS 和 MapReduce 是 Hadoop 的两大核心。而整个 Hadoop 的体系结构主要

通过 HDFS 来实现对分布式存储底层的支持，并且它会通过 MapReduce 来实现对分布式并行任务处理的程序支持。对这两种体系结构详细情况的介绍如下。

**1. HDFS 体系结构**

HDFS 采用了主从（master / slave）结构模型，一个 HDFS 集群是由一个 NameNode 和若干个 DataNode 组成的。其中：NameNode 作为主服务器，管理文件系统的命名空间和客户端对文件的访问操作；集群中的 DataNode 管理存储的数据。HDFS 允许用户以文件的形式存储数据。从内部来看，文件被分成若干个数据块，而且这若干个数据块存放在一组 DataNode 上。NameNode 执行文件系统的命名空间操作，如打开、关闭、重命名文件或目录等，它也负责数据块到具体 DataNode 的映射。DataNode 负责处理文件系统客户端的文件读写请求，并在 NameNode 的统一调度下进行数据块的创建、删除和复制工作。HDFS 的体系结构如图 2.2 所示。

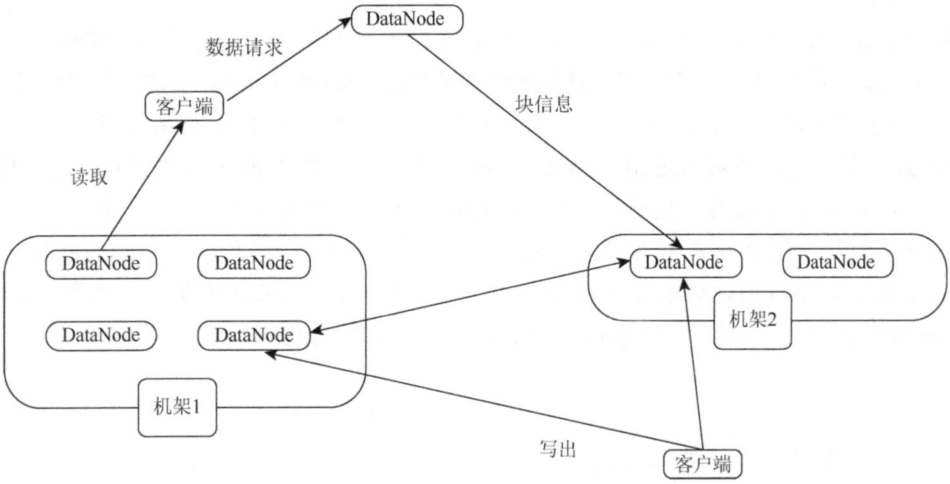


图 2.2　HDFS 的体系结构

NameNode 和 DataNode 都被设计成可以在普通商用计算机上运行。这些计算机通常运行的是 GNU/Linux 操作系统。HDFS 采用 Java 语言开发，因此任何支持 Java 的计算机都可以部署 NameNode 和 DataNode。一个典型的部署场景是集群中的一台计算机运行一个 NameNode 实例，其他计算机分别运行一个 DataNode 实例。当然，并不排除一台计算机运行多个 DataNode 实例的情况。集群中单一的 NameNode 的设计则大大简化了系统的架构。NameNode 是所有 HDFS 元数据的管理者，用户数据永远不会经过 NameNode。

**2. MapReduce 体系结构**

MapReduce 是一种并行编程模式，这种模式使软件开发者可以轻松地编写出分布式并行程序。在 Hadoop 的体系结构中，MapReduce 是一个简单易用的软件框架，它可以将任务分发到由上千台商用计算机组成的集群上，并以一种高容错的方式并行处理大量的数据集，实现 Hadoop 的并行任务处理功能。

由此可知，HDFS 和 MapReduce 共同组成了 Hadoop 分布式系统体系结构的核心。HDFS 在集群上实现了分布式文件系统，MapReduce 在集群上实现了分布式计算和任务处理。HDFS 在 MapReduce 任务处理过程中提供了文件操作和存储等支持，MapReduce 在 HDFS 的基础上实现了任务的分发、跟踪、执行等工作，并收集结果，二者相互作用完成了 Hadoop 分布式集群的主要任务。

### 2.4.2 Hadoop 的并行开发

Hadoop 是一个用于普通硬件设备上的分布式文件系统，它与现有的文件系统有很多相似的地方，但又和这些文件系统有很多明显的不同。首先，在通信网络互联的多处理机体系结构上执行任务的系统，包括分布式操作系统、分布式程序设计语言及其编译系统、分布式文件系统和分布式数据库系统。其次，它是分布式软件系统中文件系统层的软件，实现了分布式文件系统和部分分布式数据库系统的功能。最后，Hadoop 中的分布式文件系统 HDFS 能够实现数据在计算机集群组成的云上高效地存储和管理，Hadoop 中的并行编程框架 MapReduce 能够让用户编写的 Hadoop 的程序运行得以简单化。下面简单介绍 MapReduce 分布式并发编程的相关知识。

MapReduce 编程模型的原理是：利用一个输入的键值对集合产生一个输出的键值对集合。MapReduce 库的用户用两个函数来表达这个计算：Map 函数和 Reduce 函数。用户定义的 Map 函数接收一个键值对，然后产生一个中间键值对的集合。MapReduce 把所有具有相同 key 值的 value 集合在一起，然后传递给 Reduce 函数。用户定义的 Reduce 函数接收 key 和相关的 value 集合，Reduce 函数合并这些 value 值，形成一个较小的 value 集合。一般来说，每次调用 Reduce 函数只产生 0 或者 1 个输出的 value 值。通常通过一个迭代器把中间的 value 值提供给 Reduce 函数，这样可以处理无法全部放入内存中的大量的 value 值集合。如图 2.3 所示的 MapReduce 数据流图，体现了 MapReduce 处理大数据集的过程。

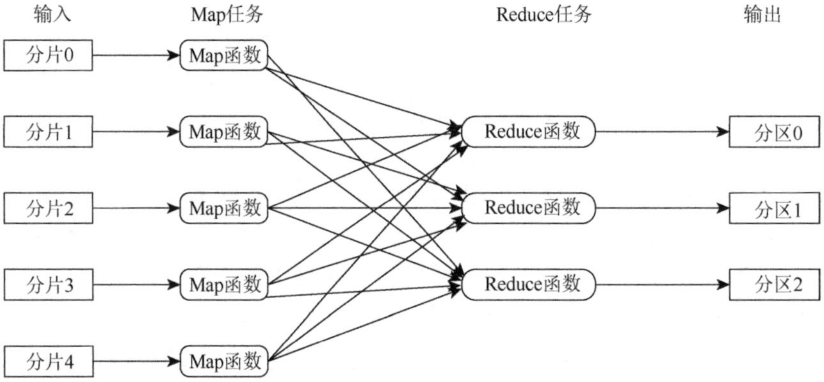


图 2.3 MapReduce 数据流

简而言之，这个过程就是将大数据集分解为成百上千个小数据集，每个或若干个数据集分别由集群中的一个节点进行处理并生成中间结果，然后这些中间结果又由大量的节点合并，形成最终结果。图 2.3 同时说明了 MapReduce 框架下并行程序中的两个主要函数：Map 函数和 Reduce 函数。在这个结构中，用户需要完成的是根据任务编写 Map 函数和 Reduce 函数。MapReduce 计算模型非常适合在大量计算机组成的大规模集群上并行运行。图 2.3 中的每一个 Map 任务和每一个 Reduce 任务均可以同时运行于一个单独的计算节点上，因此运算效率是很高的。

### 2.4.3　Hadoop 的生态系统

经过多年的发展，Hadoop 生态系统不断完善，目前已经包含了多个子项目。除了核心的 HDFS 和 MapReduce 以外，还包括 ZooKeeper、HBase、Hive、Pig、Mahout、Sqoop、Flume、Ambari 等功能组件。需要说明的是，Hadoop 2.0 中新增了一些重要的组件，即 HDFS HA 和分布式资源调度管理框架 YARN 等。Hadoop 生态系统如图 2.4 所示。

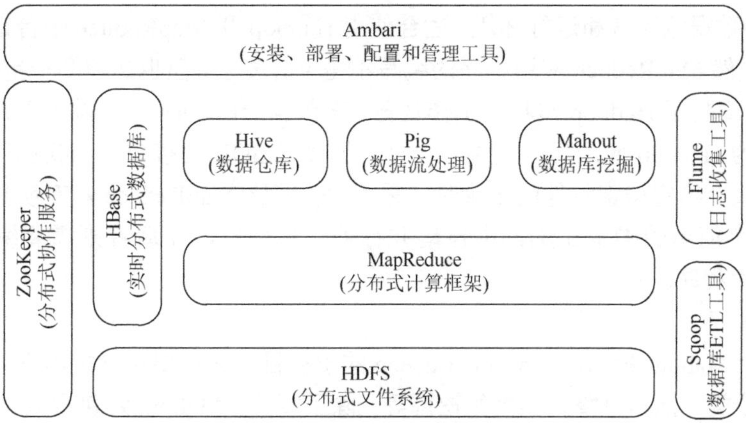


图 2.4　Hadoop 生态系统

**1. HDFS**

HDFS，即 Hadoop 分布式文件系统，是 Hadoop 项目的两大核心之一，是针对 GFS 的开源实现，具有处理超大数据、流式处理、可以运行在廉价商用服务器上等优点。HDFS 在设计之初就是要运行在商家的大型服务器集群上，因此在设计上就把硬件故障作为一种常态来考虑，可以保证在部分硬件发生故障的情况下仍然能够保证文件系统的整体可用性和可靠性。

**2. HBase**

HBase 是一个提供高可靠性、高性能、可伸缩、实时读写、分布式的列式数据库，一般采用 HDFS 作为其底层数据存储，它是针对谷歌 BigTable 的开源实现，两者都采用了相同的数据模型，具有强大的非结构化数据存储能力。HBase 与传统关系型数据库的一个重要区别是，前者采用基于列的存储，而后者采用基于行的存储。HBase 具有良好的横向扩展能力，可以通过不断增加廉价的商用服务器来提高存储能力，同时，HBase 中保存的数据可以使用 MapReduce 来处理，它将数据存储和并行计算完美地结合在一起。

**3. MapReduce**

如前所述，MapReduce 是一种编程模型，用于大规模数据集（大于 1TB）的并行运算，它将复杂的、运行于大规模集群上的并行计算过程高度地抽象到了两个函数——Map 函数和 Reduce 函数上，并且允许用户在不了解分布式系统底层细节的情况下开发并行应用程序，并将其运行于廉价计算机集群上，完成海量数据的处理。通俗地说，MapReduce 的核心思想是“分而治之”，它把输入的数据集切分为若干独立的数据块，分发给一个主节点管理下的各个分节点来共同并行完成，最后通过整合各个节点的中间结果得到最终结果。

**4. Hive**

Hive 是一个基于 Hadoop 的数据仓库工具，可以对 Hadoop 文件中的数据集进行数据整理、特殊查询和分析存储。Hive 能让不熟悉 MapReduce 的开发人员编写数据查询语句（SQL 语句）来对大数据进行统计分析操作。Hive 的执行原理就是将 SQL 语句翻译为 MapReduce 作业，并提交到 Hadoop 集群上运行。因而不需要面向 MapReduce 编程 API 进行相应代码的开发，大大降低了学习的门槛，同时也提升了开发的效率。

**5. Pig**

Pig 是一种数据流语言和运行环境，适合使用 Hadoop 和 MapReduce 平台来查询大型半结构化数据集。虽然 MapReduce 应用程序的编写不是十分复杂，但也是需要一定的开发经验的。Pig 的出现大大简化了 Hadoop 常见的工作任务，它在 MapReduce 的基础上创建了更简单的过程语言抽象，为 Hadoop 应用程序提供了一种更加接近 SQL 的接口。当我们需要从大型数据集中搜索满足某个给定搜索条件的记录时，采用 Pig 要比 MapReduce 具有明显的优势，前者只需要编写一个简单的脚本在集群中自动并行处理与分发，而后者则需要编写一个单独的 MapReduce 应用程序。

**6. Mahout**

如前所述，Mahout 最初是 Apache Lucene 的子项目，它主要包含机器学习领域的经典算法，如聚类、分类、推荐引擎和频繁集挖掘等。除了算法，Mahout 还包含数据的输入/输出工具、与其他存储系统（如数据库、MongoDB 或 Cassandra）集成等数据挖掘支持架构。此外，通过使用 Apache Hadoop 库，Mahout 可以有效地扩展到云中。

**7. ZooKeeper**

ZooKeeper 是针对谷歌分布式协同服务 Chubby 的一个开源实现，利用它高效和可靠的协同工作系统，提供分布式锁之类的基本服务（如统一命名服务、状态同步服务、集群管理、分布式应用配置项的管理等），构建分布式应用，减轻分布式应用程序所承担的协调任务。

**8. Flume**

Flume 是 Cloudera 开源的日志收集系统，具有分布式、高可靠、高容错、易于定制和扩展的特点。它将数据从产生、传输、处理并最终写入目标路径的过程抽象为数据流，在具体的数据流中，数据源支持在 Flume 中定制数据发送方，从而支持收集各种不同协议的数据。

**9. Sqoop**

Sqoop 是 SQL-to-Hadoop 的缩写，主要用来在 Hadoop 和关系数据库之间交换数据，可以改进数据的互操作性。通过 Sqoop 可以方便地将数据从 MySQL、Oracle、PostgreSQL 等关系型数据库中导入 Hadoop（可以导入 HDFS、HBase 或 Hive），或者将数据从 Hadoop 导出到关系型数据库，使传统关系型数据库和 Hadoop 之间的数据迁移变得非常方便。

**10. Ambari**

Ambari 是一种基于 Web 的工具，支持 Apache Hadoop 集群的安装、部署、配置和管理。Ambari 目前已支持大多数 Hadoop 组件，包括 HDFS、MapReduce、Hive、Pig、HBase、ZooKeeper、Sqoop 等。

# 2.5　Hadoop 与其他技术和框架

## 2.5.1　Hadoop 与关系型数据库

如今，数据库已不再对大量磁盘上的大规模数据进行批量分析，因为对磁盘的寻址时间的提高远远小于传输速率的提高，如果数据的访问模式中包含大量的磁盘寻址，那么读取大量数据集所花的时间势必会长于流式数据读取模式。另外，如果数据库系统只更新一小部分，那么使用传统的关系型数据库则更有优势，但数据系统在更新大部分数据时，使用关系型数据库的效率就比 MapReduce 低得多，因为需要使用排序/合并来重建数据库。在很多情况下，MapReduce 也可以看作关系型数据库管理系统的补充，两个系统之间的差异见表 2.3。

**表 2.3　关系型数据库和 MapReduce 的比较**

| 比较项 | 传统关系型数据库 | MapReduce | 比较项 | 传统关系型数据库 | MapReduce |
|---|---|---|---|---|---|
| 数据大小 | GB 级 | PB 级 | 结构 | 静态模式 | 动态模式 |
| 访问 | 交互式和批处理 | 批处理 | 完整性 | 高 | 低 |
| 更新 | 多次读写 | 一次写入、多次读取 | 横向扩展 | 非线性 | 线性 |

MapReduce 比较适合以批处理的方式处理所需要分析的整个数据集的问题，而关系型数据库适用于点查询和更新，数据集被索引后，数据库系统能够提供低延迟的数据检索和快速的少量数据更新，MapReduce 适合一次写入、多次读取数据的应用，而关系型数据库更适合持续更新的数据集。

MapReduce 和关系型数据库之间的另一个区别在于它们所操作的数据集的结构化程度。结构化数据是具有既定格式的实体化数据，如满足 XML 文档或特定预定义格式的数据库表。这是关系数据库管理系统（relational database management system，RDBMS）包括的内容。另外，半结构化数据比较松散，虽然可能有个例，但经常被忽略，所以它只能用作对数据结构的一般指导。例如，一张电子表格，其结构是由单元格组成的网格，但是每个单元格自身可保存任何形式的数据。非结构化数据没有什么特别的内部结构，如纯文本或图像数据。MapReduce 对于非结构化数据或半结构化数据非常有效，因为在处理数据时才对数据进行解释。换句话说，MapReduce 输入的键和值并不是数据固有的属性，而是由分析数据的人员来选择的。

关系型数据库往往是规范的，以保持数据的完整性且不含冗余。规范化给 MapReduce 带来了问题，因为它使记录读取成为异地操作，然而 MapReduce 的核心假设之一是，记录可以进行流式读写操作。Web 服务器日志是一个典型的非规范的结构化数据记录，例如，每次都需要记录客户端主机全名，导致同一客户端全名可能会多次出现，这也是 MapReduce 非常适合用于分析各种日志文件的原因之一。MapReduce 是一种线性可伸缩的编程模型。程序员编写两个函数，分别为 Map 函数和 Reduce 函数，每个函数定义一个键/值对集合到另一个键/值对集合的映射。这些函数无须关注数据集及其所用集群的大小，因此可以原封不动地应用到小规模数据集或大规模数据集上。更重要的是，如果输入的数据量是原来的两倍，那么运行的时间也需要原来的两倍。但是如果集群是原来的两倍，作业的运行速度仍然与原来一样快。SQL 查询一般不具备该特性。

随着社会的不断发展，在不久的将来，关系型数据库系统和 MapReduce 系统之间的差异很可能变得模糊。一方面，关系型数据库开始吸收 MapReduce 的一些思路（如 Aster Data 和 Greenplum 的数据库）；另一方面，基于 MapReduce 的高级查询语言（如 Pig 和 Hive）使 MapReduce 系统更接近传统的数据库编程方式。

### 2.5.2 Hadoop 与云计算

云计算和大数据在很大程度上是相辅相成的。云计算对于普通人来说就像云一样，一直没有机会真正地感受到，而大数据则更加实际，是确确实实能够改变人们生活的事物。

目前，现有的数据处理速度远远赶不上数据的增长速度，设计最合理的分层存储架构已成为信息系统的关键。分布式存储架构不仅需要满足纵向（scale up）的可扩展性，也需要满足横向（scale out）的可扩展性，因此大数据处理离不开云计算技术，云计算可为大数据提供弹性可扩展的基础设施支撑环境以及数据服务的高效模式，大数据则为云计算提供了新的商业价值，大数据技术与云计算技术必将更完美地结合。

云计算的关键技术包括分布式并行计算、分布式存储以及分布式数据管理技术，而 Hadoop 就是一个实现了谷歌云计算系统的开源平台，包括并行计算模型 MapReduce、分布式文件系统 HDFS，以及分布式数据库 HBase，同时 Hadoop 的相关项目也很丰富，包括 ZooKeeper、Pig、Chukwa、Hive、HBase、Mahout 等。用一句话概括就是云计算因大数据问题而生，大数据驱动了云计算的发展，而 Hadoop 在大数据和云计算之间建立起了一座坚实可靠的桥梁。

## 2.6 实验 2：快速搭建 Hadoop 集群环境

### 2.6.1 准备工作

（1）相关文件下载。在 VMware 或者 VirtualBox 中下载操作系统：Linux 64 位，CentOS 或者 Ubuntu；下载 Hadoop 软件包，可在 Apache Hadoop 官网下载；下载 JDK、Eclipse 或者 IntelliJ；下载安全外壳（secure shell，SSH）连接上传工具 Xmanager。具体工具包及名称见表 2.4。

**表 2.4 快速搭建 Hadoop 环境所需软件包**

| 软件 | 版本 | 安装包 | 备注 |
| --- | --- | --- | --- |
| Linux OS | CentOS/Ubuntu | CentOS_x86_64-bin.iso | 64 位 Linux 操作系统 |
| VMware/VirtualBox | 任何版本 | VMware-workstation.ext | 64 位 |
| Hadoop | 2.0 以上版本 | hadoop.tar.gz | 已编译好的安装包 |
| JDK | 1.8 以上版本 | jdk-linux-64.rpm | 64 位 |
| Eclipse/IntelliJ | 4.5/2018 以上版本 | eclipse-jee-x86_64.zip | 64 位 |
| SSH 连接上传工具 | 5.0 以上版本 | Xme.exe（Xshell） | 64 位 |

（2）集群部署规划。单机伪分布式安装集群适合安装一个主机（master）和少量从机（slaves），具体部署规划见表 2.5。

**表 2.5 快速搭建 Hadoop 集群部署规划**

| 节点/部署 | master | slave1 | slave2 |
|---|---|---|---|
| HDFS | NameNode<br>DataNode<br>SecondaryNameNode | DataNode | DataNode |
| YARN | ResourceManager<br>JobHistoryServer<br>NodeManager | NodeManager | NodeManager |

（3）在部署 Hadoop 之前，应该学会使用 Linux 自带编辑器 Vim 进行文件的编辑。在任何节点终端（terminal）中进入 Linux 的相关目录后，利用 vi 命令打开文件进行编辑，如：

```
vi test.txt
```

编辑完成之后，按 Esc 键跳到命令模式（命令前的冒号是必要的）。

```
:w//保存文件但不退出 Vim
:w file//将修改另外保存到 file 中,不退出 Vim
:w! //强制保存,不退出 Vim
:wq//保存文件并退出 Vim
:wq! //强制保存文件,并退出 Vim
:q//不保存文件,退出 Vim
:q! //不保存文件,强制退出 Vim
:e! //放弃所有修改,从上次保存文件开始再编辑 Vim
```

（4）在部署 Hadoop 之前，应该学会使用网络工具 ping 和 ifconfig 命令。例如：

```
#ping 192.168.1.1
#ifconfig-a
```

### 2.6.2 安装配置虚拟机

（1）打开实验 1 中安装好的 VMware 进入主页面，创建新的虚拟机，选择典型配置，选择虚拟机操作系统类型以及版本，操作系统选择 Linux，版本选择 CentOS 64 位。

（2）创建一台 master 虚拟机和两台 slave 虚拟机 slave1 和 slave2。磁盘容量采用默认设置 20 GB。

（3）单击开启 master 虚拟机，进入虚拟机后使用键盘可进行操作。

（4）在欢迎界面选择“Install or upgrade an existing system”；安装过程中语言和键盘语言都选择英语；下一步设置选择第一个“Basic Storage Devices”；格式化存储页面选择“yes，discard any data”；主机名为“master”；时区选择“中国上海”；密码推荐设置 123456；选择“use all space”使用所有空间；选择“Write changes to disk”；配置完成后，单击“Reboot”进行重启。

### 2.6.3 配置固定 IP 并测试

（1）为了方便操作，我们需要将虚拟机和 Xshell 连接，因此需要配置虚拟机的固定 IP，固定 IP 是相对于计算机主机本身的本地 IP 的虚拟 IP，即虚拟机的 IP。

（2）以 root 身份进入系统，输入密码进入虚拟机。用以下命令进入 Vim 调整 IP 设置：

```
[root@master~]# vi/etc/sysconfig/network-scripts/ifcfg-eth0
```

（3）修改文件，配置 master 固定 IP 为 192.168.172.130（可自行调整），将 ONBOOT 修改为 yes，BOOTPROTO 修改为 static，并根据虚拟机子网信息配置固定 IP 如下。

```
master:
IPADDR = 192.168.172.130
NETMASK = 255.255.255.0
GATEWAY = 192.168.128.2
DNS = 192.168.128.2
```

（4）退出 Vim，输入以下命令重启网络：

```
[root@master~]#service network restart
```

（5）在虚拟机（或 Xshell）中 ping 一个网址，如果网络成功连通，说明设置成功。

### 2.6.4 克隆虚拟机

（1）在克隆虚拟机之前，先在 master 虚拟机中安装所需虚拟机软件以简化后续节点的配置过程，然后再克隆 master 配置至 slave 上。首先，在 master 中安装 openssh：

```
[root@master~]#yum-y install ntp openssh-clients openssh-server vim
```

安装完成后，输入命令 poweroff。

（2）回到 VMware 界面，右击“master 虚拟机”，依次单击“管理”“克隆”按钮，进入克隆虚拟机向导，克隆类型选择创建完整克隆，接下来修改虚拟机名称并选择存放位置，单击“完成”开始克隆。

（3）修改克隆机 IP。输入命令查看设备名称、网卡地址并记录下来：

```
[root@master~]#ifconfig
```

（4）在克隆好的 slave 两台机器上输入命令：

```
[root@master~]# vi/etc/sysconfig/network-scripts/ifcfg-eth0
```

进入配置文件并修改设备名称、网卡地址，使之与记录值相同，最后修改 IP 地址并保存退出。slave1 的 IP 为 192.168.172.131（可自行调整），slave2 的 IP 为 192.168.172.132（可自行调整）。

（5）修改虚拟机主机名（HOSTNAME）：

```
[root@master~]# vi/etc/sysconfig/network
```

修改 HOSTNAME 为 slave1、slave2 并保存退出，使用 reboot 命令重启虚拟机并连接 Xshell。

### 2.6.5 配置 SSH 无密码登录

（1）配置 IP 映射（所有节点都需要配置，下面以 master 节点为例进行说明）。

（2）利用 vi 命令修改 etc/hosts 文件，添加 IP 与主机名的映射，保存并退出，hosts 文件配置如图 2.5 所示。

```
[root@master~]# vi/etc/hosts
```

（3）生成公钥和私钥。在主节点，通过命令 ssh-keygen-t rsa 生成公钥和私钥：

```
[root@master~]# ssh-keygen-t rsa
```

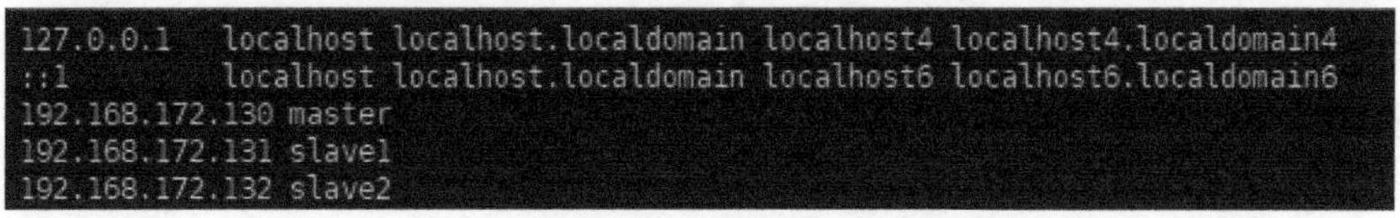

```
127.0.0.1   localhost localhost.localdomain localhost4 localhost4.localdomain4
::1         localhost localhost.localdomain localhost6 localhost6.localdomain6
192.168.172.130 master
192.168.172.131 slave1
192.168.172.132 slave2
```

图 2.5　hosts 文件配置

三次回车后就会生成两个文件 id_rsa（私钥）和 id_rsa.pub（公钥）。

查看公钥、私钥文件是否生成成功：

```
[root@master~]# ls/root/.ssh/
```

（4）将公钥发送到所有节点上：

```
[root@master~]# ssh-copy-id-i/root/.ssh/id_rsa.pub master
[root@master~]# ssh-copy-id-i/root/.ssh/id_rsa.pub slave1
[root@master~]# ssh-copy-id-i/root/.ssh/id_rsa.pub slave2
```

（5）验证 SSH 配置。从 master 可以无密码直接切换到 slave1 和 slave2 主机即为成功。

```
[root@master~]# ssh slave1
[root@slave1~]# exit
[root@master~]# ssh slave2
[root@slave2~]# exit
```

### 2.6.6　配置时间同步服务

（1）修改 ntp.conf 文件。设置 master 节点为网络时间协议（network time protocol，NTP）服务主节点，首先使用 vi 命令打开/etc/ntp.conf 文件。

```
[root@master~]# vi/etc/ntp.conf
```

注释掉以 server 开头的行，并添加以下内容：

```
restrict 192.168.172.2 mask 255.255.255.0 nomodify notrap
server 127.127.1.0
fudge 127.127.1.0 stratum 10
```

保存并退出。

（2）对于 slave1 和 slave2，同样使用 vi 命令打开/etc/ntp.conf 文件，注释掉以 server 开头的行，并添加以下内容，随后保存退出。

```
server master
```

（3）关闭防火墙。分别永久关闭以下三个节点的防火墙：

```
[root@master~]# service iptables stop & chkconfig iptables off
[root@slave1~]# service iptables stop & chkconfig iptables off
[root@slave2~]# service iptables stop & chkconfig iptables off
```

（4）启动 NTP 服务，先启动 master 节点：

```
[root@master~]# service ntpd start & chkconfig ntpd on
```

（5）在 slave1 和 slave2 节点与 master 同步时间：

```
[root@slave1~]# ntpdate master
```

```
[root@slave2~]# ntpdate master
```

（6）随后启动两个子节点的 NTP 服务：

```
[root@slave1~]# service ntpd start & chkconfig ntpd on
[root@slave2~]# service ntpd start & chkconfig ntpd on
```

### 2.6.7 安装 JDK

若在实验 1 中已经安装了 JDK，则可以跳过本节的步骤。

（1）安装 JDK（所有节点都要安装，下面以 master 节点为例进行说明）。

（2）传输安装包文件。进入 opt 目录：

```
[root@master~]# cd/opt
```

（3）单击 Xshell 菜单栏的“新建文件传输”按钮，通过 Xmanager 的 Xftp 上传 jdk-linux-x64.rpm 文件到/opt 目录。

（4）传输完成后使用 ls 命令查看 JDK 安装包：

```
[root@master opt]# ls
```

（5）执行安装。安装路径为/usr/java/jdk1.8.0（路径最后随安装包版本而异）：

```
[root@master opt]# rpm-ivh jdk-linux-x64.rpm
```

（6）进入 Vim 配置环境变量：

```
[root@master~]# vi/etc/profile
```

（7）文件末尾添加：

```
export JAVA_HOME = /usr/java/jdk1.8.0
export PATH = $PATH:$JAVA_HOME/bin
```

（8）保存退出 Vim。

（9）利用 source 命令使文件 profile 配置立刻生效：

```
[root@master~]# source/etc/profile
```

（10）验证 JDK 是否配置成功：

```
[root@master~]# java-version
```

### 2.6.8 上传、解压 Hadoop 安装包

（1）进入 opt 目录：

```
[root@master~]# cd/opt
```

单击 Xshell 菜单栏的“新建文件传输”按钮，通过 Xmanager 的 Xftp 上传 hadoop.tar.gz 文件到/opt 目录。

（2）解压缩 hadoop.tar.gz 文件，解压后即可看到/usr/local/hadoop 文件夹。

```
[root@master opt]# tar-zxvf hadoop.tar.gz-C/usr/local
```

### 2.6.9 配置 Hadoop

提示：先在 master 节点完成 Hadoop 的安装与配置，再复制配置好的 Hadoop 文件到 slave 节点。

（1）进入 hadoop 目录，查看目录下的目录结构和文件：

```
[root@master~]# cd/usr/local/hadoop/etc/hadoop/
[root@master hadoop]# ls
```

（2）利用 Vim 修改/hadoop 目录下 core-site.xml 文件中<configuration>标签内的内容：

```
<configuration>
    <property>
    <name>fs.defaultFS</name>
      <value>hdfs://master:8020</value>
      </property>
    <property>
      <name>hadoop.tmp.dir</name>
      <value>/var/log/hadoop/tmp</value>
    </property>
</configuration>
```

（3）利用 Vim 修改/hadoop 目录下 hadoop-env.sh 文件的内容：

```
export JAVA_HOME = /usr/java/jdk1.8.0
```

（4）利用 Vim 修改/hadoop 目录下 hdfs-site.xml 文件中<configuration>标签内的内容：

```
<configuration>
<property>
    <name>dfs.namenode.name.dir</name>
    <value>file:///data/hadoop/hdfs/name</value>
</property>
<property>
    <name>dfs.datanode.data.dir</name>
    <value>file:///data/hadoop/hdfs/data</value>
</property>
<property>
     <name>dfs.namenode.secondary.http-address</name>
     <value>master:50090</value>
</property>
<property>
     <name>dfs.replication</name>
     <value>3</value>
</property>
</configuration>
```

（5）复制 \hadoop 目录下 mapred-site.xml.template 文件创建新的 mapred-site.xml 文件：

```
[root@master hadoop]# cp mapred-site.xml.template mapred-site.xml
```

利用 Vim 进入 mapred-site.xml 文件，修改<configuration>标签内的内容：

```
<configuration>
<property>
   <name>mapreduce.framework.name</name>
   <value>yarn</value>
</property>
<! --jobhistory properties-->
<property>
   <name>mapreduce.jobhistory.address</name>
   <value>master:10020</value>
</property>
<property>
    <name>mapreduce.jobhistory.webapp.address</name>
    <value>master:19888</value>
</property>
</configuration>
```

（6）利用 Vim 修改/hadoop 目录下 yarn-site.xml 文件中<configuration>标签内的内容：

```
<configuration>
  <property>
    <name>yarn.resourcemanager.hostname</name>
    <value>master</value>
  </property>
  <property>
    <name>yarn.resourcemanager.address</name>
    <value>${yarn.resourcemanager.hostname}:8032</value>
  </property>
  ......
 <property>
    <name>yarn.nodemanager.resource.cpu-vcores</name>
    <value>1</value>
 </property>
</configuration>
```

（7）利用 Vim 修改/hadoop 目录下 yarn-env.sh 文件中的内容：

```
export JAVA_HOME = /usr/java/jdk1.8.0
```

（8）利用 Vim 进入/slave 文件，删除 localhost，添加：

```
slave1
slave2
```

（9）复制 Hadoop 安装文件到集群 slave 节点：

```
[root@master hadoop]# scp-r/usr/local/hadoop slave1:/usr/local
```

```
[root@master hadoop]# scp-r/usr/local/hadoop slave2:/usr/local
```

（10）利用 vi 命令编辑/etc/profile 文件，在所有节点的 profile 文件中添加 Hadoop 路径（以 master 节点为例），随后保存并退出。

```
export HADOOP_HOME = /usr/local/hadoop
export PATH = $HADOOP_HOME/bin:$PATH
```

（11）使用 source 命令使修改文件生效：

```
[root@master hadoop]# source/etc/profile
```

（12）格式化 master 节点的 NameNode，进入目录：

```
[root@master hadoop]# cd/usr/local/hadoop/bin
```

执行格式化：

```
[root@master bin]# ./hdfs namenode-format
```

### 2.6.10　启动集群

（1）进入目录：

```
[root@master~]# cd/usr/local/hadoop/sbin
```

（2）执行启动：

```
[root@master sbin]# ./start-dfs.sh
[root@master sbin]# ./start-yarn.sh
[root@master sbin]# ./mr-jobhistory-daemon.sh start historyserver
```

（3）使用 jps 命令，查看进程：

```
[root@master~]# jps
[root@slave1~]# jps
[root@slave2~]# jps
```

（4）Hadoop 配置成功的状态如图 2.6 所示。

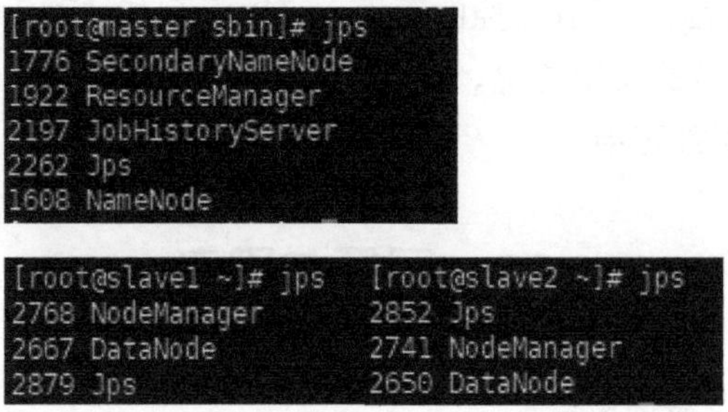


图 2.6　Hadoop 配置成功的状态

### 2.6.11　查看集群监控

（1）在 Windows 下 C：\Windows\System32\drivers\etc\hosts 文件中添加 IP 映射，保存并退出。

```
192.168.172.130 master master
```

```
192.168.172.131 slave1 slave1
192.168.172.132 slave2 slave2
```

（2）通过浏览器查看集群资源监控（浏览器输入 http://master:50070），如图 2.7 所示。

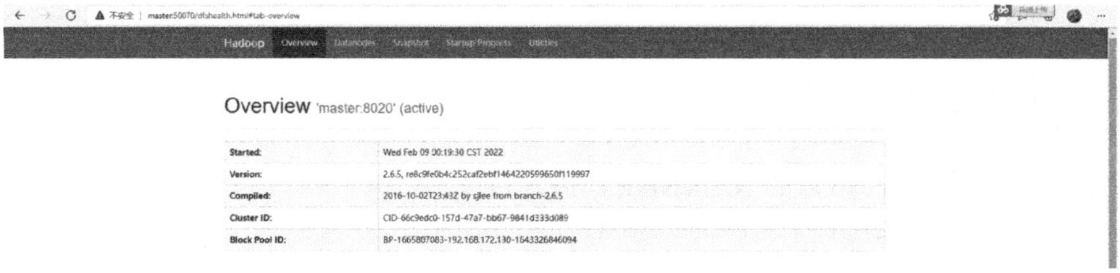


图 2.7　查看集群资源监控

图 2.7 的页面为 HDFS 整个子集群的监控，其中 Overview 记录了 NameNode 的启动时间、版本号、编译版本等一些基本信息。在 DataNode 中可以看到节点 slave1、slave2 的一些基本信息。

在浏览器中输入 http://master:8088，即可打开 Resource Manager 任务监控页面，如图 2.8 所示。

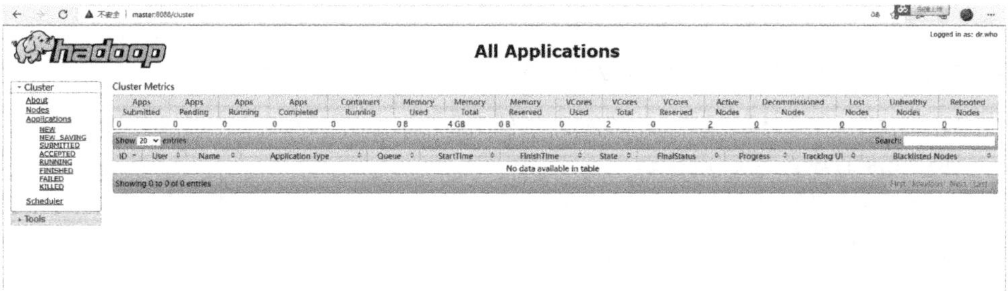


图 2.8　查看任务监控页面

图 2.8 为 ResourceManager 任务监控的页面，可以看到任务不同状态的统计、容器的使用情况、内存的使用情况、核的使用情况、NodeManager 节点情况等。

至此，Hadoop 集群配置完毕。

## 2.7　习题与思考

（1）试述 Hadoop 的发展历史。

（2）试述 Hadoop 具有哪些特性。

（3）试述 Hadoop 和 MapReduce、GFS、HDFS 以及其他技术之间的关系。

（4）试述 Hadoop 的体系结构。

（5）试述 Hadoop 生态系统以及每个部分之间的关系。

（6）试述 Hadoop 并行开发中的基础原理。

（7）搭建 Hadoop 环境主要经历哪几个环节？分别要配置哪些文件？

# 第 3 章　分布式文件系统 HDFS

## 3.1　什么是 HDFS

第 2 章讲道，Hadoop 由“分布式并行编程框架 MapReduce”和“分布式文件系统 HDFS”两大核心技术组成，分别解决“分布式计算”和“分布式存储”这两个核心问题。可以看出，这两个都是分布式集群架构处理海量数据时需要重点考虑的问题。其中，MapReduce 解决了分布式集群的计算，而 HDFS 则解决了分布式存储。HDFS 是基于谷歌提出的文件系统 GFS 的一种开源实现，它原来是 Apache Nutch 搜索引擎的一部分，后来独立出来作为 Apache 的一个子项目，同时，它也是 Hadoop 的标配。在目前常见的分布式文件系统中，HDFS 是一种典型的面向大数据处理的分布式文件系统，因此，有时我们也将 HDFS 直接称为 DFS。

### 3.1.1　文件系统和计算机集群

一般情况下，数据是以文件的形式保存在内存或磁盘中的。每台计算机都有自己的文件系统，即完成本机文件的存储和管理的一套文件分布与存取机制。我们所熟悉的 Windows、Linux 等单机操作系统中，文件系统一般会把磁盘空间划分为 512 B 一组的“磁盘块”(cluster 或 block)，它是文件系统读写操作的最小单位。一个文件无论包含多少数据，在磁盘中都是以磁盘块的形式存储的。当我们要调取某些数据时，文件系统告诉我们包含这些数据的文件在哪里；当我们要存储某些数据时，它告诉系统应该将包含这些数据的文件存储在哪里。

因此，文件系统使我们不需要知道文件具体的物理位置，只需输入指令即可访问文件。当一个数据集中包含的数据太多，一个文件放不下时，通常将其分割开来；当一个数据集所涉及的文件数量太多、规模太大，甚至超过一台独立的计算机的存储能力时，就将这些文件分散存放在不同计算机上，同时将这些文件所存放的机器和位置用元数据记录下来，并由一台单独的计算机保存这些元数据。这样，我们通常会建立一个计算机集群，典型计算机集群架构如图 3.1 所示。

一个普通的计算机集群通常由结构上可扩展的多个机架（rack）组成，而机架内部的计算机之间由网线和交换机（通常是 Gbit 以太网设备）联通；不同机架之间也由另一级交换机联通。计算机集群通常是可以纵向和横向扩展的，既可以增加一个机架内的计算机数量，也可以增加集群中机架的数量。因此，在一个集群中，理论上的计算机节点可以是无限的。

### 3.1.2　分布式文件系统

在 HDFS 出现之前就有多种分布式文件系统，它们的发展大体上可以分为四个阶段：第一阶段是 20 世纪 80～90 年代以网络文件系统（network file system，NFS）为代表的以提供接口的远程文件访问为目的的早期文件系统，主要关注的是访问的性能和数据的可靠性，它们

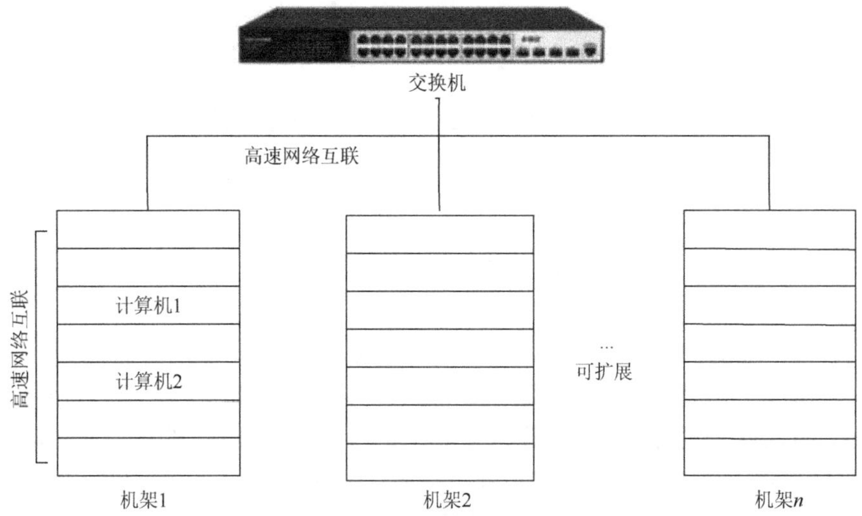


图 3.1　典型计算机集群架构

所采用的协议和相关技术，为后来的分布式文件系统设计提供了很多参考。第二阶段是 20 世纪 90 年代以切片式文件系统（slice file system，SFS）为代表的分布式文件系统，克服了早期分布式文件系统一般运行在局域网（local area network，LAN）上的弱点，很好地实现了在广域网（wide area network，WAN）上进行部署，减少网络流量的问题。第三阶段是 2000 年左右，网络技术的发展使基于光纤通道的分布式技术得到了广泛应用，在这个阶段，存储成本大幅下降，数据总线的带宽和磁盘速度迅速提升，数据容量、性能和共享的需求使这一时期的分布式文件系统规模更大、更复杂、元数据管理更加集中，并且更多的先进技术，如分布式锁、缓存管理、负载均衡等均被应用到系统中来。规模的扩展使系统的动态性、缓存的一致性、系统可靠性进一步提高，出现了谷歌的 GFS、Sun 的 QFS 等优秀的分布式架构。第四阶段为 2005 年以后，伴随着谷歌、亚马逊、阿里巴巴等互联网公司云计算和大数据应用的兴起，分布式文件系统开始大规模应用到商业实践中。同时，随着人们对体系结构、网格研究的逐渐深入，分布式文件系统开始迅速丰富。这一时期，HDFS、FastDFS、Ceph、GridFS 等架构陆续出现。直到 2021 年，各种分布式文件系统仍被不断推出，以满足新的需求。总的来说，这些需求可以归纳为以下几点。

（1）大容量和高速度：需要更大容量、更高速的分布式文件系统。

（2）高性能：数据访问需要更高的带宽。

（3）高可用性：不仅需要保证数据的高可用性，还需要保证服务的高可用性。

（4）可扩展性：需要提供很好的扩展性，在容量、性能、管理等方面都能适应变化。

（5）可管理性：随着存储规模越来越大，存储机制越来越复杂，系统维护需要提升。

（6）按需服务：因为应用、客户端、服务时间等的不同，需要系统按需提供服务。

虽然处于第四阶段的系统都在研究中，但从中也可以看出一些发展趋势：①体系结构的研究逐渐成熟，不同文件系统的体系结构趋于一致；②系统设计的策略趋于一致，如都采用专用服务器；③在架构和策略一致的基础上，每个系统都采用了特有的技术，如 HDFS 的多副本冗余存储技术等。表 3.1 为现在常用的分布式文件系统。

**表 3.1　常用的分布式文件系统**

| 指标 | 类型 | 文件分布 | 系统性能 | 复杂度 | 备份机制 | 通信接口 | 社区支持 | 开发语言 |
|---|---|---|---|---|---|---|---|---|
| HDFS | 大文件 | 分块存储 | 高 | 简单 | 多副本 | 原生 API | 较多 | Java |
| GlusterFS | 大文件 | 分块存储 | 高 | 简单 | 镜像 | HTTP | 多 | C |
| GridFS | 大文件 | 分块存储 | 较高 | 简单 | 多点备份 | 原生 API | 较多 | Java |
| MFS | 大于 64 KB | 分片存储 | 占内存多 | 复杂 | 多点备份 | Fuse 挂载 | 较多 | Perl |
| FastDFS | 4 KB～500 MB | 合并存储不分片 | 很高 | 简单 | 组内备份 | HTTP | 国内较多 | C |
| TFS | 海量小文件 | 合并存储不分片 | 高 | 复杂 | 主辅备份 | HTTP | 少 | C++ |
| Ceph | 对象文件块 | 一主多从 | 高 | 复杂 | 多副本 | 原生 API | 较少 | C++ |
| MogileFS | 海量小图片 | 合并存储不分片 | 高 | 复杂 | 动态冗余 | 原生 API | 文档少 | Perl |

其中，HDFS、GridFS 均是用 Java 实现的。HDFS 主要用于大数据存储，是主流的大数据存储系统，它源自文本搜索；而 GridFS 是比较流行的 NoSQL 数据库 MongoDB 的一个内置存储系统，它提供一组文件操作的 API 以帮助 MongoDB 存储文件。

其他的分布式文件系统则各有自己的优势。例如，ClusterFS 的元数据服务器设计适合大部分网络集群；又如，MogileFS 优异的图计算功能受到了图片托管网站的青睐；又如 TFS 针对的 Linux 集群，可为外部提供高效海量小文件的读取，满足了淘宝这样电商的海量小文件存储需求等。它们除了都关注系统的高可扩展性、高可用性（冗余备份）、高性能（较高的读写性能和负载均衡）、跨平台、高并发等基础功能外，都还关注社区建设、接口的原生性和管理简单化。

### 3.1.3　HDFS

HDFS 是一种大数据环境下的分布式文件系统，具有独特的系统架构，通常部署在通用且廉价的集群上，并具有分布式文件系统所具有的诸多特点，非常适合大数据存储。实际上，在 HDFS 出现之前，就存在很多分布式文件系统架构以及利用这些架构构建的集群。但是，这些集群一般是大型企业或机构专用的，配置高、价格昂贵，在执行某些事务（如处理海量实时检索请求）的时候并不是理想的分布式文件系统。这时候 HDFS 的出现可谓恰逢其时，毕竟开发一个搜索引擎，最贵的部分就是硬件，HDFS 兼容超级廉价的硬件设备，谷歌开发之初使用的普通主机只有几十美元。另外，HDFS 采用分布式文件系统普遍采用的“客户机/服务器”（client/server，C/S）模式也易于接受：客户端与服务器建立连接，提出文件访问请求来访问数据，也可以通过设置访问权限来限制对底层数据存储块的访问等。下面从 HDFS 的文件存储、HDFS 的物理结构和 HDFS 的体系结构三个方面来介绍 HDFS。

**1. HDFS 的文件存储**

一般操作系统的最小读写单位是“磁盘块”或“簇”，在 Windows 里叫作 Cluster，在 Linux 里叫作块，大小一般为 512 B 或几 KB。分布式文件系统继承了这一概念，如在 HDFS 中，大文件也是被分成若干个块，它是 HDFS 数据读写的基本单元。HDFS 中的块要比一般操作系统中的块大许多，默认为 64 MB，在 Hadoop 2.0 中默认为 128 MB，另外，块的大小是可以设置的。

文件被切分后，块由数据源上传到 HDFS 上，然后系统的元数据服务器（metadata server）

会统计每个块所在的位置，将位置信息以元数据（metadata）的形式保存起来。通常，记录一个块的元数据信息为 150 B。例如，如果现在有一个 10 GB 的文件，那么它大概需要占据 10 GB/64 MB×150 B 的元数据空间。HDFS 采用块的概念会带来以下好处。

（1）大文件的存储。假如上传的一个文件非常大，没有任何一块磁盘能够存储，这个文件就没法上传了，如果把文件分割成许多块，这个文件就可以使用集群中的任意节点进行存储，消除了单个节点的存储容量的限制。

（2）简化存储管理。由于块的大小是固定的，所以“计算单个磁盘能存储多少个块”这件事相对容易很多，这是存储数据的关键任务。同时，由于块和元数据是分开存放和处理的，这样也消除了块丢失影响集群数据管理的问题。

（3）便于容灾备份（disaster backup）。容灾即对系统进行备份以避免软硬件灾害，备份即对数据存储进行备份，通常是一个概念。以块为单位的文件存储非常有利于进行容灾备份。例如，HDFS 默认将块备份成 3 份，当一个块损坏时，系统会通过名称节点获取元数据信息，在其他机器上读取一个副本并自动进行备份，以保证系统的可靠性。

（4）负载均衡。负载均衡（load balancing）是指分布式系统将任务尽量平均分摊到多个计算单元上，从而让总体执行效率最优的一些算法。显然，HDFS 将一个文件切分成多个块进行存储，能够分散集群的读写负载，因为这样可以在多个节点中寻找到目标数据，减轻单个节点的读写负担。

**2. HDFS 的物理结构**

Hadoop 集群中的计算机通常称为“节点”，节点包括至少一个客户端、一个名称节点和多个数据节点，如图 3.2 所示。名称节点（namenode）负责文件和目录的创建、删除、重命名等工作，同时管理着数据节点和文件块的映射关系，数据节点（datanode）和文件块的映射关系即“一个文件所切分成的若干块分别存放在哪些数据节点上”这种信息，它可以组织成一张包含两个字段的二维表（位置列表）。客户端是集群中唯一可由人直接操作，即发生人机交互的一台机器，只有从这台机器访问名称节点，才能找到具体的块所在的位置，进而到相应位置读取数据。数据节点负责数据的存储和读取。

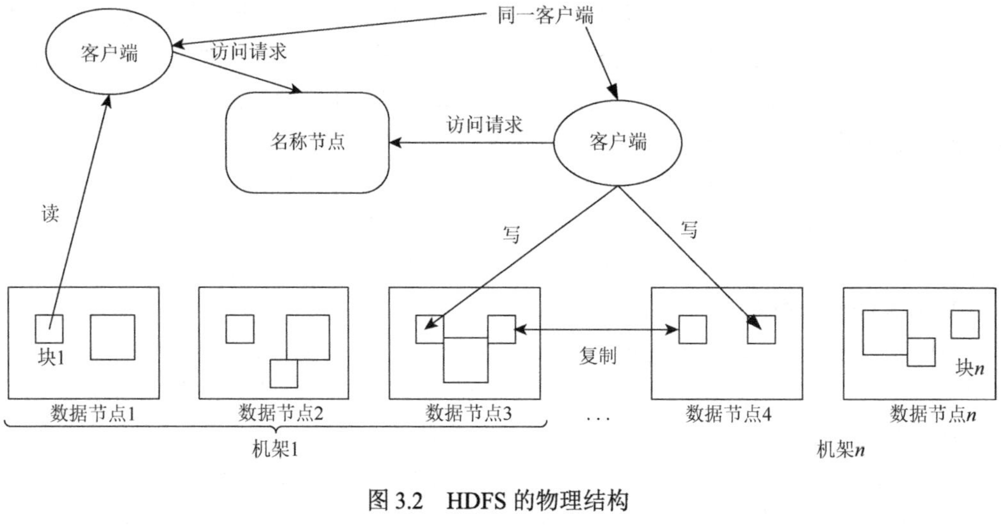


图 3.2　HDFS 的物理结构

一个 HDFS 集群通常包含多个机架，一个机架包括多个数据节点，不同机架之间的数据通信需要经过交换机或者路由器，同一机架中不同机器之间通信则不需要经过交换机和路由器，通过高速网络互联，因此，同一机架不同机器之间的通信带宽要比不同机架的通信带宽大。HDFS 节点之间的通信都遵循 TCP/IP 协议。

（1）客户端和名称节点的通信：客户端通过一个可配置的端口向名称节点主动发起 TCP 连接，并使用基于 TCP/IP 的客户端协议与名称节点进行交互。

（2）名称节点和数据节点的通信：名称节点和数据节点之间则使用基于 TCP/IP 的数据节点协议进行交互。

（3）客户端与数据节点的通信：客户端与数据节点的交互是通过远程过程调用（remote procedure call，RPC）来实现的。

**3. HDFS 的体系结构**

在体系结构上，HDFS 采用的是主从式体系结构（master/slave），分别相当于 Server 和 Agent 的概念。Server 提供接口让客户端管理 Agent 和任务。如图 3.3 所示，客户端作为输入输出端，负责写入文件或读取数据块位置；名称节点 master 作为中心服务器，负责管理文件系统的命名空间及客户端对文件的访问；数据节点 slave 负责处理文件系统客户端的读/写请求。因此，块实际上被保存在数据节点本地文件系统中。

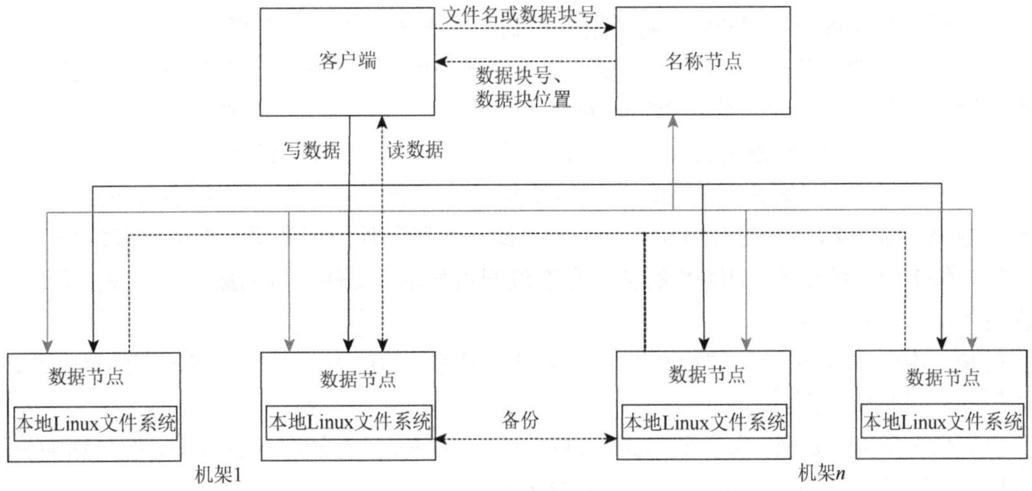


图 3.3　HDFS 体系结构

当客户端读数据时，首先把文件名发送给名称节点，名称节点根据文件名找到组成它的块的信息，再根据块信息找到存储块的数据节点的位置，并把数据节点的位置发送给客户端，最后客户端直接访问这些数据节点获取块数据。

当客户端写数据时，首先向名称节点请求上传文件，并将文件拆分成块，然后根据名称节点返回的信息将块数据上传至指定的数据节点。

可以看出，无论读还是写过程，名称节点都不参与数据的传输。这样的体系结构设计方式是为了能够并发地从不同数据节点上获取同一个文件，并且数据永远不会经过名称节点，这大大减轻了中心服务器的负担，方便了数据管理。

### 3.1.4 HDFS 的优点和缺点

我们已经知道了 HDFS 是什么，以及它的物理结构和体系结构。通常来讲，HDFS 具有分布式文件系统的诸多优点，如数据一致性、容错性、可伸缩性、跨平台性、透明性、安全性。

（1）数据一致性。并发控制是分布式文件系统的主要特点，它允许一个客户端对文件的读写不受其他客户端对同一文件读写的影响，任何时间都只允许一个程序或进程对文件的写入操作，保证读写的一致性和文件的完整性。

（2）容错性。一些分布式文件系统采用了多副本机制，使一个文件可以拥有在不同位置的多个副本，这样保证了故障的自动恢复。

（3）可伸缩性。建立在大规模机器上的分布式文件系统集群，支持节点的动态加入和退出，应具有良好的可伸缩性。

（4）跨平台性。分布式文件系统应该具有很好的跨平台能力，这样可以在不同操作系统和计算机上实现同样的客户端和服务器端程序。

（5）透明性。分布式文件系统应该对用户透明，能够像使用本地文件系统那样直接使用。

（6）安全性。分布式文件系统应该具有可靠的安全机制，保证数据的安全。

下面来看看 HDFS 在这些方面的具体表现。

（1）支持大规模文件存储。HDFS 存储的文件可以支持 TB 和 PB 级别的数据。

（2）适合数据备份。HDFS 采用多副本机制，副本丢失后自动恢复。

（3）高吞吐量。在 HDFS 中，程序以流的形式访问文件系统，一次批量性地读入或写入数据，因此具有高吞吐量，不适合实时处理。

（4）跨平台。HDFS 采用 Java 语言实现，任何支持 Java 的机器都可以拿来部署。

（5）硬件廉价。HDFS 一开始就被设计成廉价的机器的文件系统，需要说明的是，廉价机器的故障率非常高，因此 HDFS 设计了一套快速检测硬件故障和进行自动恢复的机制。

（6）简化的系统设计。HDFS 的文件存取过程很简单，文件一旦完成写入，关闭后就无法再次写入，只能被读取。

但是，由于 HDFS 设计的特殊性，在实现上述优点的同时，其也具有一定的局限性，具体体现在以下几个方面。

（1）不适合实时处理。由于采用流式数据读取，HDFS 具有较高的吞吐率，但延迟加长了，不适用于低延迟需求下的（响应时间小于 10 ms）任务。

（2）小文件问题。为了满足高吞吐量，HDFS 将文件切分为块进行存储和处理。但是如果有大量小文件，就会给集群性能带来影响，在 3.2 节中会详细讨论这个问题。

（3）不支持修改文件操作：对于上传到 HDFS 上的文件，不支持修改文件操作。

（4）不支持并行写操作：同一时间内，只能有一个用户执行写操作。

## 3.2 HDFS 中的概念

本节介绍 HDFS 中与体系结构和存储过程有关的概念，包括块、三级寻址和元数据、命名空间、名称节点、第二名称节点、数据节点、客户端、心跳机制、块缓存。

### 3.2.1　块

3.1 节其实已经讲述了块的概念，从中我们知道，一个块的大小是 64 MB。那么，为什么 HDFS 中的块要设置得这么大呢？或者说，块的设计有什么优点呢？我们知道，大数据处理的过程实际上是数据的一次次定位和读写的过程。以数据访问为例，首先从名称节点获得组成这个文件的数据块所在数据节点的映射关系，即位置列表。然后根据位置列表获取实际存储各个数据块的数据节点的位置，最后数据节点根据数据块信息在本地文件系统中找到对应的块，并把数据返回给客户端。

以上过程是一个完整的数据传输过程，如图 3.4 所示，它由两段时间组成，第一段是寻道时间，即磁头找到目标读写位置所需要的时间。磁头类似于唱片机的磁头，是从磁盘上读写数据的部件，而磁盘上的数据存储是非连续的，因此寻道时间又可以看作磁头从上一个位置读写结束，移动到下一个位置并开始读写所耗费的时间。

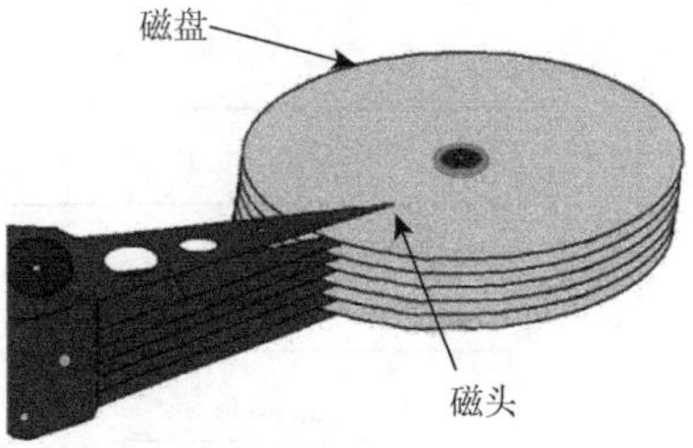

图 3.4　磁存储工作原理

第二段是 I/O 时间，即将数据从磁头读到内存的时间（或从内存写入磁盘的时间）。块越大，文件的分割数量越少，寻址时间越短，但是 I/O 时间越长；一个块越小，分割数量越多，寻址时间越长，但是 I/O 时间越短。为了平衡寻道时间和 I/O 时间，HDFS 将块设计成 64 MB、128 MB、256 MB 这样的大小，是为了让传输效率最佳。现实中，寻道速率要远远小于 I/O 速率，而读写一个文件，需要做多次磁头的移动（一个文件有多个块），所以一般情况下，需要尽可能保持寻道时间尽量短而 I/O 时间长。因此，块被设计得大的原因是要将寻道时间分摊到较多的数据读写上，保证传输效率最优。

另外，3.1 节中还有一个问题，即小文件问题：当文件上传到 HDFS 上时，如果一个文件大小小于 64 MB，它并不像一般操作系统那样让这个文件占据整个块的存储空间，而通常会和其他文件共同占用一个块。这样就会出现小文件问题。小文件问题是不可能避免的，原因如下。

（1）在做数据抽取时，每次可能生成一个不到 10 MB 的文件。

（2）数据源本身就有大量小文件，未做处理直接上传到 HDFS 中。

（3）在做分布式计算，如执行 MapReduce 作业的配置时，未配置合理的分片。

如果一个文件系统中的小文件数量维持在一定的比例尚且还好，但如果总是存在大量小文件，就会对计算性能造成影响。HDFS 中每个目录、文件和块都会以元数据的形式保存在名称节点中，每个对象占用 150 B，现在加入的小文件数量增长到 10 亿个，则需要耗费 300 GB 内存来存储元数据，这将突破名称节点元数据服务器的处理上限，导致集群启动时间较长。不过，可以采用批量文件合并等方法解决小文件问题。

### 3.2.2　三级寻址和元数据

HDFS 将文件分割成块，并保存在数据节点中。要想在集群中找到一个文件，需要经过寻道和读写。那么，系统是如何找到这个文件所含块的位置的呢？设一个文件被分割成若干个数据块，它们被存放在不同数据节点上。显然，要获得整个文件，第一步就是要从名称节点获取位置列表；第二步就是要基于位置列表，找到存放数据块的数据节点；第三步就是要在每个本地数据节点中找到那个块。这就是 HDFS 的三级寻址过程。

如图 3.5 所示，文件 File 被分割成 A、B、C 三块，分别存放在机架 1 的数据节点 1、机架 6 的数据节点 2、机架 6 的数据节点 8 上。那么从名称节点的位置列表中可以得到机架信息和数据节点信息，然后从数据节点中的本地地址表中找到块对应的地址 FF3、FF1 和 FF4，最终组成文件的信息：

File = R1_D1_FF3+R6_D2_FF1+R6_D8_FF4

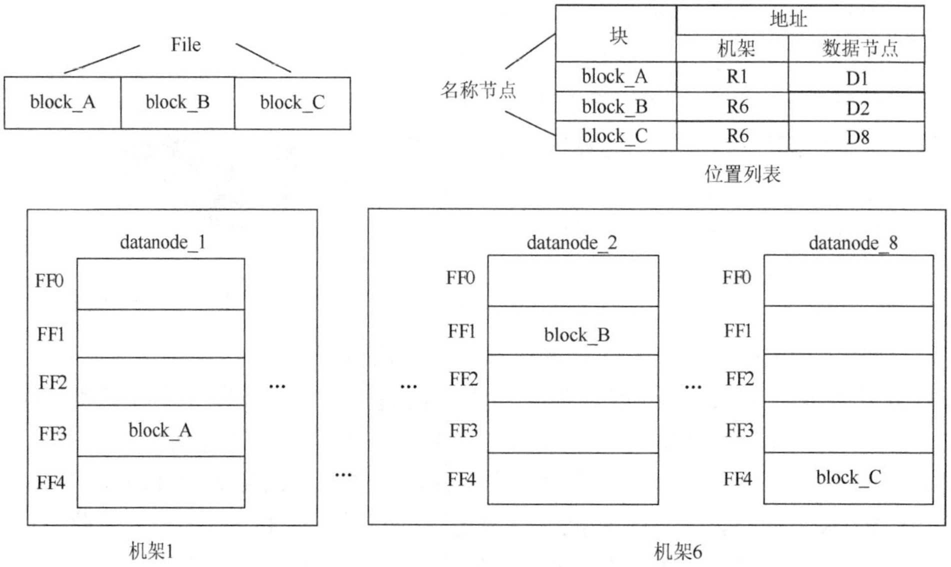


图 3.5　三级寻址过程示意图

像一个文件的文件名、文件被分成多少块、每个块映射在哪台机器上、每个块被存储在哪台机器上的哪个位置这样用来描述数据的数据，就是元数据。元数据既存在于名称节点，也存在于数据节点（块的地址映射表，图 3.5 中的 FF$n$）。当要进行数据存储时，首先将文件分割成块，再由名称节点分配每个块的具体存储位置，然后由客户端把数据块直接写入相应的数据节点；在读取时，客户端首先从名称节点获得位置列表，同时，客户端让名称节点向数据节点发送指令，数据节点根据这些指令对其所辖的块进行读取，文件的创建、删除、冗余复制等操作也由数据节点具体完成。

### 3.2.3　命名空间

操作系统（如 Windows）是通过文件系统来管理资源的。在这里，资源不仅指计算机上存储的数据，也包括计算机硬件设备，如 CPU、内存、输入输出设备等。因此，在 Windows 中不仅包括数据文件、文本文件，还包括设备驱动文件、接口文件等。而管理这些文件需要对其进行组织和分配，这样就有了我们熟知的目录结构。目录结构是一种包含文件命名、文件定位和文件操作方法的有效数据结构，它像一棵“倒长的树”。

例如，域名解析文件 HOSTS 可以表示为“C：\Windows\System32\drivers\etc\HOSTS”。

这是一个“目录+文件名”的表示。我们将系统中所有文件的表示所形成的逻辑空间称为该系统的命名空间（namespace）。

在 HDFS 中，同样需要对海量数据进行管理，因此同样有命名空间，只不过是以“目录+文件名+块信息”保存在名称节点中。如图 3.6 所示，一个文件由 5 个块组成，块 1（block_0）的地址为“/users/cheng/data/”，它有三个副本，分别在数据节点 1、数据节点 3、数据节点 6 上，其余类推。

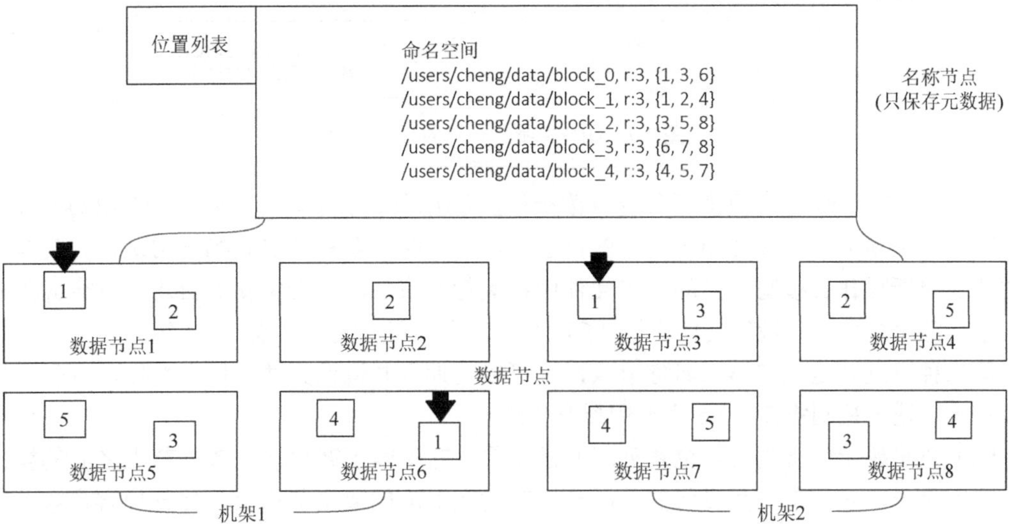


图 3.6 命名空间/分块存储示意图

如图 3.6 所示，HDFS 的命名空间包含目录、文件和块。用户可以像使用普通操作系统一样创建、删除目录和文件，在目录间转移文件、重命名文件。需要注意的是，命名空间是一个逻辑空间，而不是物理空间，因此不能从图 3.6 的路径中得到任何文件的物理地址。

### 3.2.4 名称节点

HDFS 集群有两类节点，一个负责管理任务的名称节点（NameNode/Master/管理节点/主节点/元数据服务器）和多个负责具体读写和存储任务的数据节点。其中，名称节点的主要功能如下。

（1）维护整个文件系统的命名空间。如图 3.7 所示，一个 Hadoop 集群一般只有一个名称节点，其上包含 HDFS 和它的命名空间，这个名称节点负责对这个命名空间进行维护和管理。命名空间保存了两个核心的数据结构：镜像文件（FsImage）和日志文件（EditLog）。镜像文件用于维护反映块地址的命名空间，日志文件用于记录对文件的操作（增加、删除、修改等）。

名称节点并不具备永久保存位置列表的功能，而是在系统每次启动时扫描所有数据节点并重构位置列表，也就是说，脱离了名称节点，整个文件系统就会陷入瘫痪。因此，名称节点的防灾容错是非常重要的。为此，HDFS 提供了两种机制以保障位置列表等元数据的恢复。

第一种机制是对写入的文件的元数据进行备份。名称节点启动时，会将镜像文件的内容加载到内存当中，然后执行日志文件中的各项操作，使内存中的元数据保持最新。这时，名

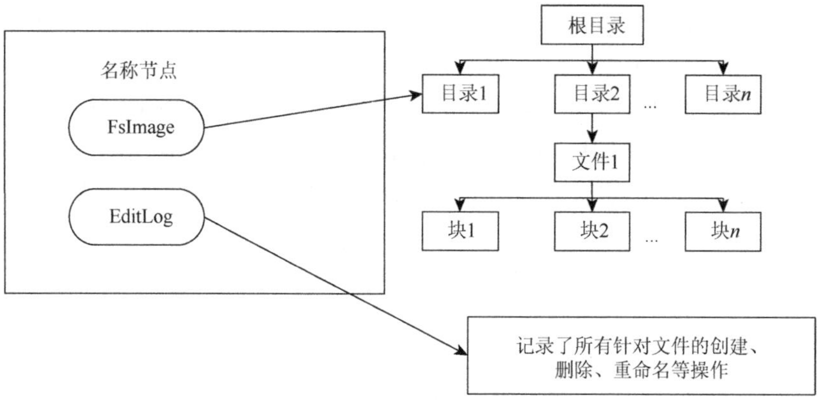


图 3.7　HDFS 命名空间的数据结构

称节点处于“安全模式”，只能对外提供读操作，无法提供写操作。启动操作完成以后，HDFS 会创建一个最新的镜像文件和一个空的日志文件，这时，名称节点开始正常运行，包含写操作的所有更新操作都被写入空的日志文件中；运行结束后，就会将新的日志文件合并到总的日志中。整个过程中，镜像文件规模（GB 级）远大于日志文件规模（KB 级）。

第二种机制就是建立第二名称节点，它可以定期合并镜像文件和日志文件，以防止日志文件过大。这一机制将在 3.2.5 小节中展开详述。

（2）负责确定位置列表。位置列表非常重要，它保障了客户端与数据节点之间的操作共享。也就是说，名称节点负责将文件所含块映射到对应的数据节点上，并管理客户端对文件访问的一些常用的操作，客户端发来请求访问指令，名称节点会有所回应，这些指令包括文件的打开、关闭、保存或移动等。

（3）管理数据节点的状态报告。名称节点除了与客户端交互，更重要的是要管理好数据节点，这就需要一套状态报告机制。名称节点定期要求数据节点汇报状态，以便能够及时处理失效的数据节点，状态包括“数据节点的健康状态报告”和“数据节点上数据块的状态报告”。

### 3.2.5　第二名称节点

如前所述，我们要保障名称节点的容错能力，第二种机制就是建立第二名称节点（secondary NameNode/名称节点辅助节点/辅助节点）。第二名称节点一般在集群中另一台单独的机器上运行，是 HDFS 架构的一个重要组成部分，它也需要占用大量的 CPU 时间，并且需要与名称一样多的内存来执行合并操作，可以看作名称节点的镜像。当名称节点启动并运行后，更新操作使日志文件逐渐变大，导致整个过程变得非常缓慢，而第二名称节点的“合并操作”和“冷备份”过程，可以解决这个问题，其工作过程示意图如图 3.8 所示。

（1）镜像与日志的合并操作。每隔一段时间，第二名称节点会和名称节点通信，请求其停止使用日志文件（假设这个时刻为 $t_1$），暂时将新到达的写操作添加到一个新的文件 EditLog.new 中。然后，第二名称节点把名称节点中的镜像文件和日志文件拉回到本地，再加载到内存中；对二者执行合并操作，使镜像文件保持最新。合并结束后，第二名称节点会把合并后得到的最新的镜像文件发送到名称节点。名称节点收到镜像文件后，会覆盖旧的镜像文件，同时用 EditLog.new 文件替换日志文件（这里假设这个时刻为 $t_2$），从而减小日志文件的大小。

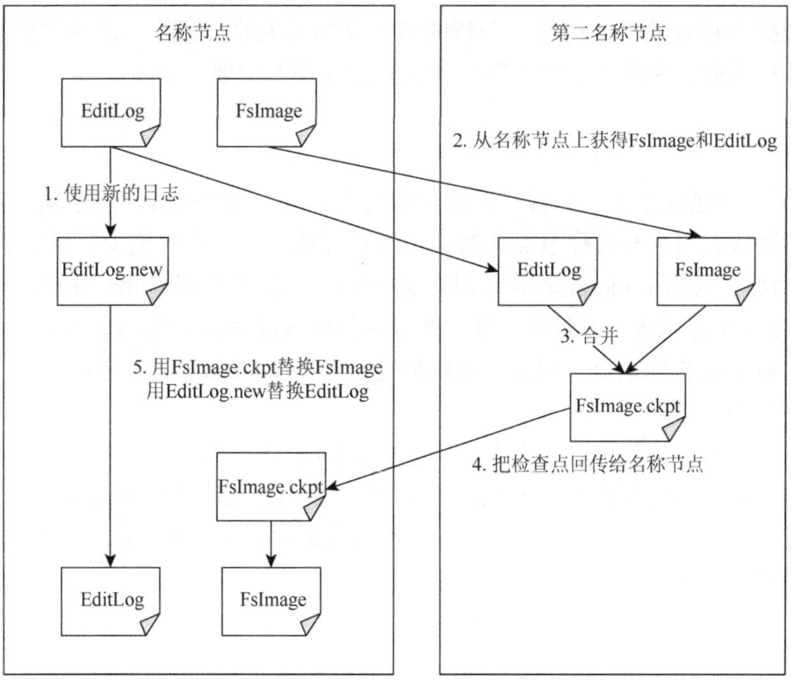


图 3.8　第二名称节点工作过程示意图

（2）“冷备份”。从上面的合并过程可以看出，第二名称节点会定期和名称节点通信，从名称节点获取镜像文件和日志文件，执行合并操作得到新的镜像文件。相当于为名称节点设置了一个“检查点”，周期性地备份名称节点中的元数据信息。当名称节点发生故障时，就可以用第二名称节点中记录的元数据信息进行系统恢复。但是，在第二名称节点上合并操作得到的新的镜像文件是 $t_1$ 时刻（合并操作时）发生的。HDFS 记录的元数据信息，并没有包含 $t_1$ 时刻和 $t_2$ 时刻期间发生的更新操作，如果名称节点在 $t_1$ 和 $t_2$ 之间发生故障，系统就会丢失部分元数据信息。因此，第二名称节点只是起到了“检查点备份”或“冷备份”作用，并不能起到“热备份”作用。即使有了第二名称节点，当名称节点发生故障时，系统还是有可能会丢失部分元数据信息的。

### 3.2.6　数据节点

数据节点（DataNode/Slave/从节点/工作节点）是 HDFS 中实际在工作的节点，这里的“工作”是指检索和存储数据块。具体地说，它负责完成客户端访问文件的读写操作，定期向名称节点发送数据块地址列表，并在名称节点的统一调度下开展工作，如数据块的创建、移动、复制、删除等。除此之外，数据节点还能用于 CRC（Hadoop 的底层传输协议）校验。客户端要存储数据时，从名称节点获取数据块所在数据节点的位置列表，客户端发送数据块到第一个数据节点上，第一个数据节点收到数据后通过管道流的方式把数据块发送到另外的数据节点上。当数据块被所有的节点写入后，客户端继续发送下一个数据块。数据节点与名称节点之间的通信通过“心跳”（heartbeat）完成。数据节点每 3 s 发送一个“心跳”0 到名称节点，如果名称节点没有收到“心跳”，在重新尝试后仍不行，就会宣告这个数据节点失效。当名称节点察觉到数据节点失效后，选择一个新的节点复制丢失的数据块。这种文件切割后存储的过程对用户是透明的。关于“心跳机制”，将在 3.2.8 小节中展开详述。

### 3.2.7 客户端

Hadoop 集群中包含至少一个客户端用于和用户交互。用户在客户端中输入对数据操作的指令，客户端则代表用户与名称节点和数据节点进行通信。客户端至少需要安装 Hadoop（包括 HDFS）。当然，安装 Hadoop 之前必须安装一个操作系统（Windows 或 Linux），然后要么通过 Shell 命令对文件系统进行控制，要么通过执行集成编译器（如 Eclipse）中编好的包含命令的程序传达对 HDFS 的指令。例如，可以创建一个叫 myfolder 的目录：

```
hadoop fs-dfs-mkdir myfolder
```

HDFS 有很多命令，利用这些命令可以完成 HDFS 中文件的上传、下载、复制、查看、格式化节点等操作，而这些命令属于 HDFS 的 Java API，可以看作 Hadoop 提供给用户的与 HDFS 交互的接口。用户在编写程序的时候，不用知道数据节点和名称节点的内部详细情况，就可以实现对数据的访问。

### 3.2.8 心跳机制

所谓“心跳”，是一种形象化的描述，指的是持续地按照一定频率在运行，类似于心脏在永无休止地跳动。Hadoop 中心跳机制的具体实现如下。

（1）Hadoop 集群主从模式。集群中的 master 节点包括 NameNode 和 ResourceManager；slave 节点包括 DataNode 和 NodeManager。

（2）master 启动的时候，会开一个 IPC server 在那里，等待 slave 心跳。

（3）slave 启动时，会连接 master，并每隔 3s 主动向 master 发送一个“心跳”，这个时间可以通过 heartbeat.recheck.interval 属性来设置。将自己的状态信息告诉 master，然后 master 也是通过这个心跳的返回值向 slave 节点传达指令的。

（4）需要注意的是，NameNode 与 DataNode 之间的通信、ResourceManager 与 NodeManager 之间的通信，都是通过“心跳”完成的。

（5）当 NameNode 长时间没有接收到 DataNode 发送的心跳时，NameNode 就判断 DataNode 的连接已经中断，不能继续工作了，就把它定性为 Dead Node。NameNode 会检查 Dead Node 中的副本数据，复制到其他 DataNode 中。

### 3.2.9 块缓存

通常数据节点从磁盘中读取块，但对于访问频繁的文件，其对应的块可能被显式地缓存在数据节点内存中，以堆外块缓存（off-heap block cache）的形式存在。默认情况下，一个块仅缓存在一个数据节点内存中，当然我们可以针对每个文件配置数据节点的数量。作业调度器（用于 MapReduce、Spark 和其他框架）通过在缓存块的数据节点上运行任务，可以利用块缓存的优势提高读操作的性能。例如，链接（link）操作中使用的一个小的查询表就是块缓存的一个很好的候选。用户或应用通过在缓存池中增加一个缓存路径来告诉名称节点需要缓存哪些文件及存多久。缓存池是一个用于管理缓存权限和资源使用的管理性分组。

# 3.3　HDFS 的存储原理

本节主要介绍 HDFS 的存储原理，包括冗余存储机制、数据存取策略和数据的错误与恢复。

## 3.3.1　冗余存储机制

冗余存储或多副本存储机制，也就是上文提到的容灾备份的一种保障机制。HDFS 的做法是将一个数据块分成多个副本，HDFS 默认的冗余复制因子是 3，也就是说每个副本会被同时保存在 3 个数据节点上。图 3.5 和图 3.9 均表示了这种机制。

如图 3.9 所示，一个文件被分成 A、B、C 三个块，块 A 被复制成 A1、A2、A3 三个副本，被分别存放到数据节点 1、数据节点 3、数据节点 5 上，其余类推。这样，即使单个节点出现故障，只需要找到其他相同内容的副本，仍然能获得文件的全部信息，从而继续执行计算而不用重启整个集群；当整个机架出现故障时，大概率也不会丢失所有文件。总的来说，冗余存储机制具有以下三个优点。

（1）保证数据的可靠性。即使某个数据节点出现故障失效，也不会造成数据丢失。

（2）容易检查数据错误。数据节点之间通过网络传输，采用多个副本可以很容易判断数据传输是否有误。

（3）加快数据传输速度。当多个客户端需要同时访问同一个文件时，可以让各个客户端分别从不同的副本中读取数据，这就大大加快了数据传输速度。

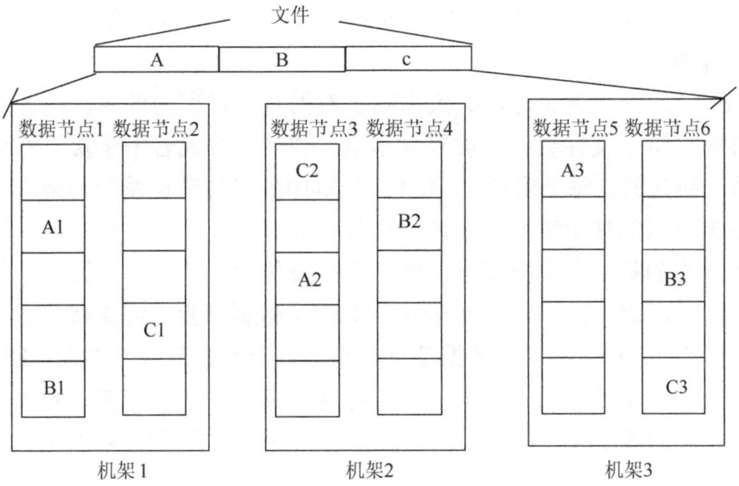


图 3.9　HDFS 冗余备份/多副本备份机制示意图

## 3.3.2　数据存取策略

一个块一般被复制成三个副本分别存放在不同数据节点上。显然，这些副本不能随机存放，那么什么样的存放方式最有利于数据传输呢？这就涉及数据存取策略。数据存取策略主要包括副本放置策略、副本读取策略、副本复制策略三个方面，它们在很大程度上会影响到整个分布式文件系统的读写性能。

**1. 副本放置策略**

在 3.1.3 小节的物理结构中我们知道，同一个机架中数据传输的带宽大，不同机架之间数据传输的带宽小。那么，我们是将这三个副本存放在同一机架上，还是不同机架上呢？显然，如果采用前者，可以获得很高的带宽，但是却降低了数据可靠性，因为如果一个机架发生故障，那么丢失文件的可能性很大；如果采用后者，可以获得很高的数据可靠性，即使一个机架发生故障，位于其他机架上的数据副本仍然可用，读数据的时候可以从多个机架上并行读取，但是这样在写入数据的时候不能利用机架内部的带宽。综合考虑，采用折中方法最佳，即两份副本放在同一个机架的不同机器上，第三个副本放在不同机架的机器上面，这样既可以在一定程度上保证数据可靠性，也可以提高数据的读写性能。一般而言，HDFS 副本的放置策略如下。

（1）从集群内部挑选一台磁盘不太满、CPU 不太忙的数据节点，作为第一个副本的存放地。

（2）第二个副本会被放置在与第一个副本不同的机架的数据节点上。

（3）第三个副本会被放置在与第二个副本相同的机架的不同数据节点上。

（4）若还有更多的副本，则继续从集群中随机选择数据节点进行存放。

**2. 副本读取策略**

HDFS 提供了一个 API 可以确定一个数据节点所属的机架 ID，客户端也可以调用 API 获取自己所属的机架 ID。当客户端读取数据时，从名称节点获得数据块不同副本的存放位置列表，列表中包含了副本所在的数据节点，可以调用 API 来确定客户端和这些数据节点所属的机架 ID。当发现某个数据块副本对应的机架 ID 和客户端对应的机架 ID 相同时，就优先选择该副本读取数据，如果没有发现以上情况，就随机选择一个副本读取数据。

**3. 副本复制策略**

HDFS 采用了流水线复制策略，大大提高了数据复制过程的效率。当客户端要往 HDFS 中写入一个文件时，这个文件会首先被写入本地，并被切分成若干个块，每个块的大小是由 HDFS 的设定值来决定的。每个块都向 HDFS 集群中的名称节点发起写请求，名称节点会根据系统中各个数据节点的使用情况，选择一个数据节点列表返回给客户端，然后客户端就把数据首先写入列表中的第一个数据节点，同时把列表传给该节点，当第一个数据节点接收到 4 KB 数据的时候，写入本地，并且向列表中的第二个数据节点发起连接请求，把自己已经接收到的 4 KB 数据和列表传给第二个数据节点，当第二个数据节点接收到 4 KB 数据的时候，写入本地，并且向列表中的第三个数据节点发起连接请求，其余类推，列表中的多个数据节点形成一条数据复制的流水线。最后，当文件写完的时候，数据复制也同时完成。

### 3.3.3　数据的错误与恢复

HDFS 具有较高的容错性，可以兼容廉价的硬件，它把硬件出错看成一种常态，而不是异常，并设计了相应的机制检测数据错误和进行自动恢复，主要包括以下三种情形。

（1）名称节点出错。名称节点保存了所有的元数据信息，其中最核心的两大数据结构是 FsImage 和 EditLog，如果这两个文件发生损坏，那么整个 HDFS 实例将失效。Hadoop 采用两种机制来确保名称节点的安全：第一，把名称节点上的元数据信息同步存储到其他文件系统（如远程挂载的网络文件系统）中；第二，运行一个第二名称节点，当名称节点宕机以后，可以把第二名称节点作为一种弥补措施，利用第二名称节点中的元数据信息进行系统恢复，但是从前面对第二名称节点的介绍中可以看出，这样做仍然会丢失部分数据。因此，一般会将上述两种方式结合使用，当名称节点发生宕机时，首先到远程挂载的网络文件系统中获取备份的元数据信息，放到第二名称节点上进行恢复，并把第二名称节点作为名称节点来使用。

（2）数据节点出错。当数据节点发生故障或者网络发生断网时，名称节点就无法收到来自一些数据节点的“心跳”信息，这时这些数据节点就会被标记为“宕机”，节点上面的所有数据都会被标记为“不可读”，名称节点不会再给它们发送任何 I/O 请求。这时，有可能出现一种情形，即由于一些数据节点的不可用，一些数据块的副本数量小于冗余因子。名称节点会定期检查这种情况，一旦发现某个数据块的副本数量小于冗余因子，就会启动数据冗余复制，为它生成新的副本。HDFS 与其他分布式文件系统的最大区别就是可以调整冗余数据的位置。

（3）数据网络传输错误和磁盘错误等因素都会造成数据错误。客户端在读取到数据后，会采用信息-摘要算法 5（message-digest algorithm 5，MD5）和安全散列算法 1（secure hash algorithm 1，SHAl）对数据块进行校验，以确定读取到正确的数据。在文件被创建时，客户端就会对每一个文件块进行信息摘录，并把这些信息写入同一个路径的隐藏文件里面。当客户端读取文件的时候，会先读取该信息文件，然后利用该信息文件对每个读取的数据块进行校验，如果校验出错，客户端就会请求到另外一个数据节点读取该文件块，并且向名称节点报告这个文件块有错误，名称节点会定期检查并且重新复制这个块。

## 3.4　HDFS 的数据读写过程

本节主要介绍 HDFS 读/写数据的具体流程，包括 RPC 实现流程、文件的读流程和文件的写流程。

### 3.4.1　RPC 实现流程

在 3.1.3 小节中，介绍 HDFS 物理结构的时候，简单介绍过集群中客户端、名称节点、数据节点之间的通信过程。其中，客户端与数据节点、客户端与名称节点的通信是通过 RPC 协议来完成的。RPC 协议是一种通过网络从远程计算机程序上请求服务，而不需要了解底层网络技术的通信框架，它采用 C/S 模式。客户端作为请求方，包含请求程序，发送 RPC 请求，请求处在远程的服务器端提供服务，服务器端收到 RPC 请求后提供相应服务，需要注意的是，名称节点不会主动发起 RPC 请求。

一个典型的 RPC 框架包含以下两个部分。

（1）请求-应答协议。协议就是约定好的执行细节，它包括请求信息和应答信息的详细标准。请求-应答协议的实现一般有同步模式和异步模式两种。在同步模式下，客户端程序在收到服务器端返回应答之前一直等待（不能发送请求）；在异步模式下，客户端请求发送到服务器端后，客户端不必等待。

（2）代理程序存根。客户端和服务器端均包含代理程序。正是代理程序的存在，才使远程通信看起来和本地函数调用一样。

如图 3.10 所示，RPC 的一个请求被封装成套接字（socket）请求，在网络上以包的形式发送和接收。从发送到获取处理结果所经历的流程是：首先，客户端以本地方式调用系统产生的代理程序，该代理程序将请求信息按照协议封装成消息包，并发送给远程服务器端；远程服务器端接收到包后，将包发送给本地代理程序进行拆封，形成被调过程要求的形式，并调用对应函数，被调用函数按照所获参数执行，并将结果返回给代理程序，代理程序再将此结果封装成包，传送给客户端。

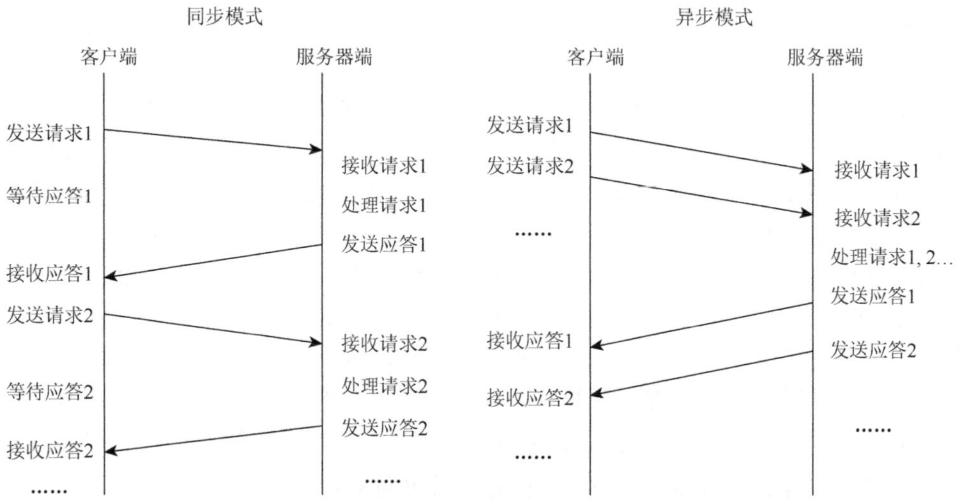


图 3.10　RPC 请求-应答协议的同步模式和异步模式

Hadoop 实现了 RPC 协议，有自己的 RPC 组件。值得一说的是，以上 RPC 通信是建立在 Socket 之上的，有关 Socket 和 RPC 过程的具体说明和使用方法可以参考网络资源。

## 3.4.2　文件的读流程

文件的读流程是指客户端从 HDFS 中读取文件，过程大致如图 3.11 所示。

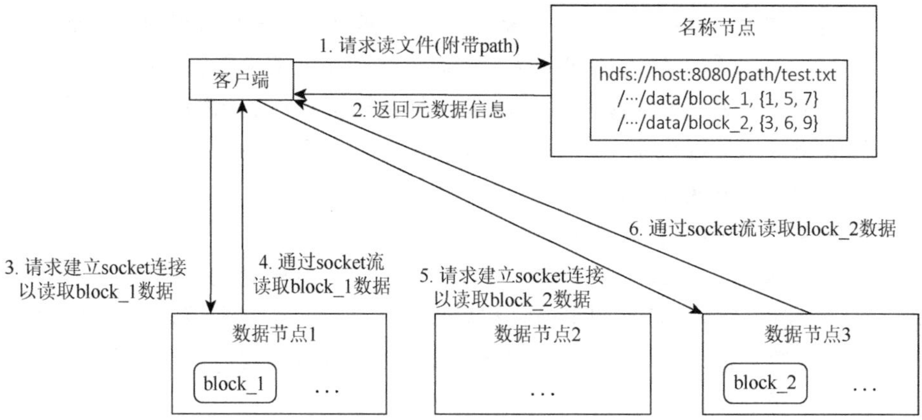


图 3.11　HDFS 文件的读流程

（1）客户端与名称节点通信，请求读取目标文件（test.txt），并请求信息中包含该文件的逻辑地址。

（2）名称节点收到请求，查询位置列表中这个文件的块地址信息，并将这些元数据信息返回给客户端。

（3）客户端根据收到的元数据开始依次读取每个块。对第一个块，按照就近原则（如果距离一样，则从中随机挑选）在集群网络拓扑上挑选一个数据节点，请求建立 socket 连接，并发送。

（4）数据节点从磁盘中读取数据块，将数据块放入输入流（input stream），以包（packet）为单位进行校验和传输。

（5）客户端以包为单位接收数据，先存在本地缓存，然后写入目标文件。

（6）重复步骤（3）～步骤（5）以读取第二个块。

### 3.4.3　文件的写流程

文件的写流程是指客户端向 HDFS 中写入文件，过程大致如图 3.12 所示。

（1）客户端与名称节点通信请求上传文件。

（2）名称节点检查目标文件的合法性（目标文件是否已经存在、父目录是否已经存在）。

（3）名称节点返回是否可以上传。

（4）客户端先对文件进行切分，请求第一个 block，询问应该传输到哪些数据节点上。

（5）名称节点返回 3 个数据节点信息，这 3 个数据节点就是这个 block 的三个副本需要写入的地方。

（6）客户端按照网络拓扑中的就近原则（如果距离一样，那么随机挑选），向三个数据节点中的一个发送请求，请求上传数据（本质上是一个 RPC，建立通信管道），数据节点 1 收到请求后，继续调用数据节点 2，然后调用数据节点 3，将整个通信管道建立完成。

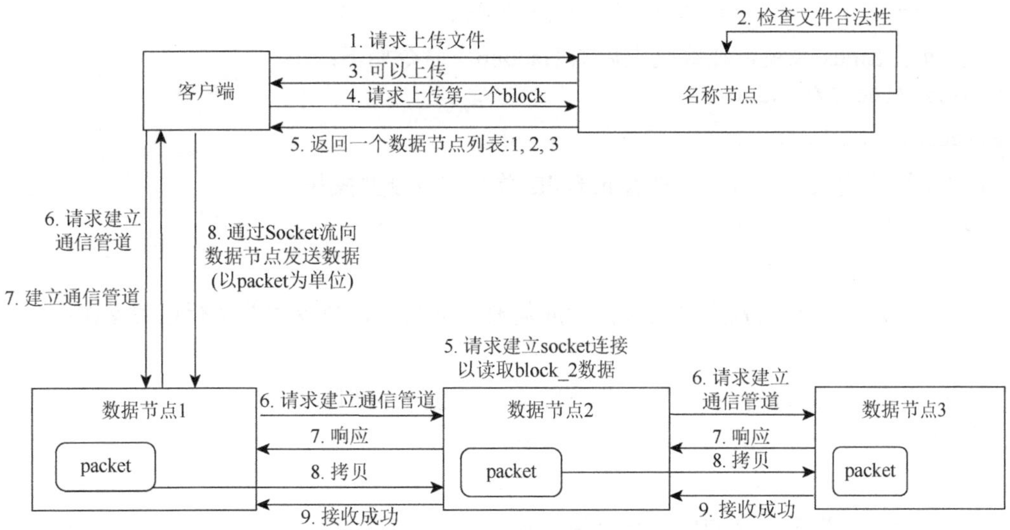


图 3.12　客户端在 HDFS 中写入文件的流程

（7）各数据节点逐级调用并返回信息，最终数据节点 1 将逐级信息返回给客户端。

（8）客户端开始以 packet 为单位，向数据节点 1 上传第一个 block，数据节点 1 收到 block 后会传给数据节点 2，数据节点 2 会传给数据节点 3。

（9）当一个 block 传输完成后，再重复步骤（4）～步骤（8），直到目标文件的所有 block 全部写完为止。

## 3.5 HDFS 的命令、界面及 API

HDFS 在设计之初就充分考虑了 Hadoop 集群的实际应用环境，即硬件出错在集群运行过程中是一种常态，而不是异常。因此，HDFS 在设计上采用了多种机制保证在硬件出错的环境中实现数据的完整性。需要说明的是，在本书的实验 2 中我们部署了 Hadoop 集群，这个集群是部署在单机上的，配置了 master 节点和 slave 节点，而对这两类节点的操作，可以直接在同一台机器上进行，因此是伪分布式安装。因此，可以不通过客户端，直接在名称节点和数据节点上的 Linux 系统中的 Shell 命令进行 HDFS 文件操作，然后利用 Web 界面查看和管理 Hadoop 的文件系统。我们首先介绍 HDFS 操作常用的 Shell 命令，然后介绍利用 HDFS 提供的 Web 管理界面查看 HDFS 相关信息，最后详细讲解如何编写和运行访问 HDFS 的 Java 应用程序。

### 3.5.1 HDFS 的主要命令

Hadoop 支持很多 Shell 命令，如 hadoop fs、hadoop dfs 和 hdfs dfs 都是 HDFS 常用的 Shell 命令，分别用来查看 HDFS 文件系统的目录结构、上传和下载数据、创建文件等。这 3 个命令既有联系又有区别。本书统一使用 hadoop fs 命令对 HDFS 进行操作。

```
hadoop fs//适用于任何不同的文件系统,如本地文件系统和 HDFS。
hadoop dfs//只能用于 HDFS。
hdfs dfs//和 hadoop dfs 命令作用一样,也只能适用于 HDFS
```

首先登录 Linux 系统，在终端上启动 Hadoop，命令如下：

```
$cd/usr/local/hadoop
$./sbin/start-dfs.sh
```

可以在终端输入以下命令，查看 hdfs dfs 总共支持哪些操作：

```
$cd/usr/local/hadoop
$./bin/hadoop fs
```

上述命令是 HDFS 的预定义命令，后面需要跟下列具体命令才能执行相关操作：

-ls

作用：返回文件所在目录信息；若是目录，则返回详细目录信息。

示例：`hadoop fs-ls/user/hadoop/file1`

-cat

作用：将路径指定文件的内容输出到 stdout。

示例：`hadoop fs-cat file://file3/user/hadoop/file4`

-touchz

作用：创建一个 0 字节的空文件。

示例：`hadoop fs-touchz pathname`

-mkdir <path>

作用：按照<path>创建目录。

示例：`hadoop fs-mkdir/user/hadoop/dir1/user/hadoop/dir2`

`-put <localsrc><dst>`

作用：从本地文件系统中复制单个或多个文件到目标文件系统。

示例：`hadoop fs-put localfile/user/hadoop/hadoopfile`

`-get`

作用：复制文件到本地文件系统。

示例：`hadoop fs-get/user/hadoop/file localfile`

`-cp`

作用：将文件从源路径复制到目标路径。

示例：`hadoop fs-cp/user/hadoop/file1/user/hadoop/file2`

`-du`

作用：显示目录中所有文件大小。

示例：`hadoop fs-du/user/hadoop/dir1/user/hadoop/file1`

`-mv`

作用：将文件从源路径移动到目标路径。

示例：`hadoop fs-mv/user/hadoop/file1/user/hadoop/file2`

`-rm`

作用：删除指定的文件。

示例：`hadoop fs-rm/user/hadoop/emptydir`

`-test`

作用：检查文件是否存在，若存在则返回 0。

示例：`hadoop fs-test-e filename`

可以看出，hdfs dfs 命令的统一格式是类似 hdfs dfs-ls 这种形式，即在“-”后面跟上具体操作。我们可以利用-help 命令查看某个命令的具体用法。例如，当需要查询 put 命令的具体用法时，可以采用如下命令：

```
$./bin/hadoop fs-help put
```

### 3.5.2　HDFS 的 Web 界面

HDFS 提供了 Web 管理界面，可以方便地查看 HDFS 的相关信息。需要在自己本来的计算机系统中（不是 Vagrant 打开的 Ubuntu 系统）打开 Firefox 浏览器（谷歌或者 IE 浏览器也可），在浏览器地址栏中输入 http://192.168.33.11：50070（Hadoop 集群的主机的 IP 地址），按 Enter 键后就可以看到如图 3.13 所示的 HDFS 的 Web 管理界面。

HDFS 的 Web 管理界面包含了 Overview、Datanodes、Datanode Volume Failures、Snapshot、Startup Progress 和 Utilities 菜单选项，单击每个菜单选项可以进入相应的管理界面，查询各种详细信息。

### 3.5.3　HDFS 常用的 Java API

Hadoop 主要是使用 Java 语言编写实现的，Hadoop 不同的文件系统之间通过调用 Java API

进行交互。上面介绍的 Shell 命令，本质上就是 Java API 的应用。这里将介绍 HDFS 中进行文件上传、复制、下载等操作常用的 Java API。HDFS 编程的主要 Java API 如下。

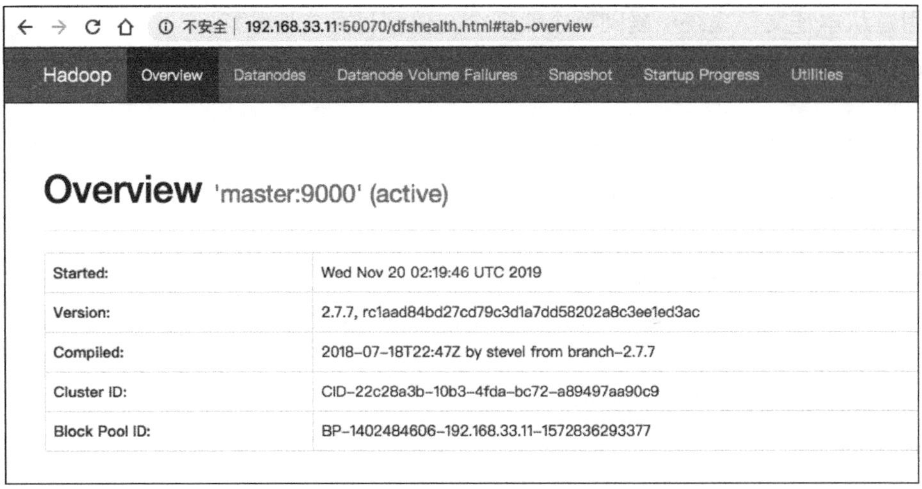


图 3.13 HDFS 的 Web 管理界面

（1）org.apache.hadoop.fs.FileSystem：一个通用文件系统的抽象类，可以被分布式文件系统继承。所有可能使用 Hadoop 文件系统的代码都要使用到这个抽象类，它具有多种具体的实现，如 LocalFileSystem、DistributedFileSystem、HftpFileSystem、HsftpFileSystem、HarFileSystem、KosmosFileSystem、FtpFileSystem、NativeS3FileSystem。

（2）org.apache.hadoop.fs.FileStatus：一个接口，用于向客户端展示系统中文件和目录的元数据，具体包括文件大小、块大小、副本信息、所有者、修改时间等，可通过 FileSystem.listStatus() 方法获得具体的实例对象。

（3）org.apache.hadoop.fs.FSDataInputStream：文件输入流，用于读 Hadoop 文件。

（4）org.apache.hadoop.fs.FSDataOutputStream：文件输出流，用于写 Hadoop 文件。

（5）org.apache.hadoop.conf.Configuration：访问配置项，若在 core-site.xml 中已有对应的配置，则以 core-site.xml 为准。

（6）org.apache.hadoop.fs.Path：用于表示 Hadoop 中的一个文件或者一个目录的路径。

（7）org.apache.hadoop.fs.PathFiler：一个接口，通过实现方法 PathFilter.accept 来判定是否接受路径 path 表示的文件或目录。

## 3.6 实验 3：HDFS 编程实践

Hadoop 官方网站提供了完整的 Hadoop API 文档，若想要深入学习 Hadoop 编程，可以到官网查看具体的 HadoopAPI。3.5 节中介绍的 Shell 命令，在执行时实际上会被系统转换成 Java API 进行调用。下面介绍基础的 HDFS 编程实践，采用的是 Eclipse 工具编写 Java 程序，然后上传至 Linax 客户端。

### 3.6.1　在 Eclipse 中创建项目

安装并启动 Eclipse。Eclipse 启动并设置工作空间（workspace）后执行 File→New→Java Project 命令，开始创建一个 Java 工程。在 Project name 后面输入工程名称 HDFSExample，选中 Use default location 复选框，将 Java 工程所有文件都保存到自己的 workspace 目录下。在 JRE 选项卡中，可以选择当前系统中已经安装好的 JDK，然后单击界面底部的“Next”按钮，进入下一步设置。

### 3.6.2　为项目添加需要用到的 JAR 包

进入下一步设置以后，会弹出如图 3.14 所示的界面。

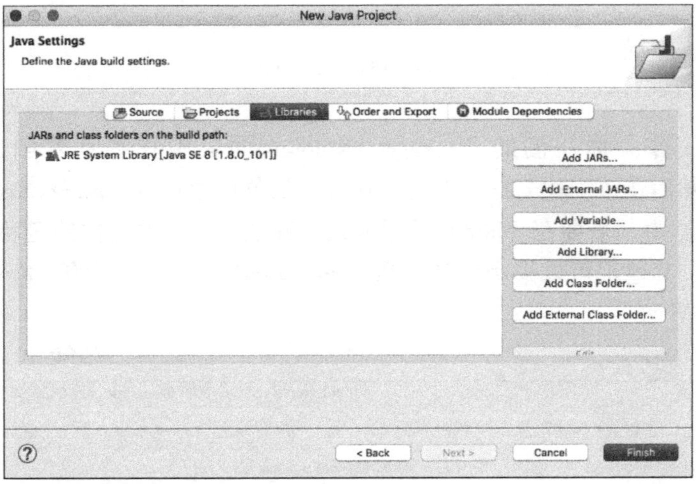


图 3.14　实验图 1

该界面需要加载该 Java 工程所需要用到的 JAR（Java archive）包，这些 JAR 包中包含了可以访问 HDFS 的 Java API，它都位于本机系统的 Hadoop 安装目录下。单击界面中的“Libraries”选项卡，然后单击界面右侧的“Add External JARs”按钮，会弹出如图 3.15 所示的界面。

为了编写一个能与 HDFS 交互的 Java 应用程序，一般需要向 Java 工程中添加以下 JAR 包。

（1）hadoop/share/hadoop/common 目录下的 hadoop-common.jar 和 hadoop-nfs.jar。

（2）hadoop/share/hadoop/common/lib 目录下的所有 JAR 包。

（3）hadoop/share/hadoop/hdfs 目录下的 hadoop-hdfs.jar 和 hadoop-hdfs-nfs.jar。

（4）hadoop/share/hadoop/hdfs/lib 目录下的所有 JAR 包。

全部添加完毕以后，就可以单击界面右下角的“Finish”按钮，完成 Java 工程 HDFSExample 的创建。

### 3.6.3　编写 Java 应用程序

下面编写一个 Java 应用程序，用来检测 HDFS 中是否存在一个文件。

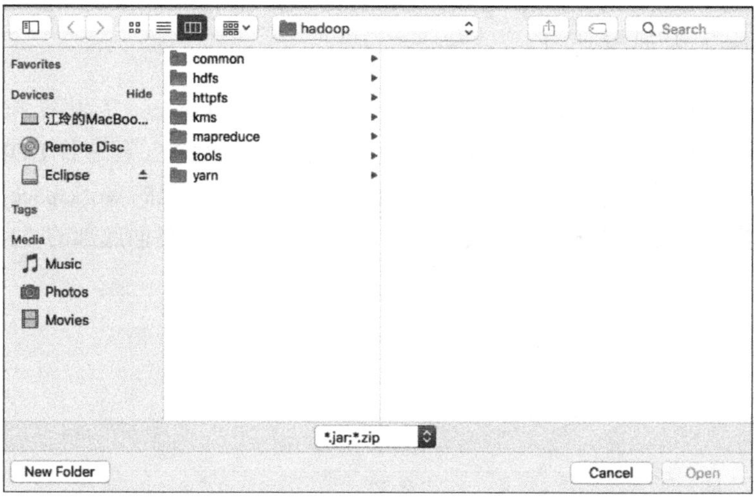


图 3.15　实验图 2

在 Eclipse 工作界面左侧的 Package Explorer 面板中找到刚才创建好的工程名称 HDFSExample，然后在该工程名称上右击，在弹出的菜单中执行 New→Class 命令。

在新建 Class 中，需要在 Name 后面输入新建的 Java 类文件的名称，这里采用名称 HDFSFileIfExist，其他都可以采用默认设置，然后单击界面右下角的“Finish”按钮，出现如图 3.16 所示的界面。

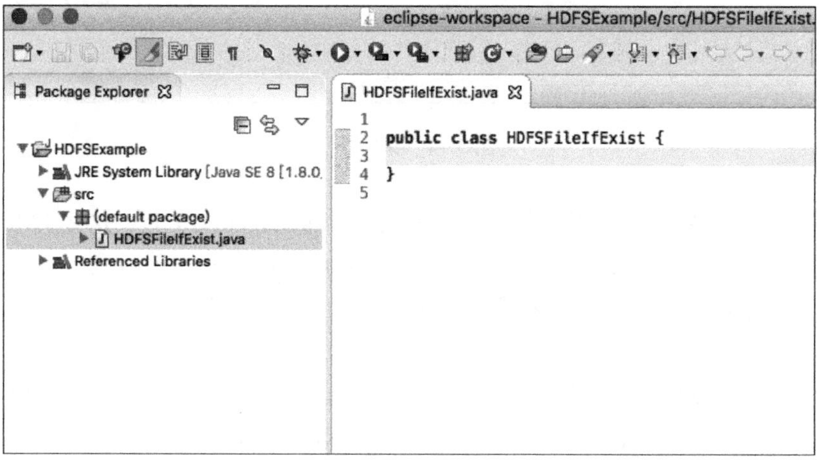


图 3.16　实验图 3

可以看出，Eclipse 自动创建了一个名为 HDFSFileIfExist.java 的源代码文件，请在该文件中输入以下代码：

```
import org.apache.hadoop.conf.Configuration;
import org.apache.hadoop.fs.FileSystem;
import org.apache.hadoop.fs.Path;
public class HDFSFileIfExist {
```

```
public static void main(String[] args){
try {
String fileName = "test";
Configuration conf = new Configuration();
conf.set("fs.defaultFS","hdfs://192.168.33.11:9000");
conf.set("fs.hdfs.impl","org.apache.hadoop.hdfs."
+"DistributedFileSystem");
FileSystem fs = FileSystem.get(conf);
if(fs.exists(new Path(fileName))){
System.out.println("文件存在");
}else {
System.out.println("文件不存在");
}
} catch(Exception e){
e.printStackTrace();
}
}
}
```

该程序用来测试 HDFS 中是否存在一个文件夹，其中有一行代码：

```
String filename = "test"
```

这行代码给出了需要被检测的文件名称 test，没有给出路径全称，表示采用了相对路径，实际上就是测试当前登录 Linux 系统的用户 hadoop，在 HDFS 中对应的用户目录下是否存在 test 文件，也就是测试 HDFS 中的/user/hadoop/目录下是否存在 test 文件。

### 3.6.4 编译运行程序

在开始编译运行程序之前，请一定确保 Hadoop 已经启动运行，如果还没有启动，需要在虚拟机 Linux 终端中输入以下命令启动 Hadoop：

```
$cd/usr/local/hadoop
$./sbin/start-dfs.sh
```

现在就可以编译运行上面编写的代码了。可以直接单击 Eclipse 工作界面上部运行程序的快捷按钮，当把鼠标移动到该按钮上时，在弹出的菜单中选择“Run As”选项，在继续弹出来的菜单中选择“Java Application”选项开始运行程序。程序运行结束后，会在底部的 Console 面板中显示运行结果信息。由于目前 HDFS 的/user/hadoop 目录下还没有 test 文件，所以程序运行的结果是“文件不存在”，如图 3.17 所示。

同时，Console 面板还会显示一些类似“log4j：WARN…”的警告信息，可以不用理会。

### 3.6.5 应用程序的部署

下面介绍如何把 Java 应用程序生成 JAR 包，部署到 Hadoop 平台上运行。首先在虚拟机

Linux 系统中 hadoop 用户下的 Hadoop 安装目录下新建一个名称为 myapp 的目录，用来存放所编写的 Hadoop 应用程序，可以在 Linux 的终端中执行如下命令：

```
$cd/usr/local/hadoop
$mkdir myapp
```

然后在 Eclipse 工作界面左侧的 Package Explorer 面板中，在工程名称 HDFSExample 上右击，在弹出的菜单中选择“Export”选项，最后会弹出如图 3.18 所示的界面。

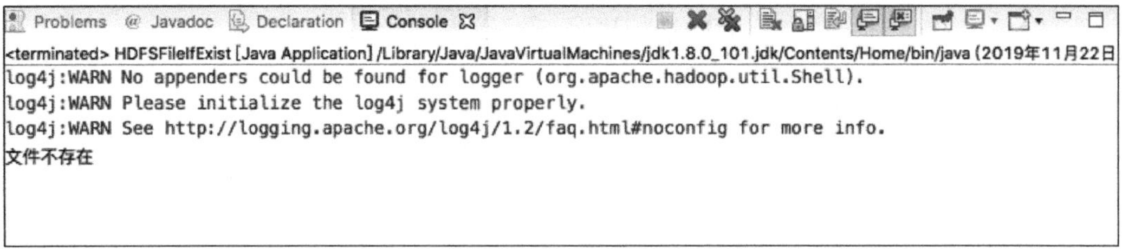


图 3.17　实验图 4

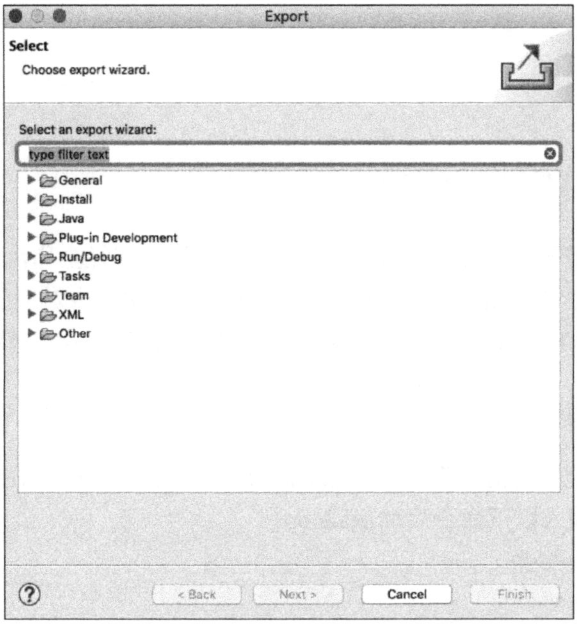


图 3.18　实验图 5

在该界面中选择 Java→Runnable JAR file，然后单击“Next”按钮，弹出如图 3.19 所示的界面。

在该界面中，Launch configuration 用于设置生成的 JAR 包被部署启动时运行的主类，需要在下拉列表中选择刚才配置的类 HDFSFileIfExist-HDFSExample。在 Export destination 中需要设置 JAR 包要输出保存到哪个目录，例如，这里设置为/Users/jolin/Desktop/HDFSExample.jar。在 Library handling 下面选择“Extract required libraries into generated JAR”单选按钮，然后单击“Finish”按钮，之后会出现一个提示界面，直接单击界面右下角的“OK”按钮启动打包过程。

打包过程结束后，会出现一个警告信息界面，可以直接忽略该界面的警告信息，单击界面右下角的“OK”按钮。至此已经顺利把 HDFSExample 工程打包生成了 HDFSExample.jar。可以到之前设置的目录下查看一下生成的 HDFSExample.jar 文件。

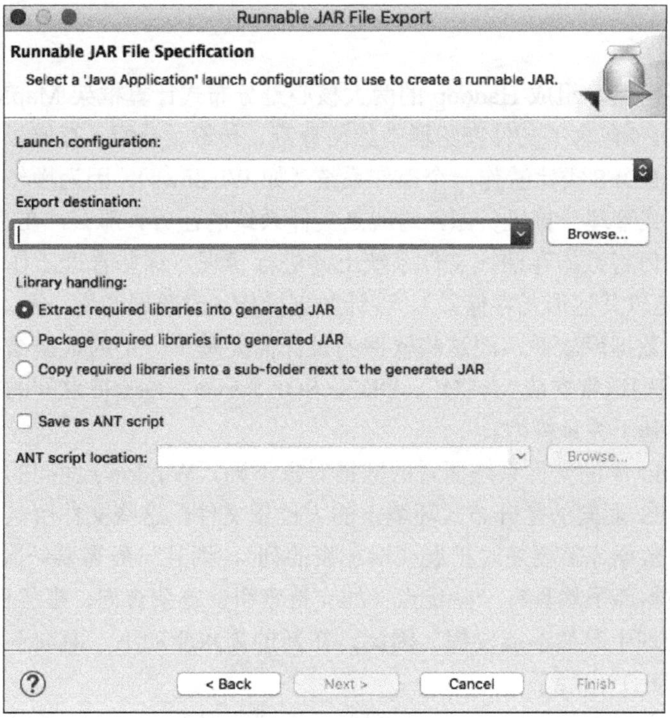


图 3.19　实验图 6

因为本书的 Hadoop 集群是放在虚拟机上运行的，所以需要将生成的 HDFSExample.jar 文件上传到虚拟机上，再使用 hadoop jar 命令运行程序。

## 3.7　习题与思考

（1）试述分布式文件系统的定义与需求。
（2）试述分布式文件系统的优缺点。
（3）试述 HDFS 中的块和普通文件系统中的块的区别。
（4）试述 HDFS 的冗余数据存取策略。
（5）试述 HDFS 的数据读写过程。

# 第 4 章　NoSQL 数据库

第 3 章我们了解到，组成 Hadoop 的两大核心是分布式计算框架 MapReduce 和分布式文件系统 HDFS，HDFS 包含了文件在集群中如何分割、传输、分配、存储以及读写的策略。在这里，我们可以将 HDFS 类比看作一个操作系统（如 Windows），因为操作系统的工作特点就是以文件管理的方式管理计算机资源，这就是文件系统的任务。那么，在有了文件系统之后，下一步就要考虑如何将数据存储在文件系统上并进行管理，这些管理工作包括设计数据结构（以二维表存储还是以其他形式存储？）、设计数据操作（对数据的增、删、改、查等）。因此，就需要安装具体的数据库软件，而这些软件的设计需要基于一定的数据结构或者数据模型。在 Windows 中，我们通常安装 MySQL、DB2、SQL Server、Oracle 这样的关系型数据库，而关系型数据库一般基于关系模型。

HDFS 和 Windows 的文件系统面对的数据对象不同，Windows 面向的是小规模、结构化系统文件，而 HDFS 面向的是分布式环境下的大批量文件，这些文件所包含的数据一般是非结构化的，同时，数据库需要随时扩展（增加表的列），而且一般需要一次性读写大量数据。而传统的关系型数据库虽然具有一些优点（如支持索引、复杂查询、事务机制等），但是这些优点放在大数据处理中显然不能发挥。因此，在新的需求驱动下，面向各种应用场景的非关系型数据库（NoSQL）出现了。

本章首先介绍关系型数据库，其次介绍非关系型数据库 NoSQL 的基本理论，然后介绍 NoSQL 的主要类型，再次介绍 NoSQL 的主要产品，包括 HBase、MongoDB 和 Redis，最后简要介绍与 NoSQL 数据库同样受到关注的 NewSQL 数据库。

## 4.1　关系型数据库

关系型数据库（relational database）是基于关系模型来组织数据的数据库，它的发展可以追溯到 20 世纪 70 年代。关系模型是一种典型的数据模型，它对数据的操作是基于关系代数的，因此，“关系代数”“关系模型”“关系数据库”三者的关系实质是“数学描述”“理论模型”“软件工具”的关系，见表 4.1。

**表 4.1　关系代数、关系模型和关系数据库**

| 概念 | 实质 | 描述方式 |
|---|---|---|
| 关系代数 | 数学描述 | $R \times S = \{t \mid \widehat{t_r t_s} \mid t_r \in R \wedge t_s \in S\}$ |
| 关系模型 | 理论模型 | $R=(p_1,p_2,p_3), S=(q_1,q_2,q_3), R\times S=\text{SAP}(p_i,q_j \mid i,j\in\{1,3\})$ |
| 关系数据库 | 软件工具 | CREATE TEABLE T，（Name CHAR（5），Age INT）<br>SELECT * FROM T WHERE（Age>20） |

关系型数据库中的数据是以二维表的形式存储的，行和列组成表。用户通过查询来检索数据库中的数据，而查询语句是一个用于限定数据库中某些区域的可执行代码。关系模型可以简单理解为二维表格模型，而一个关系型数据库就是由二维表及其之间的关系组成的一个数据组织。

### 4.1.1　关系模型

关系模型于 20 世纪 70 年代由 IBM 公司的 E.F.Codd 提出。

关系模型建立在关系代数之上，是支持关系数据库的数据模型，它由数据结构、关系操作和关系完整性约束三部分组成。关系模型中，现实世界的实体以及实体间的联系均用关系来表示，从用户角度看，关系模型的数据结构就是一张二维表，也就是说，关系模型将所有数据看作关系的集合。

表 4.2～表 4.4 分别表示现实世界中的“学生（Student）”“课程（Course）”“选课（SC）”三种实体，关系模型将它们之间的联系用二维表来表示，关系模型中的基本数据结构包括以下内容。

**表 4.2　“学生（Student）”关系**

| 学号（Sno） | 姓名（Sname） | 年龄（Sage） | 性别（Ssex） | 系别（Sdept） |
|---|---|---|---|---|
| 210001 | 张三 | 19 | 男 | 信息管理系 |
| 210004 | 李四 | 21 | 女 | 计算机系 |
| 210008 | 王五 | 18 | 男 | 数学系 |
| ... | ... | ... | ... | ... |

**表 4.3　“课程（Course）”关系**

| 课程号（Cno） | 课程名（Cname） | 学分（Credit） |
|---|---|---|
| 1 | 数据库 | 3 |
| 2 | 信息系统 | 2 |
| 3 | 大数据分析 | 4 |
| ... | ... | ... |

**表 4.4　“选课（SC）”关系**

| 学号（Sno） | 课程号（Cno） | 成绩（Grade） |
|---|---|---|
| 210001 | 1 | 90 |
| 210008 | 2 | 88 |
| 210008 | 3 | 95 |
| ... | ... | ... |

（1）关系（relation）：一个关系对应一张二维表，如“学生”表。

（2）元组/记录/行（tuple）：表中的一行，如上面“学生”关系中“张三”的全部信息。属性/字段（attribute）：表中的一列，列名即为属性名，如上面的“学生”关系中的“姓名”等。

（3）主码/主键/主属性（primary key）：表中的一个属性或属性组，用于唯一确定一个元组，主码中的各属性称为主属性，如上面“学生”关系中的“学号”属性。

（4）外码/外键（foreign key）：公共属性（组）不是关系 $R$ 的主码，但却是关系 $S$ 的主码，则称该属性（组）是关系 $R$ 的外码，例如，上面“课程号”不是“选课”关系的主码，但却是“课程”关系的主码，因此“课程号”是“选课”关系的外码。

（5）域（domain）：一组具有相同类型的值的集合，即“属性的取值范围”，如“学生”关系的“年龄”属性的域是 18～21 岁。

（6）分量（vector）：元组中的一个属性值，如上面“学生”关系中的张三的年龄。关系模型要求关系是规范化的，它要求每个分量必须是一个不可分的数据项，也就是说，不允许表中有表。

（7）关系模式：对关系的描述，如上面各表的表名。

关系模型中的操作是集合的操作，见表 4.5，操作对象和操作结果也都是关系，即若干元组的集合。传统的集合运算包括并（union）、差（difference）、交（intersection）、广义笛卡儿积（extended Cartesian product）四种，专门的关系运算包括选择（selection）、投影（projection）、连接（join）、除（divide），其中连接分为一般连接（general join）和自然连接（natural join）。

**表 4.5　关系操作**

| 操作 | 关系代数定义 | 解释 |
|---|---|---|
| 并 | $R \cup S = \{t \mid t \in R \vee t \in S\}$ | 抽取 $R$ 和 $S$ 表中所有的元组（若元组相同，则合并） |
| 差 | $R - S = \{t \mid t \in R \wedge t \notin S\}$ | 抽取属于 $R$ 而不属于 $S$ 的所有元组 |
| 交 | $R \cap S = \{t \mid t \in R \wedge t \in S\}$ | 抽取 $R$ 和 $S$ 表共有的元组 |
| 广义笛卡儿积 | $R \times S = \{\widehat{t_r t_s} \mid t_r \in R \wedge t_s \in S\}$ | 将两个表中所有元组进行排列组合 |
| 选择 | $R \div S = \{t_r[X] \mid t_r \in R \wedge \pi_Y(S) \subseteq Y_x\}$<br>$\sigma_F(R) = \{t \mid t \in R \wedge F(t) = \text{'True'}\}$ | 抽取表中的某些行，即对表的横向投影 |
| 投影 | $\pi_A(R) = \{t \mid t[A] \mid \wedge t \notin R\}$ | 抽取表中的某些列，即对表的纵向投影 |
| 一般连接 | $R \underset{A\theta B}{\bowtie} S = \{\widehat{t_r t_s} \mid t_r \in R \wedge t_s \in S \wedge t_r[A] = t_s[B]\}$ | 从 $R$ 和 $S$ 表的笛卡儿积中抽取 $A$、$B$ 属性值满足 θ 的那些元组 |
| 自然连接 | $R \bowtie S = \{\widehat{t_r t_s} \mid t_r \in R \wedge t_s \in S \wedge t_r[B] = t_s[B]\}$ | 若 $R$ 和 $S$ 拥有相同的属性组 $B$，则在等值连接后把重复的属性去掉 |
| 除 | $R \div S = \{t_r[X] \mid t_r \in R \wedge \pi_Y(S) \subseteq Y_x\}$ | 从 $R$ 中调出“$S$ 所包含的所有元组”，然后再从中去掉 $S$ 中包含的所有元组 |

注：*$R$ 和 $S$ 分别表示两个关系，$A$ 和 $B$ 表示属性，$t$ 表示元组，θ 为>、<、=等逻辑符号。

如果需要查询“年龄大于 18 岁的学生所选课的成绩”，那么就需要对表 4.2 和表 4.4 做投影、连接和选择操作：

$$\pi_{\text{Grade}}(\text{SC} \bowtie \sigma_{\text{Cage} \geqslant 18}(\text{Student}))$$

关系操作必须满足完整性约束。完整性约束分为实体完整性（entity integrity）约束、参照完整性（referential integrity）约束和用户定义完整性（user-defined integrity）约束。

（1）实体完整性约束：若属性 $A$ 是基本关系 $R$ 的主属性，则属性 $A$ 不能取空值。

（2）参照完整性约束：若属性（组）$F$ 是基本关系 $R$ 的外码（即 $F$ 属于参照关系 $R$ 又属于目标关系 $S$，但仅为 $S$ 的主码），则目标关系 $S$ 的主码 $K$ 和 $F$ 必须在同一个域上（即 $F$ 要么取空值，要么取 $K$ 的一个值）。例如，"选课（SC）"表的外码是"课程号（Cno）"，那么该"课程号 SC.Cno"要么取空值，要么取"课程（Course）"表中的"课程号 Course.Cno"的任一值。

（3）用户定义完整性约束：用户自定义的约束条件，例如，"选课（SC）"表中的 Grade 取值范围为 0～100 等。

### 4.1.2　设计数据库

有了关系模式，我们可以描述关系及关系间的操作，但是还需要根据一些具体问题来构建一个好的数据库，例如，某个电子商务网站到底需要创建多少张表？每张表又包含多少属性合适？也就是说，创建数据库首先应设计一个"好"的数据模式，数据模式又称逻辑结构。数据模式设计遵循一套规范化理论，所谓规范化就是将现实世界落实在关系数据表格中的工作，因此，规范化理论对于数据库设计具有理论指导意义。

我们知道，关系模式需要满足完整性约束条件，这些约束条件或是对属性的取值范围的限定，或是"通过一个关系中属性间值是否相等体现出来的数据间的相互关系"，后者是现实世界属性间的语义联系，故称为数据依赖（data dependency）。数据依赖是规范化理论中的重要概念，也是数据模式设计的关键。

我们用一个五元组表示一个关系模式：

$$R\langle U, D, \mathrm{dom}, F\rangle$$

其中：$R$ 表示关系；$U$ 表示一组属性；$D$ 表示属性组 $U$ 中的属性的域；dom 表示属性到域的映射；$F$ 表示属性组 $U$ 上的一组数据依赖。当且仅当 $U$ 上的一个关系 $r$ 满足 $F$ 时，$r$ 称为该关系模式 $R$ 的一个关系。

从关系型数据库的设计经验中，人们已经提出了许多数据依赖，其中最重要的是函数依赖（functional dependency，FD）和多值依赖（multivalue dependency，MVD）。函数依赖十分普遍，例如，"学生（Student）"关系表中，Sno 可以唯一确定 Sname 和 Sdept，我们说，Sname 和 Sdept 函数依赖于 Sno，记为 Sno→Sname，Sdept。函数依赖又分为完全函数依赖、部分函数依赖和传递函数依赖。

完全函数依赖即 $X$ 是 $Y$ 的完全决定因素，即不存在 $X$ 的子集 $X'$ 也可推出 $Y$，则称 $Y$ 完全依赖于 $X$，记作 $X\mathrm{f}\!\to Y$，读作 $Y$ 完全依赖于 $X$。例如，在"选课（SC）"关系表中，Sno 不能决定 Grade，Cno 也不能决定 Grade，但（Sno，Cno）可以决定 Grade，所以 Grade 完全依赖于（Sno，Cno）。

部分函数依赖即 $X$ 可以推出 $Y$，并存在 $X$ 的一个真子集 $X'$ 也可以推出 $Y$，则称 $Y$ 部分依赖于 $X$，记作 $X\mathrm{p}\!\to Y$。例如，Sno 可以决定 Sage，所以 Sage 部分依赖于（Sno，Cno）。

若 $X\to Y$，$Y\to Z$，则称 $Z$ 传递依赖于 $X$。

在上面的例子中，需要考虑到以下几点。

（1）一个学生只有一个名字，一个学生只属于一个系。

（2）一个学生可以选修多门课程，每门课程有若干学生选修。

（3）每个学生学习每一门课程只会有一个成绩。

我们得到如下函数依赖：

$F$ = {Sno → Sname，Sno → Sdept，（Sno，Cno）→ Grade}

但是，如果只考虑函数依赖而设计一张表，其中所有属性都非空，则会造成插入异常（有的学生未安排课程，增加学生时课程号不能为空）、删除异常（删除课程时把学生的姓名、年龄等信息也删除了）和冗余太大（每个学生的每门课都要创建一个元组）问题。因此，要设计一个“好”的数据模式，需要改造函数依赖，使以上三种情况尽可能少。于是，便有了范式设计。

（1）第一范式（first normal form，1NF）：每个分量必须是不可分的数据项。

（2）第二范式（second normal form，2NF）：每个非主属性完全依赖于码，即码一旦确定，其他列值随之确定。

（3）第三范式（third normal form，3NF）：每个非主属性既不部分依赖于码，也不传递依赖于主码。

（4）BC 范式（BC normal form，BCNF）：满足第三范式，且每个决定因素都包含码。

通常认为，如果一个数据库达到第三范式，那么认为该数据库设计基本消除了插入异常、删除异常和冗余太大的问题。

在设计好数据表及其属性之后，需要将实体及实体之间的关系用可视化方式表示出来，这就是实体关系图（entity relationship diagram，ERD），简称 E-R 图。E-R 图表示方法如下。

（1）实体（二维表）用矩形框表示，矩形框内写上实体名。

（2）实体的属性用椭圆表示，框内写上属性名，并用无向边与实体集相连。

（3）实体间的联系用菱形框表示，框内写上适当的联系名。

（4）用无向连线将实体与菱形框相连，并在连线上标明联系的类型，即 1∶1（1 对 1）、1∶$n$（1 对多）、$m$∶$n$（多对多）。例如，表 4.2～表 4.4 的 E-R 图如图 4.1 所示。

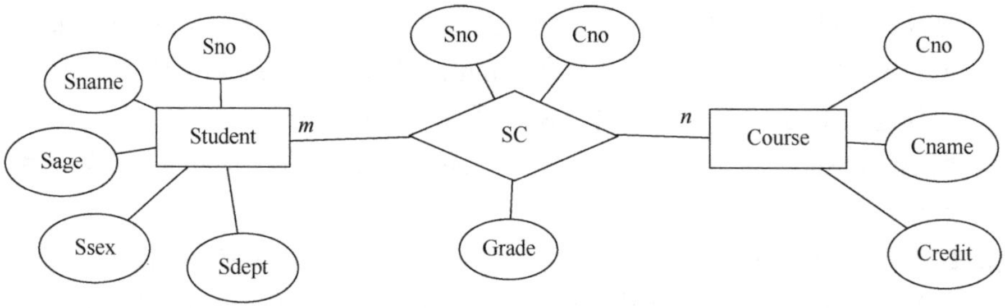


图 4.1　E-R 图

另外，数据库的设计是一个系统工程，需要考虑数据及其应用系统开发的全过程。因此，一般将数据库设计分为需求分析、概念结构设计、逻辑结构设计、物理结构设计、数据库实施、数据库运行和维护六个阶段。

### 4.1.3　使用数据库

关系型数据库设计好后，可以利用关系型数据库语言，如 SQL 对数据库进行操作。SQL 主要由数据查询（data query）、数据定义（data definition）、数据操纵（data manipulation）和数据控制（data control）四类功能及其语句组成，在这里用表 4.6 列出。

**表 4.6　基本 SQL 命令**

| SQL 功能 | SQL 语句 | 示例 | 示例说明 |
|---|---|---|---|
| 数据查询 | SELECT | SELECT * FROM Student WHERE Sage>18 | 查询年龄大于 18 的学生的全部信息 |
| 数据定义 | CREATE | CREAT TABLE Student（Sno CHAR（5）NOT NULL Sname CHAR（20）...） | 创建 Student 表（括号内为表的字段） |
| | | CREATE UNIQUE INDEX Sindx ON Student（Sno，Sdept） | 在 Student 表中创建 Sindx 索引 |
| | | CREATE VIEW Vstu AS SELECT Sno，Sname FROM Student | 在 Student 表中创建 Vstu 视图 |
| 数据操纵 | DROP | DROP TABLE Student | 删除 Student 表 |
| | ALTER | ALTER TABLE Student MODIFY Sage SMALLINT | 修改 Student 表中的 Sage 列的定义 |
| | INSERT | INSERT INTO Student VALUES（'2100018'，'陈东'，18，'男'，'计算机'） | 将一个新的学生记录插入 Student 表中 |
| | UPDATE | UPDATE Student SET Sage = 22 WHERE Sname = '张三' | 将学生“张三”的年龄改为 22 岁 |
| | DELETE | DELETE FROM Student WHERE Sno = '210001' | 删除学号为 210001 的学生记录 |
| 数据控制 | GRANT | GRANT SELECT ON TABLE Student to U1 | 将 Student 表的查询权限授予用户 U1 |
| | REVOKE | REVOKE UPDATE ON TABLE Student FROM PUBLIC | 将 Student 表的 UPDATE 权限收回 |

### 4.1.4　数据库恢复和数据保护

关系型数据库的使用涉及数据库恢复和数据保护。数据库的恢复一般用到事务处理技术和并发控制技术；数据保护主要包括数据安全性和完整性的利用。在这里，仅对它们涉及的基本概念进行陈述。

（1）事务（transaction）。所谓事务就是用户定义的一个数据库操作序列，它是一个不可分割的工作单位。在关系型数据库中，一个事务可以是一条或一组 SQL 语句。事务具有四个特性。

①原子性（atomicity，A），即数据库的事务必须结束于提交（commit）或回滚（rollback）中的任意一个任务。例如，银行数据库系统的“转账”这一事务包含如下 SQL 语句：

```
BEGIN TRANSACTION
AMOUNT = 10000;
读账户 A 的余额 A.BALANCE;
A.BALANCE = A.BALANCE-AMOUNT;//AMOUNT 为转账金额
IF(BALANCE<0)THEN
{打印‘金额不足,不能转账’;ROLLBACK(撤销该事务);}
   ELSE
写回 A.BALANCE;
   {读账户 B 的余额 B.BALANCE;B.BALANCE = B.BALANCE+AMOUNT;}
```

```
写回 B.BALANCE;
COMMIT;}
```

以上事务要么全部完成，要么全部不做，否则就会使数据库处于不一致状态，例如，只把账户 A 的余额减少而没有把账户 B 的余额增加。

②一致性（consistency，C），即执行事务时必须使数据库从一个一致性状态变到另一个一致性状态。例如，上例中的事务包括两个操作：从 A 中减去一万元和向账户 B 中加入一万元。这两个操作要么全做，要么全不做。全做或全不做，数据库都处于一致性状态，可见一致性与原子性是密切相关的。

③隔离性（isolation，I），即一个事务的执行不能受其他事务干扰。即一个事务内部的操作及使用的数据对其他并发事务是隔离的，并发执行的各个事务之间不能互相干扰。

④持续性（durability，D），即一个事务一旦提交，它对数据库中的数据改变就是永久性的。

以上四个特性称为 ACID 特性，保证事务的 ACID 特性是事务处理的重要任务。

（2）数据转储（data dump）。数据转储是数据库恢复中采用的基本技术，数据库管理员（database administrator，DBA）定期地将整个数据库复制到另一个磁盘上保护起来，作为后备副本。这样，当数据库遭到破坏后可以将后备副本重新装入（reload），但重装后的副本智能将数据库恢复到转储时的状态，要想恢复到故障发生时的状态，必须重新运行自转出以后的所有更新事务，而这些更新事务，即更新操作会被保存在日志文件中。因此，转储不是简单的数据复制，而是包括制作副本、登记日志等一系列备份操作，以确保数据能够正常恢复。转储是十分耗时的，不能频繁进行，因此，DBA 会根据数据库使用情况选择适当周期进行转储。

（3）恢复策略。当系统运行过程中发生故障时，利用数据转储的后备副本和日志文件就可以将数据库恢复到故障前的某一个一致性状态。对于不同的故障，恢复策略也不同，主要包括：①事务故障恢复；②系统故障恢复；③介质故障恢复等。

（4）并发控制。关系型数据库是一个共享资源，可以供多个用户同时使用，这就导致同一个时刻多个事务同时被执行，也就是并行。当然，事务也可以一个一个地串行执行，但是这样的话许多系统资源将被浪费，因此，需要设计合理的并发控制策略以保证事务的并行执行，即并发控制。现代关系型数据库使用了多种并发控制技术，其中包括多种封锁技术。

（5）安全控制。数据库的安全性是指保护数据库以防止不合法使用所造成的数据泄露、更改或破坏。现代关系型数据库设计了多种保护机制，即安全控制机制。这些机制包括用户标识与鉴别、存取控制（限制用户的存取权限）、数据加密等，其中存取控制又分为自主访问控制（discretionary access control，DAC）和强制存取控制（mandatory access control，MAC）方法，例如，表 4.6 中的 GRANT 和 REVOKE 均是 DAC 中的典型控制命令。

## 4.2 非关系型数据库 NoSQL

在 4.1 节中，我们简要陈述了关系型数据库的各个方面。关系型数据库由于其完备的数学理论基础、完善的事务管理机制和高效的查询处理引擎，直至今日，都占据着主流的商业数据存储应用位置。但是，随着 Web 2.0 的兴起和大数据时代的到来，关系型数据库越来越多地暴露了一些难以克服的缺陷。于是 NoSQL 应运而生，逐渐得到市场青睐。

### 4.2.1　关系型数据库和 NoSQL 的比较

在 Web 2.0 时代，尤其在大数据环境下，关系型数据库具有的优势已经逐渐被视为“鸡肋”，具体表现在以下几个方面。

（1）预定行和列的存储方式。关系型数据库采用二维表的形式进行存储，每张表都必须事先定义好表结构，然后再根据数据表结构存储数据。这样做的好处是读取和查询都十分可靠。但是在大数据环境下，很多时候是存储一次，多次修改，多次查询，如果采用预定行和列的方式存储，若要修改表结构会非常困难，而且不便于将若干表拆分进行分布式存储。

（2）严格的存储规范。关系型数据库为了充分利用存储空间，采取了数据规范化措施（如 1NF），从而避免重复数据。这样，数据管理变得清晰、一目了然，但是这仅仅是在一张表的情况下，如果有多张表，数据规范化会越来越严格，因为多张表之间存在着复杂的关系，这样会导致复杂性增加，而 Web 2.0 环境中，多是在一张表中进行数据存储，且空间足够。

（3）严格的 ACID 事务机制。如 4.1 节所言，关系型数据库的 ACID 可满足对事务性要求较高或者需要进行复杂数据查询的数据操作，也可充分满足数据库操作的高性能和稳定性的要求。但是，这种过细粒度的事务控制机制对于许多 Web 2.0 网站而言已经显得不那么重要。例如，如果一个用户发布一条信息出现错误，可以直接删除该信息，而不需要像关系型数据库那样执行回滚操作。

（4）严格的读写实时性。在关系型数据库中，读和写是实时的，也就是说，一旦有一条数据记录成功插入数据库中，就可以立即被查询。但是 Web 2.0 网站这种特性没有严格的需求，例如，一个用户的点赞数增加，在几分钟后更新点赞的数量也可以。

（5）快速复杂 SQL 查询。关系型数据库中采用 SQL 进行数据查询，精确查询的效率非常高。同时，SQL 支持数据库的增加、查询、更新和删除，并设计了十分巧妙的查询优化机制。但是这种查询机制在 Web 2.0 环境下，显得过于复杂，绝大多数时候 Web 2.0 系统只需要对单表进行主键查询，例如，查询所有商品的过期时间等。

（6）开源性。关系型数据库大多是非开源的，这一点很好地保障了数据库的官方性和严谨性，但是带来的问题是不适合众多中小 Web 2.0 网站采用，因为要支付高昂的费用。

综上所述，关系型数据库虽然非常强大，但是随着 Web 2.0 时代的到来，网站的数据管理需求已经与传统企业大不相同，在这种新的应用背景下，纵使关系型数据库拥有众多优异特性，但未能完全满足 Web 2.0 的需求，于是 NoSQL 应运而生。表 4.7 是关系型数据库 RMDB 与 NoSQL 的比较。

**表 4.7　关系型数据库 RMDB 与 NoSQL 的比较**

| 比较方面 | RMDB | NoSQL | 备注 |
|---|---|---|---|
| 理论支持 | 关系代数 | CAP/BASE | RMDB 以关系代数理论作为基础<br>NoSQL 没有统一的理论基础，但有 CAP 原则、BASE 理论 |
| 存储方式 | 二维表 | 数据集 | RMDB 用二维表的格式进行存储<br>NoSQL 通常以数据集的方式进行存储 |
| 存储结构 | 预定义 | 动态 | RMDB 每张表必须事先预定义好数据结构<br>NoSQL 采用动态结构，不需要预定义数据结构 |
| 存储规范 | 多张表<br>范式约束 | 一张表<br>集中存放 | RMDB 将数据按照最小关系表的形式进行存储，以范式约束<br>NoSQL 采用平面数据集集中存放，不分割数据 |

续表

| 比较方面 | RMDB | NoSQL | 备注 |
|---|---|---|---|
| 扩展方式 | 联合扩展 | 单表扩展 | RMDB 采用多表联合扩展，容易遇到 I/O 瓶颈<br>NoSQL 可以采用单表水平扩展方式来扩展数据库 |
| 数据规模 | 大 | 超大 | RMDB 不能实现横向扩展，数据规模提升有限<br>NoSQL 支持数据横向无限扩展 |
| 查询方式 | 结构化查询语言 | 非结构化查询语言 | RMDB 的 SQL 支持增加、查询、更新和删除操作，功能强大<br>NoSQL 没有统一标准 |
| 事务性 | ACID | BASE | RMDB 和 NoSQL 通过不同的事务性规则来保持一致性 |
| 一致性 | 强一致性 | 弱一致性 | RMDB 的 ACID 可以保证事务强一致性<br>NoSQL 的 BASE 只能保证最终一致性 |
| 完整性 | 容易实现 | 很难实现 | RMDB 可以实现实体/参照/自定义完整性<br>NoSQL 无法实现完整性约束 |
| 可用性 | 好 | 很好 | RMDB 以保证数据一致性为优先目标，保证严格的一致性，只能提供相对较低的可用性，而大多数 NoSQL 都能提供较高的可用性 |
| 标准化 | 是 | 否 | RMDB 已经实现标准化<br>每种 NoSQL 有自己的查询语言，未实现标准化 |
| 技术支持 | 高 | 低 | RMDB 多数未开源，有很好的技术支持<br>NoSQL 开源还不成熟，缺乏有力的技术支持 |

注：CAP 表示一致性、可用性（availability）、分区容忍性（partition tolerance）；BASE 表示基本可用性（basically available）、软状态（soft state）、最终一致性（eventual consistency）。

从表 4.7 可知，关系型数据库和 NoSQL 在多个方面有所区别。关系型数据库由于是以二维表的行列方式进行存储的，且每张数据表都必须事先定义好数据表的表结构，然后再根据表结构进行存储，所以读取和查询都十分方便，稳定性也很高，但是修改表结构会十分困难，而 NoSQL 通常以数据集的方式进行存储，类似于键值对、图结构或者文档，它可以非常轻松地适应数据类型和结构的改变，且能够横向扩展。正是两者的存储方式和存储结构的不同，导致关系型数据库和 NoSQL 在存储规范、查询方式、事务性、一致性和完整性方面均适用于不同的数据存储场景。例如，为了追求一致性，关系型数据库设置了许多存储规范（范式），让数据按照最小关系表的形式进行存储，这样导致数据管理会越来越复杂，而 NoSQL 的平面数据集存储方式，没有太多约束条件（如主键必须非空等），虽然会导致数据冗余和存储空间浪费，但是这样数据往往被存储成一个整体，对数据的读写提供了极大的方便。

### 4.2.2 NoSQL 的基础理论

NoSQL 在传统的关系型数据库理论基础上，针对分布式数据的存储需求，进行了理论上的创新，NoSQL 的理论基础是由 CAP 原则、BASE 理论以及最终一致性原则构成的。下面我们将分别对这三个理论进行详细解读。

**1. CAP 原则**

CAP 原则包括一致性、可用性和分区容忍性三大要素，具体如下。

（1）一致性：系统在执行某项操作后，仍然处于一致的状态。也就是说，在分布式系统中，任何一个更新操作成功后，所有的用户都可以读到最新的值，这一点与 RMDB 的 ACID 一致性没有区别，可以理解为“写完再读”。

（2）可用性：每一个操作总是能够在一定的时间内返回结果。这里需要注意的是“一定的时间内”和“返回结果”，也就是说系统的结果必须在给定的时间内返回，若超时，则认为是不可用的，可以理解为“系统快速访问到需要的数据”。

（3）分区容忍性：系统在遇到任何网络分区故障（某节点无法和其他节点通信）的时候，仍然能够保证对外提供满足一致性和可用性的服务。可以理解为系统的扩展性，即“多台机器通过网络共享数据”。

CAP 原则指出，一个分布式系统中最多可以同时实现上述三个要素中的两个，不存在同时实现三个要素的情形，即 CAP 原则，如图 4.2 所示。

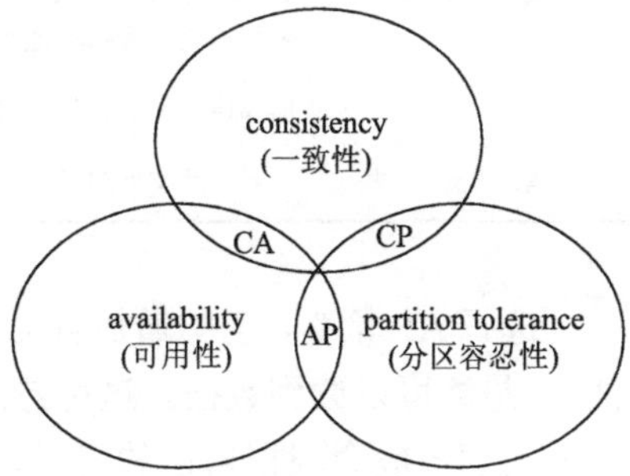


图 4.2 CAP 原则

然而，分布式系统为什么不能同时满足 CAP 原则的三个要素呢？我们来分析一个例子：假设 $G_1$ 和 $G_2$ 分别代表网络中的两个节点，$V_0$ 是两个节点上存储的同一数据的不同副本，$A$ 和 $B$ 分别是 $G_1$ 和 $G_2$ 上与数据交互的应用程序，如图 4.3 所示。

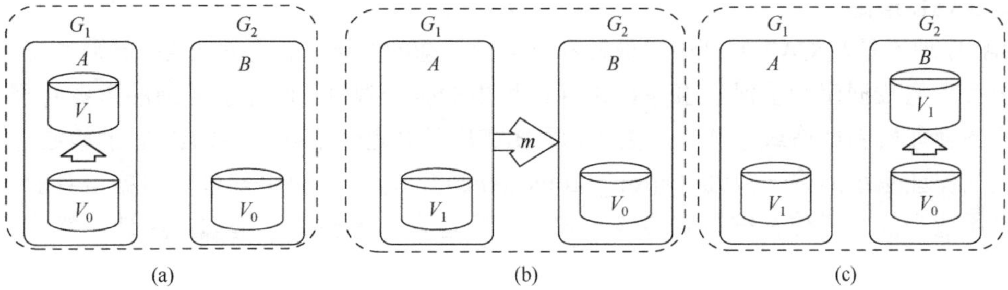


图 4.3 CAP 原则例子：正常执行过程

那么，在正常情况下，更新操作步骤如下。

（1）$G_1$ 上的 $A$ 程序将数据 $V_0$ 更新为 $V_1$。

（2）$G_1$ 将更新消息 $m$ 发送给 $G_2$，$G_2$ 将 $V_0$ 更新为 $V_1$。

（3）$G_2$ 上的 $B$ 读取 $V_1$ 的值。

如果步骤（2）发生错误，即 $G_1$ 的消息不能发送给 $G_2$，此时 $B$ 读取到的就不是更新的数据 $V_1$，这样就无法满足一致性 $C$。如果采用一些技术，如阻塞、加锁、集中控制等来保证数据的一致性，那么必然会影响到可用性 A 和分区容忍性 P。即使对步骤（2）加上一个同步消息，保证 $B$ 一定能读取到数据 $V_1$，但这个同步操作必定消耗一定的时间，尤其在节点规模成百上千的时候，不一定能保证可用性。也就是说，在同步的情况下，只能满足 C 和 P，而不能保证 A 一定满足。

从这个实例可以看出，当我们希望实现高可用性，也就是快速访问到需要的数据时，就会牺牲数据一致性。很明显，当设计 NoSQL 时，可以有以下几个明显的选择，见表 4.8。

选择 CA 策略，意味着放弃 P，那么即使将所有与事务有关的数据放到一台机器上，避免分区带来的负面影响，也会严重影响系统的扩展性。

选择 CP 策略，意味着放弃 A，那么一旦遇到网络故障，受影响的服务需要等待数据一致结果，在这个等待的时间段内，系统便无法对外提供服务，不能快速访问到数据。

**表 4.8　CAP 问题的不同选择**

| 选择 | 特点 | 例子 |
|---|---|---|
| CA | 两阶段提交、缓存验证协议 | 关系型数据库：Oracle、SQL Server、MySQL…… |
| CP | 数据等待，加锁、集中控制 | 非关系型数据库：MongoDB、HBase、Redis…… |
| AP | 冲突处理 | 非关系型数据库：CouchDB、Cassandra、DynamoDB…… |

选择 AP 策略，意味着放弃 C，那么可以放弃数据的强一致性，保留最终一致性（弱一致性），最终可以读到数据。这种方式对许多 Web 2.0 网站而言是可行的。

人们一般会根据自己的需求，选择对应策略下的数据库。例如，对于涉及金融、银行、航空等一致性要求较高的数据库，我们通常选择 CA 策略；对于 Web 2.0 网站而言，可用性与分区容忍性的优先级要高于数据一致性，通常选择 AP 策略；对于既保障弱一致性，又对实时处理和分布式计算有要求的场景，还可以选择 AP 策略。现在，大型网站一般会尽量朝着 AP 的方向设计。

**2. BASE 理论**

BASE 理论是对 CAP 原则中一致性和可用性权衡的结果，也是对 CAP 原则的延伸。我们知道关系型数据库为了保证事务在执行过程中的强一致性，设计了复杂的事务管理机制，这些事务管理机制严格遵守 ACID 要求。而 BASE 理论完全不同于 ACID，它的核心思想是：即使无法保证系统的强一致性（strong consistency），但每个应用都可以根据自身业务的特点，采用适当的方式使系统达到最终一致性。它包含三大要素：基本可用性、软状态和最终一致性。

（1）基本可用性：是指分布式系统在出现不可预知的故障时，允许损失部分可用性，保证系统的核心可用即可。

（2）软状态：指不要求系统一直保持强一致状态，允许系统存在中间状态，这种中间状态是指在不影响系统的整体可用性的前提下允许数据不一致。

（3）最终一致性：系统需要在某一时刻后达到一致性要求。

BASE 理论可以视为 CAP 原则中 AP 策略的衍生，BASE 和 ACID 是两种截然相反的理论。在单机环境下，ACID 是数据的属性，而在分布式环境中，BASE 就是数据的属性。ACID 强调的是“必须遵守”，即必须遵守才能保证事务的一致性；BASE 强调的是“基本可用性”，即如果需要高可用性，那么就要牺牲一致性或容忍性。ACID 与 BASE 的区别见表 4.9。

**表 4.9　ACID 与 BASE 的区别**

| 比较事项 | ACID | BASE |
|---|---|---|
| 一致性 | 强一致性 | 最终（弱）一致性 |
| 分区容忍性 | 隔离性 | 可用性优先 |
| 可用性 | 可用性优先 | 可用性不做要求 |
| 灵活性 | 复杂、不灵活 | 适应变化、更简单、更快、更灵活 |

**3. 最终一致性**

上面说到，BASE 通过牺牲一定的数据一致性与容忍性来换取性能的提高。这里所说的"牺牲一致性"并不是完全不管数据的一致性，实际上，如果这样，那么即使系统可用性再高也没有任何利用价值。牺牲一致性，是指放弃关系型数据库中的强一致性要求，只需要系统保持最终一致性即可。

（1）"强一致性"是指无论更新操作在哪台机器上、哪个应用执行的，任何一个操作之后的所有读操作都会获得最新数据。

（2）"弱一致性"是指不是所有读操作都能获得最新数据，可能有些读操作需要一段时间才能读到最新数据，这段时间被称为"不一致性窗口"。

（3）"最终一致性"是弱一致性的一种特例。在这种一致性要求下，保证用户最终能够读到某操作对数据的更新即可。

实现最终一致性最常见的例子就是域名系统（domain name system，DNS），由于 DNS 是靠多级缓存实现的，所以修改 DNS 记录后不会立刻在全球所有的 DNS 服务节点生效，需要等 DNS 服务器缓存过期后，再向源服务器更新新的纪录才能生效。

最终一致性可以分为以下五类。

（1）因果一致性：假设存在 A、B、C 三个相互独立的进程，并对数据进行操作。如果进程 A 在更新数据后将操作通知进程 B，那么进程 B 将读取 A 更新的数据，并一次写入，以保证最终结果的一致性。而与进程 A 无因果关系的进程 C 的访问一般遵循最终一致性。

（2）"读己之所写"一致性：当某用户更新数据后，该用户总能够读取到更新后的数据，而且绝不会看到之前的数据。但是其他用户读取数据时，则不能保证能够读取到最新的数据。

（3）绘画一致性：这是"读己之所写"一致性模型的实用版本，它把读取存储系统的进程限制在一个会话范围之内。只要会话存在，系统就保证"读己之所写"一致性。也就是说，提交更新操作的用户在同一会话中读取数据时能够保证数据是最新的。

（4）单调读一致性：如果用户已经读取某数值，那么任何后续操作都不会再返回到该数据之前的值。

（5）单调写一致性：系统保证来自同一个进程的更新操作按时间顺序执行，也叫作时间轴一致性。

以上五种最终一致性模型可以进行组合，例如，"读己之所写"一致性与单调读一致性就可以组合实现，也就是读取自己更新的数据并且一旦读取到最新数据后将不会再读取之前的数据。从实践的角度来看，将这两者进行组合，对于程序开发来说，会减少额外的烦恼。

## 4.3 NoSQL 数据库的分类

近年来，NoSQL 发展迅猛，从 HBase 诞生以来，在短短十几年间，NoSQL 数据库就超过了 225 个，几乎所有的 NoSQL 都有自己的官网、代码仓库、文档和 API，学习者可以在其官方网站中进行深入学习。以下是大部分拥有活跃用户的 NoSQL 数据库的分类，见表 4.10。

**表 4.10　NoSQL 数据库的详细分类**

| ID | 种类 | 对应英文名称 | 典型数据库 | 数量 |
|---|---|---|---|---|
| 1 | 列族数据库 | Column Families | HBase、Cassandra | 18 |
| 2 | 键值数据库 | Key Value/Tuple Store | Redis、DynamoDB | 61 |
| 3 | 文档数据库 | Document Store | MongoDB、Elastic | 34 |
| 4 | 图数据库 | Graph DBMS | Neo4j、Infinite Graph | 22 |
| 5 | 多模式数据库 | Multimodel DBMS | ArangoDB、Datomic | 13 |
| 6 | 对象数据库 | Object DBMS | Versant、db4o | 25 |
| 7 | 网格云数据库 | Grid & Cloud DBMS | GridGain、GigaSpaces | 8 |
| 8 | XML 数据库 | XML DBMS | eXist、Sedna | 7 |
| 9 | 多维数据库 | Multidimensional DBMS | Globals、GT.M | 7 |
| 10 | 多值数据库 | Multivalue DBMS | U2、OpenInsight | 9 |
| 11 | 事件源数据库 | Event Sourcing | Event Store、es4j | 2 |
| 12 | 时序数据库 | Time Series/Streaming | Axibase、kdb+ | 8 |
| 13 | 科学/专用数据库 | Scientific and Specialized | BayesDB、GPUdb | 2 |
| 14 | 其他数据库 | Other NoSQL related DBMS | IBM Lotus、Btrieve | 20 |

注：资料来源：https://hostingdata.co.uk/nosql-database。

NoSQL 数据库不仅数量众多，而且随着时间的推移，还会出现新的种类。例如，网格云数据库、事件源数据库和时序数据库，均是近几年才出现的面向特定领域和特定业务的数据库。近年来，有很多数据库被称为软 NoSQL 数据库（soft-NoSQL database），它们并不是源自 Web 2.0 技术，因此应用面比较窄。另外，有许多大型数据公司立足于产品的全市场覆盖，针对多种类型推出系列 NoSQL 数据库，如微软的 Azure 系列，既有键值数据库 Azure Table Storage，也有文档数据库 Azure DocumentDB。目前最为成熟的 NoSQL 数据库包括列族数据库、键值数据库、文档数据库和图数据库四类，下面我们将分别介绍它们。

### 4.3.1　列族数据库

列族数据库是以列为单位存储数据的 NoSQL 数据库，它将列或列族（colum family），即若干列的组合，顺序地存入数据库中。这种数据存储方式显然不同于按行存储的关系型数据库，如图 4.4 所示。

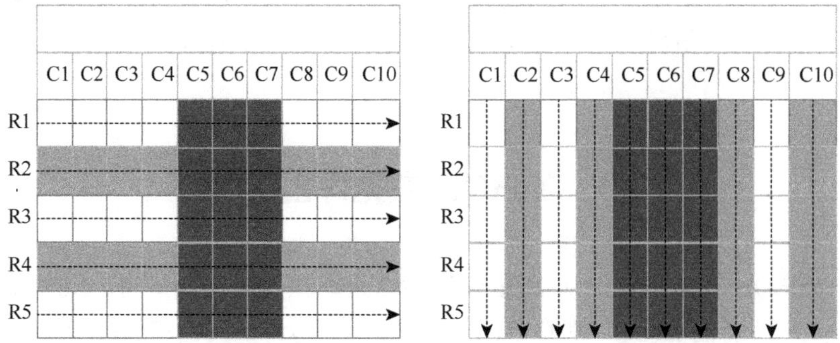


(a) 行式存储　　(b) 列式存储

图 4.4　行式存储与列式存储

关系型数据库一般采用行式存储。一个元组（行）会被连续地写在磁盘中，当从磁盘中读取数据时，需要顺序扫描每个元组的完整内容（如图 4.4 中需要顺序扫描 R1～R5 行），然后找到符合查询条件的元组（即 R2 和 R4 元组），再从这些元组中筛选出符合条件的属性（即图 4.4 中阴影交叉部分的数据 R2C5：R2C7 和 R4C5：R4C7），在这种情况下，如果每个元组只有少量属性的值对查询是有用的，那么会浪费许多磁盘空间和计算内存。

列式存储则不然，它一般采用分解式存储方式。首先对一个关系（表）进行垂直分解，并为每个属性分配一个子表。因此，一个具有 *n* 个属性的表会被分解成 *n* 个子表（如图 4.4 中的每列），每个子表单独存储，每个子表只有当相应的属性被请求时才会被访问。而且，任意多个列可以构成一个列族，同一个列族里面的数据被顺序地存储在一起，不同列族存放于不同的磁盘页中。因此，同一张表里的每一行数据都可以拥有截然不同的列或列族。

那么，列式存储有什么好处呢？例如，在关系型数据库中，如果想查一个人的所有属性，可以通过一次磁盘扫描，顺序扫描每行来找到那个人的所有信息。但是，在大数据环境中，我们的数据需求通常是“查找所有人的年龄”，那么此时用行存储方式只能不停地提交查询请求，或者将所有数据先扫描一遍，这样遍历了很多没有用的数据。如果采用列式存储，那么只需要一次磁盘查找，顺序读取出所有人的“年龄”数值即可，如图 4.5 所示。

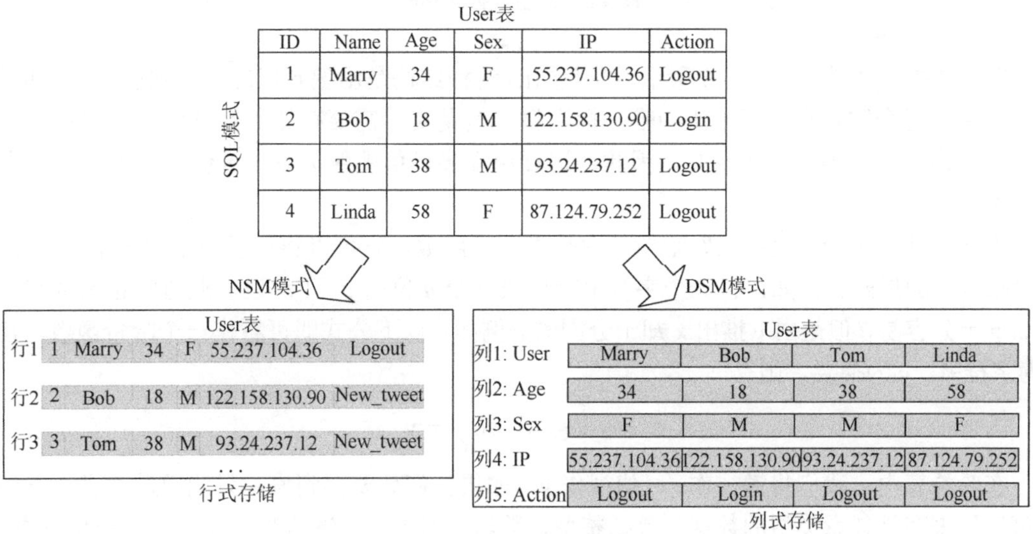


图 4.5 关系型数据库的行存储与列族数据库的列式存储比较

除了查找列的效率非常高之外，列族数据库还有扩展性强（水平方向的列可以无限扩展）、容易进行分布式扩展（将不同的列存储到不同的机器上）、持久化存储（不删除数据，只给新的数据打上时间戳，按时间戳进行数据版本的顺序存储）等优点。另外，大部分列族数据库采用行键（row key）、列名和时间戳（timestamp）的方式来定位数据，使数据存取的复杂性大大降低。目前，典型的列族数据库有 HBase、Cassandra、Riak、HyperTable 等，列式存储的数据库主要应用于事件记录、博客网站、信息查询等场景。

在事件记录中，使用列式存储数据库来存储应用程序的状态以及应用程序遇到的错误等事件信息。由于列式存储数据库具有高扩展性，所以可高效地存储应用程序源源不断产生的事件记录。在博客网站中，列式存储数据库可以将博客的“标签”“类别”“连接”等内容存放在不同的列中，便于进行数据分析。在4.4节中，我们将对列族数据库的典型代表（HBase）做详细介绍。

### 4.3.2　键值数据库

键值数据库是NoSQL中最简单的一种类型。在键值数据库中，数据是以键值对的形式存储的，如图4.6所示。

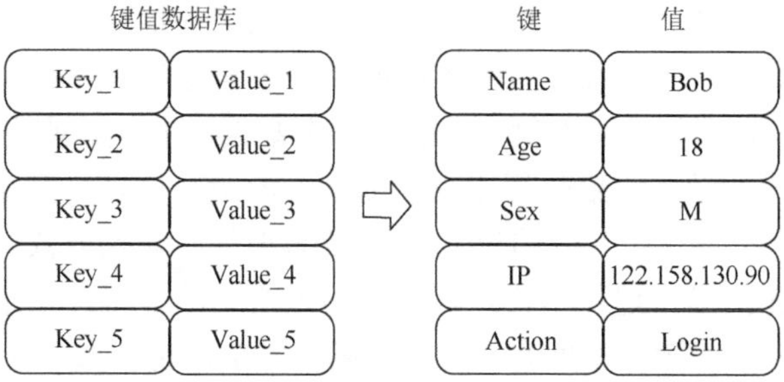


图4.6　键值数据库结构

键值数据库的结构如图4.6所示，可以看出，这种结构是由键到值的一一映射关系组成的，也就是说，每个键是查找每个值的唯一标识符，值是实际需要存储的数据内容。这种一一映射关系是通过哈希函数来实现的，因此，这样由很多键值映射关系（键值对）所构成的表称为哈希表。

那么，什么是哈希函数呢？哈希函数是指一个函数，它可以将任意一个字符串 $x$ 转化成一个摘要 $y$ 的形式。例如，将一个字符串转化成一个 $n$ 位的0，1编码。通过哈希函数将 $x$ 转化成 $y$ 十分容易，但是由 $y$ 推出 $x$ 却十分困难。例如，以下公式即可看作一个哈希函数，其中 $x$ 为字符串，$y$ 为摘要，则有

$$x^3+\log_2 x+\sin x=y$$

在哈希表中，我们将键视作 $x$、值视作 $y$，如果我们想要得到值，只能通过键进行查询。值可以用来存储任意类型的数据，包括整型、数组、对象等。键值数据库可以实现快速查询，并支持高并发查询。同时在大量写操作的情况下，键值数据库也比关系型数据库性能更好。同时，键值数据库具有良好的扩展性，因为可以在哈希表中随意增加键值对，在理论上几乎可以实现无限扩容。键值数据库可以进一步划分为内存键值数据库和持久化键值数据库。内存键值数据库把数据直接保存在内存，如Redis和Memcached；持久化键值数据库把数据保存在磁盘，如BerkeleyDB、Voldmort、Risk等。

显然，键值数据库也有自身的局限性，如条件查询、多表联合查询就是键值数据库的弱项。此外，键值数据库在发生故障时不支持回滚操作，因此无法支持事务。键值数据库主要应用于会话存储、网站购物车等场景中。

会话存储是指一个面向会话的应用程序（如Web应用程序）在用户登录时启动会话，并保持活动状态指导用户注销或会话超时，在此期间，应用程序将所有与会话相关的数据存储

在内存或键值数据中。会话数据包括用户资料信息、消息、个性化数据和主题、建议、有针对性的促销和折扣。每个用户会话具有唯一的标识符，除了主键之外，任何其他键都无法查询会话数据，因此，键值数据库更适合于存储会话数据。而在网站购物车功能中，电商网站可能会在几秒钟内收到数十亿份订单，键值数据库则可以处理海量这样的数据，并且适应分布式扩展和快速存取。此外，键值数据库对存储数据的还具有内置冗余功能，可以处理丢失的存储节点。

### 4.3.3　文档数据库

文档数据库是以文档为最小单位进行数据的存储和管理的数据库。其中，文档是包含结构化数据的文件，如 JSON、XML、BSON（binary JSON），或者一些二进制格式文件，如 PDF、微软 Office 文档等。每种文档数据库的部署不尽相同，但它们都假定各自的数据以上述某种标准格式进行封装，然后处理这种格式下的文档。例如，MongoDB 以 BSON 格式的文档为存储对象，这种格式和 JSON 基本一致。文档数据库的结构如图 4.7 所示。

从图 4.7 中可以看出，文档数据库存储的文档格式可以是不同的，目前主流的格式为 JSON、XML 以及 BSON。本书主要介绍的文档数据库是 MongoDB，它是一种面向集合、模式无关的文档数据库，也就是说，它所存储的数据以“集合”的方式进行分组，每个集合都有单独的名称，并可以包含无限量的文档。这里的集合与关系型数据库中的表（table）类似，唯一的区别就是它并没有任何明确的关系模式。MongoDB 通过键来定位文档，即构建索引，也可以通过文档本身的内容来定位文档。因此，许多人把文档数据库看作键值数据库的一个衍生品，但是，文档数据库在很多场合中都有其独特的适用性，因为一个文档可以包含十分复杂的数据结构，并且不受任何关系模式的约束，而且可以基于内容索引。

例如，内容管理方面的网站（博客网站、视频网站等），首选的就是文档数据库，它可以将每个实体存储为单个文档，这样能够灵活地适应实体内部复杂的数据关系。另外，使用文档数据库能让开发人员更直观地更新应用程序。

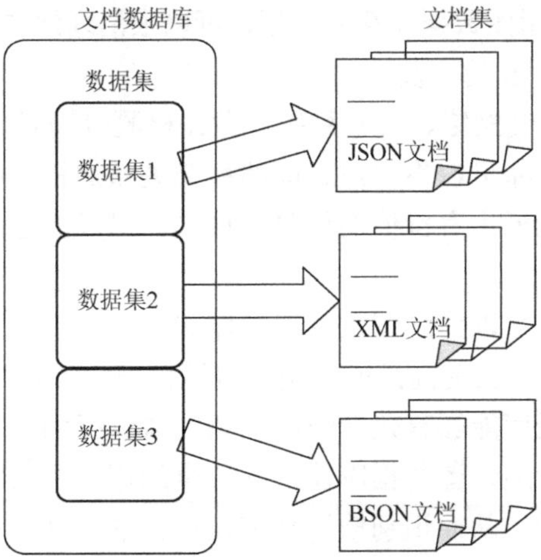


图 4.7　文档数据库的结构

在电子商务网站中，文档数据库可以高效地存储商品信息，可以将不同的产品存储为不同的文档，由于产品具有千差万别的属性，如果存储在关系型数据库或键值数据库中，则要么效率很低，要么非常烦琐。若是使用文档数据库，可以在单个文档中描述每个产品复杂的属性，这样既可以方便管理，又可以加快阅读产品的速度，并且更改一个产品的属性不会影响其他的产品。

常见的文档数据库有 MongoDB、CouchDB、RavenDB 等，一些文档数据库可以支持多个存储后端以及 SQL。

### 4.3.4　图数据库

图数据库是以图论为基础的 NoSQL 数据库。这里要将图数据库和网络数据库区分开来，后者是搭建在 Web 上的所有数据库的总称，而图数据库则是利用图作为数据模型实现数据存储的。其中，实体及实体之间的关系以图形结构进行存储，实体被视为“节点”，关系被视为“边”，边按照关系将节点进行连接。图数据库的结构示意图如图 4.8 所示。

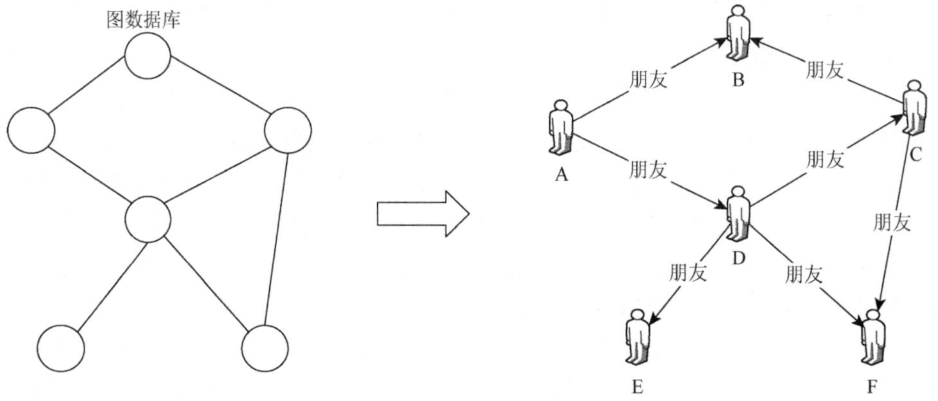


图 4.8　图数据库的结构示意图

从图 4.8 可以看出，利用图数据库存储数据，可以很清晰地知道两个实体之间的关系，即 A 和 D 是朋友，C 是 A 的朋友的朋友。

图数据库主要应用于社交网络、推荐系统、欺诈检测等场景。

在社交网络中，图数据库可以将用户之间的社交关系进行存储，然后根据图结构来计算社交关系中的各种情况，挖掘出有价值的信息。例如，可以通过计算节点中心度来得到社交网络中的核心用户。

在推荐系统的应用中，可以借助图数据库存储购物网站中用户的购买记录、客户兴趣等信息，然后根据这些信息结合当前商品或者用户浏览情况，推荐相关商品。

在欺诈检测中，图数据库能够有效地防范复杂的欺诈行为。例如，银行欺诈、信用卡欺诈、保险欺诈等。我们可以通过图数据库建立跟踪全局用户的跟踪视角，利用图数据库来分析具有欺诈行为的离散数据，从而识别欺诈环节，这样的话，可以在最大程度上快速有效地防范和解决欺诈行为。

常见的图数据库有 Neo4j、FlockDB、AllegroGrap、GraphDB 等，其中的一些可以兼容 ACID 原则。

### 4.3.5　四种 NoSQL 数据库的比较

以上四种数据库的数据存储类型和常见应用场景有较大差别，见表 4.11。

**表 4.11　四种主要 NoSQL 数据库的应用场景**

| 数据库 | 数据类型 | 常见应用场景 |
| --- | --- | --- |
| 列族数据库 | 以列进行存储，将同列数据存储到一起 | 事件记录、博客网站信息查询等 |
| 键值数据库 | 键指向值的键值对 | 会话存储、网站购物车等 |
| 文档数据库 | BSON、JSON、XML、PDF | 博客网站、视频网站等 |
| 图数据库 | 图结构 | 社交网络、推荐系统、欺诈检测等 |

另外，其他类型的 NoSQL 数据库，如对象数据库和云网格数据库等，都有各自的应用场景。

## 4.4　列族数据库——HBase

4.3 节提到列族数据库是 NoSQL 数据库中出现最早、最典型的一类数据库，它是基于列式存储的数据库，即将同列的数据存储到一起。列族数据库最典型的代表就是 HBase，它同样是基于 Hadoop 生态系统的。我们知道，Hadoop 的两大核心是分布式计算框架 MapReduce 和分布式文件系统 HDFS，而 HBase 则是基于 HDFS 的实际数据库应用。使用 HBase 技术，可以在廉价的 PC 服务器上搭建起大规模的结构化存储集群。

### 4.4.1　HBase 概述

HBase 起源于 2006 年谷歌公司发表的 BigTable 论文 *Bigtable: A distributed storage system for structured data*。BigTable 是一个分布式存储系统，采用 Chubby 提供协同服务管理，可以扩展到 PB 级别的数据和上千台机器，具备广泛应用性、可扩展性、高性能和高可用性等特点。BigTable 被应用在谷歌的许多项目中，包括搜索、地图、财经、打印、社交网站、视频共享网站 You Tube 等。

2008 年，Powerset 公司基于 BigTable 开发了 HBase，因此，HBase 可以看作是 BigTable 的开源实现。与 BigTable 一样，HBase 的开发目的是处理非常庞大的数据，甚至可以使用普通的计算机处理超过 10 亿行的、由数百万列组成的数据表，并且是开源的，如表 4.12 所示。因此，HBase 具有如下特性：基于 Java、开源的、高可靠、高性能、面向列、易扩展、基于廉价机群。总的来说，HBase 具有以下特性。

**表 4.12　BigTable 与 HBase**

| 数据库 | 文件系统 | 开源 | 数据模型 | 协同服务 | 生态系统 | 公司 |
| --- | --- | --- | --- | --- | --- | --- |
| BigTable | GFS | 否 | 列式存储非结构化数据 | Chubby | Google | 谷歌 |
| HBase | HDFS | 是 | 列式存储非结构化数据 | ZooKeeper | Hadoop | Powerset |

（1）海量存储。HBase 的一个表会达到上亿行、上百万列数据。

（2）面向列。采用面向列（族）的存储和权限控制，对列（族）独立检索。

（3）稀疏性。值为空的列并不占用存储空间，因此表可以设计得非常稀疏。

（4）易扩展。主要体现在两个方面：机器（几乎）可以任意增加、表的列可以任意增加。

（5）高可靠。HBase 基于 HDFS，因而有副本机制，保证数据不会丢失或损坏。

（6）多版本。HBase 表中的每一列都有多个版本，做法是将同一条数据插入不同的时间戳。一般地，每一列对应着一条数据，但是有的数据会对应多个时间版本。例如，存储个人信息的表中，如果某人多次更换 E-mail 地址，那么每个 E-mail 数据的版本都会被记录。

HBase 位于 Hadoop 生态系统中的结构化存储层。由图 4.9 可以看出，HBase 与 MapReduce 的数据存储底层都是 HDFS，而 MapReduce 为 HBase 提供了高性能的计算能力，ZooKeeper 则为 HBase 提供了稳定的服务和失效恢复机制，在其之上的 Pig、Hive 与 Sqoop 都是基于这两者的高级组件，分别分担着数据查询、数据仓储、数据互操作的特殊任务。

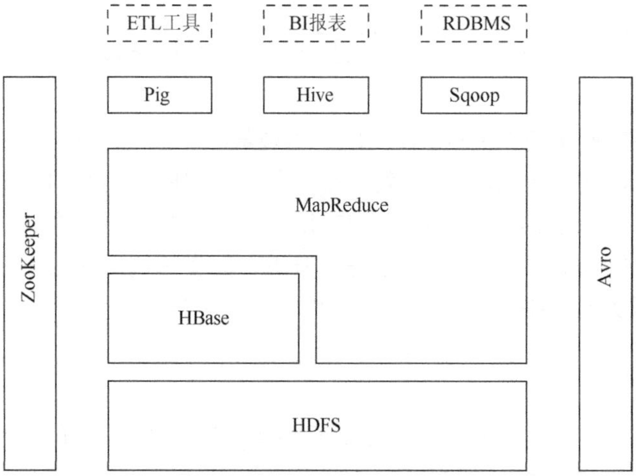


图 4.9　Hadoop 生态系统中 HBase 与其他部分的关系

### 4.4.2　HBase 的数据模型

如 4.3 节所述，列族数据库中的数据存储在面向列的表格中，这种表其实是一个多维度的映射模型。为了使读者对这种结构有更清晰的认识，再举一例：图 4.10 是两个学生的记录，他们因为转学等原因，分别去过不同地方，并用不同的 E-mail 登记。HBase 表记录了他们的名字、性别、专业以及各个时期的 E-mail 和城市。

HBase 使用“行键”+“列族”+“列名”三个字段组成的键来定位每个单元格，每个单元格内存有一个或多个版本的数据。也就是说，“行键”+“列族”+“列名”+“时间戳”四个坐标可以定位一个真实的值。在关系型数据库中，数据定位是通过“行”+“列”的二维坐标实现的，而在 HBase 中则需要四个字段确定一个具体的值，可以视为一个四维坐标体系。例如，由行键“20210101”、时间戳“t7”、列族“Address”、列“City”，我们可以定位“Beijing”这个值。因此，HBase 可以视为一个键值数据库，见表 4.13。

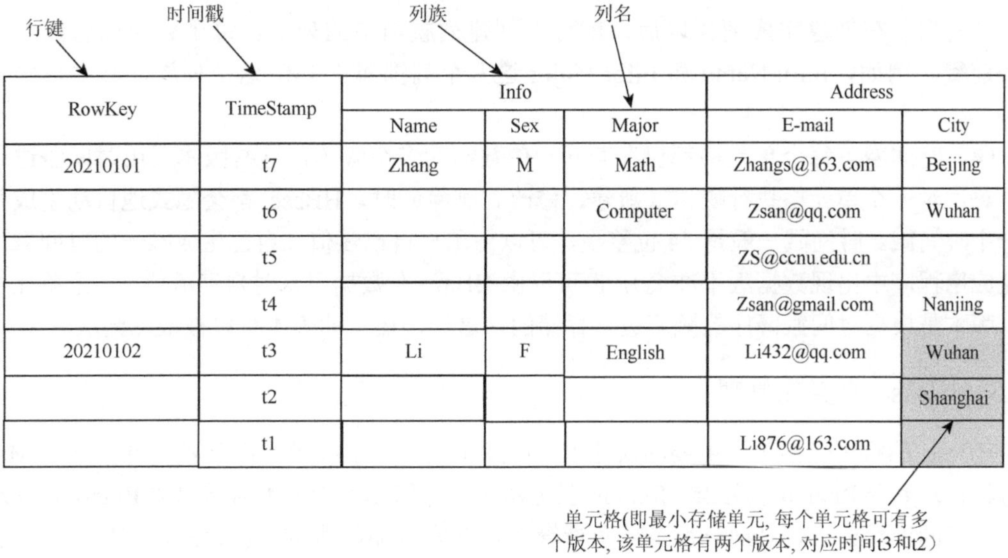


图 4.10　HBase 数据模型的一个实例

**表 4.13　HBase 可以视为一个键值数据库**

| 键 | | | | 值 |
|---|---|---|---|---|
| 20210101 | t7 | Address | City | Beijing |
| 20210102 | t3 | Address | E-mail | Li432@qq.com |

需要注意的是，每个单元格存储的是真实值在不同时期的版本，当值为空（但其他列中有数据）时，该空值不会占用内存，如图 4.10 中的右下方阴影部分最下方的那个格子，但是以上概念视图中需要画出这个格子。因此，从概念视图角度来说 HBase 是一个稀疏的、多维的映射关系，这个关系中存有许多空单元格，但在实际的存储中，这些空单元格并不占空间。下面分别介绍每个字段。

（1）行键。HBase 中，行键类似于关系型数据库中的主键，每个 HBase 表中只能有一个行键，以字典序的方式存储，每个行键可以包含多行的值，如表 4.13 中，行键有两个值，分别是“20210101”和“20210102”。在实际的 HBase 表设计中，行键一般存储一个逆向的统一资源定位符（uniform resource locator，URL），如“cn.edu.ccnu.www”“org.apache.www”“org.apache.jira”三个网站，那么排序时则会将 org.apache 域名存储在一起，这样就可以尽量把来自同一个网站的数据都保存在相邻的位置。

（2）列族。一个 HBase 表由许多列族组成，在创建数据表时，只需要定义列族，而不需要定义列，列族下的列可以自由扩充。因此，列族需要在表创建时就定义好，数量不能太多（一般来说少于 10 个），而且不要频繁修改。HBase 会尽量把同一个列族的列放在一个机器上，因为存储在一个列族当中的所有数据，通常都属于同一种数据类型，这通常意味着具有更高的压缩率，可以提高读写性能。此外，访问控制和内存统计等工作都是在列族层面进行的。例如，我们可以调整列族的控制权限，允许一些应用能够向表中添加新的数据，而另一些应用则只允许浏览数据。

（3）列。在创建完成列族以后，就可以创建列族当中的列了。每个列的列名都以列族作为前缀。例如，Info: Name 和 Info: Major 这两个列都属于 Info 这个列族，其中冒号为限定符。

（4）时间戳。每个单元格都保存着同一份数据的多个版本，这些版本采用时间戳进行索引。每次对一个单元格执行操作（新建、修改、删除）时，HBase 都会隐式地自动生成并存储一个时间戳。时间戳一般是 64 位整型，可以由用户自己赋值（自己生成唯一的时间戳可以避免应用程序中出现数据版本冲突），也可以由 HBase 在数据写入时自动赋值。一个单元格的不同版本是根据时间戳降序的顺序进行存储的，这样，最新的版本可以被最先读取。

### 4.4.3 HBase 的实现原理

HBase 的实现包括三个主要的功能组件：库函数，用于链接到每个客户端；一个 Master 服务器；许多个 Region 服务器。Region 服务器负责存储和维护分配给自己的 Region，处理来自客户端的读写请求。Master 服务器负责管理和维护 HBase 表的分区信息，例如，一个表被分成了哪些 Region，每个 Region 被存放在哪台 Region 服务器上，同时也负责维护 Region 服务器列表。因此，如果 Master 服务器死机，那么整个系统都会无效。Master 服务器会实时监测集群中的 Region 服务器，把特定的 Region 分配到可用的 Region 服务器上，并确保整个集群内部不同 Region 服务器之间的负载均衡，当某个 Region 服务器因出现故障而失效时，Master 服务器会把该故障服务器上存储的 Region 重新分配给其他可用的 Region 服务器。除此以外，Master 服务器还处理模式变化，如表和列族的创建。

客户端并不是直接从 Master 服务器上读取数据，而是在获得 Region 的存储位置信息后，直接从 Region 服务器上读取数据。尤其需要指出的是，HBase 客户端并不依赖于 Master 服务器而是借助于 ZooKeeper 来获得 Region 的位置信息，所以大多数客户端从来不和 Master 服务器通信，这种设计方式使 Master 服务器的负载很小。

一个 HBase 中存储了许多表。对于每个表而言，行的数量可能非常庞大，无法存储在一台机器上，需要分布存储到多台机器上。因此，需要根据行键的值对表中的行进行分区，如图 4.11 所示。每个行区间构成一个分区，被称为 Region，包含了位于某个值域区间内的所有数据，它是负载均衡和数据分发的基本单位，这些 Region 会被分发到不同的 Region 服务器上。

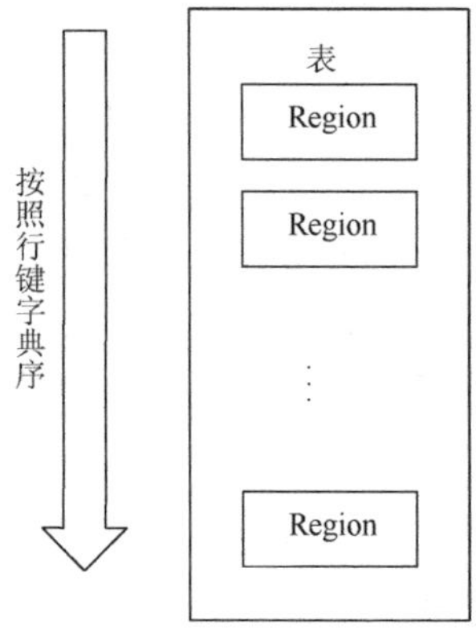

图 4.11　一个 HBase 表被划分成多个 Region

初始时，每个表只包含一个 Region，随着数据的不断插入，Region 会持续增大，当一个 Region 中包含的行数量达到一个阈值时，就会被自动等分成两个新的 Region，如图 4.12 所示。随着表中行的数量继续增加，就会分裂出越来越多的 Region。

每个 Region 的默认大小是 100～200 MB，是 HBase 中负载均衡和数据分发的基本单位。Master 服务器会把不同的 Region 分配到不同的 Region 服务器上，如图 4.13 所示，但是同一个 Region 是不会被拆分到多个 Region 服务器上的。每个 Region 服务器负责管理一个 Region 集合，通常在每个 Region 服务器上会放置 10～1000 个 Region。

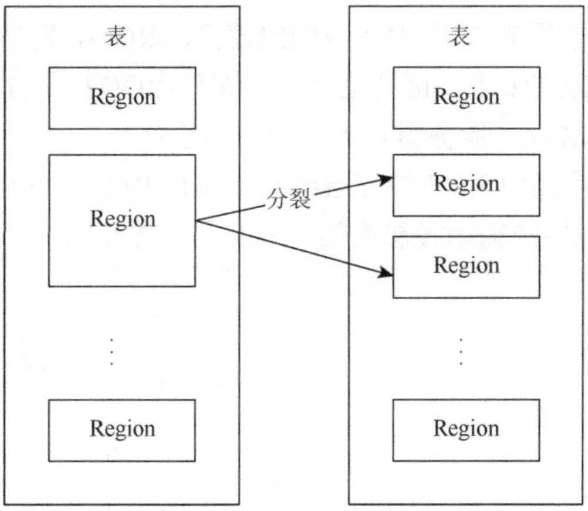


图 4.12　一个 Region 会分裂成多个新的 Region

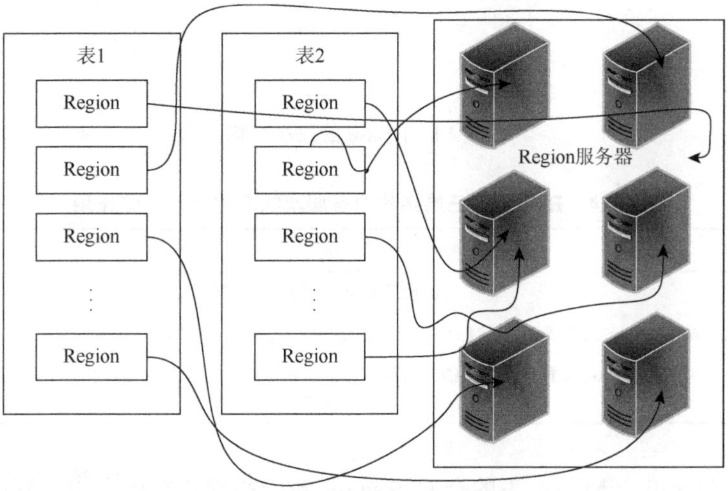


图 4.13　不同的 Region 可以分布在不同的 Region 服务器上

一个 HBase 的表可能非常庞大，会被分裂成很多个 Region，这些 Region 被分发到不同的 Region 服务器上。因此，必须设计相应的 Region 定位机制，保证客户端知道到哪里可以找到自己所需要的数据。

每个 Region 都有一个 RegionID 来标识它的唯一性，这样，一个 Region 标识符就可以表示成“表名+开始主键+RegionID”。

有了 Region 标识符，就可以唯一标识每个 Region 了。为了定位每个 Region 所在的位置，可以构建一张映射表，映射表的每个条目（或每行）包含两项内容：一个是 Region 标识符；另一个是 Region 服务器标识，这个条目就表示 Region 和 Region 服务器之间的对应关系，从而就可以知道某个 Region 被保存在哪个 Region 服务器中。这个映射表包含了关于 Region 的元数据（即 Region 和 Region 服务器之间的对应关系），因此也被称为“元数据表”，又名“.META.表”。

当一个 HBase 表中的 Region 数量非常庞大的时候，.META.表的条目就会非常多，一个服务器保存不下，也需要分区存储到不同的服务器上，因此.META.表也会被分裂成多个 Region，这时，为了定位这些 Region，就需要再构建一个新的映射表，记录所有元数据的具体位置，这个新的映射表就是“根数据表”，又名“-ROOT-表”。-ROOT-表是不能被分割的，永远只存在一个 Region 用于存放-ROOT-表，因此这个用来存放-ROOT-表的唯一一个 Region，它的名字是在程序中被写死的，Master 服务器永远知道它的位置。

综上所述，HBase 使用类似 B+树的三层结构来保存 Region 的位置信息，如图 4.14 所示，表 4.14 给出了 HBase 的三层结构中各层次的名称及其具体作用。

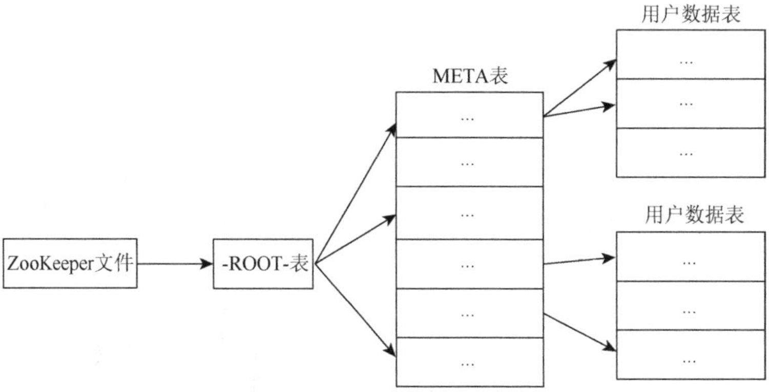


图 4.14　HBase 的三层结构

**表 4.14　HBase 的三层结构中各层次的名称及其具体作用**

| 层次 | 作用 |
|---|---|
| 第一层 | 记录了-ROOT-表的位置信息 |
| 第二层 | 记录了.META.表的 Region 位置信息，-ROOT-表只能有一个 Region。通过-ROOT-表就可以访问.META.表中的数据 |
| 第三层 | 记录了用户数据表的 Region 位置信息，.META.表可以有多个 Region，保存了 HBase 中所有用户数据表的 Region 位置信息 |

为了提高访问速度，.META.表的全部 Region 都会被保存在内存中。假设.META.表的每行（一个映射条目）在内存中大约占用 1 KB，并且每个 Region 限制为 128 MB，那么上面的三层结构可以保存的用户数据表的 Region 数目的计算方法是：（-ROOT-表能够寻址的.META.表的 Region 个数）×（每个.META.表的 Region 可以寻址的用户数据表的 Region 个数）。一个-ROOT-表最多只能有一个 Region，也就是最多只能有 128 MB，按照每行（一个映射条目）占用 1 KB 内存计算，128 MB 空间可以容纳 128 MB/1 KB = $2^{17}$ 行，也就是说，一个-ROOT-表可以寻址 $2^{17}$ 个.META.表的 Region。同理，每个.META.表的 Region 可以寻址的用户数据表的 Region 个数是 128 MB/1 KB = $2^{17}$。最终，三层结构可以保存的 Region 数目是（128 MB/1 KB）×（128 MB/1 KB）= $2^{34}$ 个。可以看出，这种数量已经足够满足实际应用中的用户数据存储需求。

客户端访问用户数据之前，需要首先访问 ZooKeeper，获取-ROOT-表的位置信息，然后访问-ROOT-表，获得.META.表的信息，接着访问.META.表，找到所需的 Region 具体位于哪个 Region 服务器，最后才会到该 Region 服务器读取数据。该过程需要多次网络操作，为了加速寻址过程，一般会在客户端做缓存，把查询过的位置信息缓存起来，这样以后访问相同的数据时，就可以直接从客户端缓存中获取 Region 的位置信息，而不需要每次都经历一个“三级寻址”过程。需要注意的是，随着 HBase 中表的不断更新，Region 的位置信息可能会发生变化，但是客户端缓存并不会检测 Region 位置信息是否失效，而是在需要访问数据时，从缓存中获取 Region 位置信息却发现不存在的时候，才会判断出缓存失效，这时就需要再次经历上述的“三级寻址”过程，重新获取最新的 Region 位置信息去访问数据，并用最新的 Region 位置信息替换缓存中失效的信息。

当一个客户端从 ZooKeeper 服务器上得到-ROOT-表的地址以后，就可以通过“三级寻址”找到用户数据表所在的 Region 服务器，并直接访问该 Region 服务器获得数据，没有必要再连接 Master 服务器。因此，主服务器的负载相对就小了很多。

### 4.4.4　HBase 的系统架构

HBase 的系统架构如图 4.15 所示，包括客户端、ZooKeeper、Master 服务器、Region 服务器。需要说明的是，HBase 一般采用 HDFS 作为底层数据存储，因此图中加入了 HDFS 和 Hadoop。

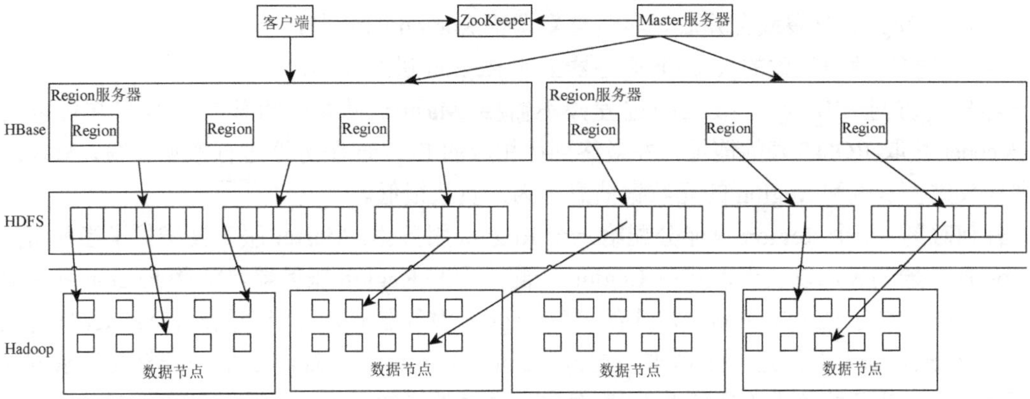


图 4.15　HBase 的系统架构

#### 1. 客户端

客户端包含访问 HBase 的接口，同时在缓存中维护着已经访问过的 Region 位置信息，用来加快后续数据访问过程。HBase 客户端使用 HBase 的 RPC 机制与 Master 服务器和 Region 服务器进行通信。其中，对于管理类操作，客户端与 Master 服务器进行 RPC；而对于数据读写类操作，客户端则会与 Region 服务器进行 RPC。

#### 2. ZooKeeper

ZooKeeper 并非一台单一的机器，可能是由多台机器构成的集群来提供稳定、可靠的协同服务。ZooKeeper 能够很容易地实现集群管理的功能，如果由多台服务器组成一个服务器集群，那么必须有一个“总管”知道当前集群中每台机器的服务状态，一旦某台机器不能提供服务，集群中其他机器必须知道，从而做出调整重新分配服务策略。同样，当增加集群的服务能力时，就会增加一台或多台服务器，同样也必须让“总管”知道。

在 HBase 服务器集群中，包含了一个 Master 服务器和多个 Region 服务器，Master 服务器就是这个 HBase 集群的“总管”，它必须知道 Region 服务器的状态。ZooKeeper 就可以轻松做到这一点，每个 Region 服务器都需要到 ZooKeeper 中进行注册，ZooKeeper 会实时监控每个 Region

服务器的状态并通知给 Master 服务器，这样，Master 服务器就可以通过 ZooKeeper 随时感知到各个 Region 服务器的工作状态。

ZooKeeper 不仅能够帮助维护当前的集群中机器的服务状态，而且能够帮助选出一个“总管”，让这个总管来管理集群。HBase 中可以启动多个 Master 服务器，但是 ZooKeeper 可以帮助选举出一个 Master 服务器作为集群的总管，并保证在任何时刻总有唯一一个 Master 服务器在运行，这就避免了 Master 服务器的“单点失效”问题。

ZooKeeper 中保存了-ROOT-表的地址和 Master 服务器的地址，客户端可以通过访问 ZooKeeper 获得-ROOT-表的地址，并最终通过“三级寻址”找到所需的数据。ZooKeeper 中还存储了 HBase 的模式，包括有哪些表、每个表有哪些列族。

**3. Master 服务器**

Master 服务器主要负责表和 Region 的管理工作，具体步骤如下。

（1）管理用户对表的增加、删除、修改、查询等操作。

（2）实现不同 Region 服务器之间的负载均衡。

（3）在 Region 分裂或合并后，负责重新调整 Region 的分布。

（4）对发生故障失效的 Region 服务器上的 Region 进行迁移。

客户端访问 HBase 上数据的过程并不需要 Master 服务器的参与，客户端可以访问 ZooKeeper 获取-ROOT-表的地址，并最终到达相应的 Region 服务器进行数据读写，Master 服务器仅仅维护着表和 Region 的元数据信息，因此负载很低。

任何时刻，一个 Region 只能分配给一个 Region 服务器。Master 服务器维护了当前可用的 Region 服务器列表，以及当前哪些 Region 分配给哪些 Region 服务器，哪些 Region 还未被分配。当存在未被分配的 Region，并且有一个 Region 服务器上有可用空间时，Master 服务器就给这个 Region 服务器发送一个请求，把该 Region 分配给它。Region 服务器接受请求并完成数据加载后，就开始负责管理该 Region 对象，并对外提供服务。

**4. Region 服务器**

Region 服务器是 HBase 中最核心的模块，负责维护分配给自己的 Region，并响应用户的读写请求。HBase 一般采用 HDFS 作为底层存储文件系统（图 4.15），因此 Region 服务器需要向 HDFS 中读写数据，采用 HDFS 作为底层存储，可以为 HBase 提供可靠、稳定的数据存储，HBase 自身并不具备数据复制和维护数据副本的功能，而 HDFS 可以为 HBase 提供这些支持。当然，HBase 也可以不采用 HDFS，而是使用其他任何自持 Hadoop 接口的文件系统作为底层存储，如本地文件系统或云计算环境中的 Amazon S3（simple storage service）。

## 4.5 实验 4：HBase 的基本操作

### 4.5.1 HBase 的安装

（1）下载 HBase 安装文件并解压。由 4.4 节可知，HBase 是 Hadoop 系统中的一个组件，但是，Hadoop 安装以后，本身并不包含 HBase，因此，需要单独安装 HBase。HBase 的安装文件一般为 hbase-bin.tar.gz，将此安装文件下载到 Linux 某目录下进行保存。例如，“/home/hadoop/downloads/”目录。下载完安装文件后，需要对文件进行解压，一般将其解压至“/usr/local/”目录，命令如下：

```
$sudo tar-zxf ../downloads/hbase-bin.tar.gz-C/usr/local
```

（2）配置环境变量。将HBase安装目录下的bin目录（即/usr/local/hbase/bin/）添加到系统PATH环境变量中，这样，每次启动HBase时就不需要到“/usr/local/hbase”目录下执行启动命令，方便HBase使用。然后使用Vim编辑器打开~/.bashrc文件，命令如下：

```
$vim~/.bashrc
```

打开.bashrc文件之后，可以看到，已经存在类似如下所示的PATH环境变量的配置信息，因为在之前安装Hadoop时，已经为Hadoop添加了PATH环境变量的配置信息：

```
export PATH = $PATH:/usr/local/hadoop/sbin:/usr/local/hadoop/bin
```

这里需要把HBase的bin目录/usr/lcoal/habse/bin追加到后面：

```
export PATH = $PATH:.../usr/local/hadoop/bin:/usr/local/hbase/bin
```

添加后，执行如下命令使设置生效：

```
$source~/.bashrc
```

（3）添加用户权限。需要为当前登录Linux系统的Hadoop用户添加访问HBase目录的权限，将HBase安装目录下的所有文件的所有者改为Hadoop，命令如下：

```
$cd/usr/local
$sudo chown-R hadoop ./hbase
```

（4）查看HBase版本信息。添加好用户权限后，可以通过如下命令查看HBase版本信息：

```
$/usr/local/hbase/bin/hbase version
```

### 4.5.2 HBase的配置

HBase有三种运行模式，即单机模式、伪分布式模式和分布式模式。本书仅介绍伪分布式模式。在伪分布式模式下进行HBase配置之前，需要确认已经安装了三个组件：JDK、Hadoop和SSH。

（1）配置hbase-env.sh文件。使用Vim编辑器打开并编辑“/usr/local/hbase/conf/hbase-env.sh”文件，命令如下：

```
$vim/usr/local/hbase/conf/hbase-env.sh
```

打开hbase-env.sh文件以后，需要在其中配置JAVA_HOME、HBASE_CLASSPATH和HBASE_MANAGES_ZK。

```
export JAVA_HOME = /usr/lib/jvm/java-jdk
export HBASE_CLASSPATH = /usr/local/hadoop/conf
export HBASE_MANAGES_ZK = true
```

（2）配置hbase-site.xml文件。使用Vim编辑器打开并编辑“/usr/local/hbase/conf/hbase-site.xml”，命令如下：

```
$vim/usr/local/hbase/conf/hbase-site.xml
```

在hbase-site.xml文件下，需要设置属性hbase.rootdir，用于指定HBase数据的存储位置。在HBase伪分布式安装中，使用伪分布式模式的HDFS存储数据，因此，需要把hbase.rootdir设置为HBase在HDFS上的存储路径。假设HDFS的安装路径为hdfs：//localhost：9000，这里就应该设置为hdfs：//localhost：9000/hbase。此外，由于采用了伪分布式模式，还需将属性

hbase.cluster.distributed 设置为 true。修改后的 hbase-site.xml 文件中的配置信息如下：

```
<configuration>
    <property>
        <name>hbase.rootdir</name>
        <value>hdfs://localhost:9000/hbase</value>
    </property>
    <property>
        <name>hbase.cluster.distributed</name>
        <value>true</value>
    </property>
    </configuration>
```

（3）启动运行 HBase。首先登录 SSH，然后切换至/usr/local/hadoop，启动 Hadoop，让 HDFS 进入运行状态，从而可以为 HBase 存储数据，具体命令如下：

```
$ssh localhost
$cd/usr/local/hadoop
$./sbin/start-dfs.sh
```

输入命令 jps，若能看到 NameNode、DataNode 和 SecondaryNameNode 这三个进程，则表示已经成功启动 Hadoop，然后启动 HBase，命令如下：

```
$cd/usr/local/hbase
$bin/start-hbase.sh
```

输入命令 jps，若出现以下进程，则说明 HBase 启动成功：

```
Jps
HMaster
HQuorumPeer
NameNode
HRegionServer
SecondaryNameNode
DataNode
```

（4）进入 Shell 模式，用户可以通过输入 Shell 命令进行 HBase 的操作，具体命令如下：

```
$bin/hbase shell
```

（5）停止运行 HBase。具体命令如下：

```
$bin/stop-hbase.sh
```

若在操作 HBase 的过程中发生错误，则可以查看{HBASE_HOME}目录（即/usr/local/hbase）下的 logs 子目录中的日志文件查找具体出错的原因。关闭 HBase 之后，如果不再使用 Hadoop，就可以运行如下命令关闭 Hadoop：

```
$cd/usr/local/hadoop
$./sbin/stop-dfs.sh
```

需要说明的是，启动、关闭 Hadoop 和 HBase 的顺序是：启动 Hadoop→启动 HBase→关闭 HBase→关闭 Hadoop。

### 4.5.3　使用 Shell 命令操作 HBase

首先需要启动 Hadoop，然后再启动 HBase 和 HBase Shell，进入 Shell 命令提示符状态：

```
$cd/usr/local/hadoop
$./sbin/start-dfs.sh
$cd/usr/local/hbase
$./bin/start-hbase.sh
$./bin/hbase shell
```

（1）在 HBase 中创建表。假设这里要创建一个 student 表，该表包含 Sname、Ssex、Sage、Sdept、Scourses 五个字段。这里需要注意的是，关系型数据库（如 MySQL）中，需要首先创建数据库，然后创建表。但在 HBase 数据库中，不需要创建数据库，只要直接创建表即可。创建以上 student 表的 Shell 命令如下：

```
hbase>create 'student','Sname','Ssex','Sage','Sdept','Scourses'
```

在创建 HBase 表时，不需要自行创建行键，系统会默认一个属性作为行键，通常是把跟在表名后的第一个属性作为行键。创建完 student 表后，可通过 describe 命令查看表结构，也可以使用 list 命令查看当前 HBase 数据库中已经创建了哪些表。

（2）添加数据。HBase 使用 put 命令添加数据，一次只能为一个表的一行数据的一个列（也就是单元格）添加一个数据，所以在实际应用中，直接用 Shell 命令插入数据效率较低，一般都是利用编程（编写 Java 程序，传至 Linux，再让 Hadoop 运行程序）来操作数据。因为这里只要插入一条学生记录，所以用 Shell 命令手工插入，命令如下：

```
hbase>put 'student','95001','Sname','Zhangsan'
```

上面的 put 命令会为 student 表添加学号为 95001、名字为 Zhangsan 的一个单元格数据，其行键为 95001，也就是说，系统默认把跟在表名 student 后面的第一个数据作为行键。下面继续添加四个单元格的数据，用来记录 Zhangsan 同学的相关信息，命令如下：

```
hbase>put 'student','95001','Ssex','Zhangsan'
hbase>put 'student','95001','Sage','Zhangsan'
hbase>put 'student','95001','Sdept','Zhangsan'
hbase>put 'student','95001','Scourses:math','80'
```

（3）查看数据。HBase 中有两个用于查看数据的命令，分别是 get 命令和 scan 命令。get 命令用于查看表的某一个单元格数据，scan 命令用于查看某个表的全部数据。例如，使用以下命令返回 student 表中 95001 行的数据：

```
hbase>get 'student','95001'
hbase>scan 'student'
```

（4）删除数据。在 HBase 中用 delete 以及 deleteall 命令进行删除数据的操作。delete 命令用于删除一个单元格数据，deleteall 命令用于删除一行数据。命令如下：

```
hbase>delete 'student','95001','Sage'
hbase>deleteall 'student','95001'
```

（5）删除表。删除表需要分两步操作：①先让该表不可用；②删除表。例如，删除 student 表的命令如下：

```
hbase>disable 'student'
hbase>drop 'student'
```

（6）查询历史数据。在添加数据时，HBase 会自动为添加的数据添加一个时间戳。在修改数据时，HBase 会为修改后的数据生成一个新的版本（时间戳），从而完成“改”操作，旧的版本依旧保留。系统会定时回收垃圾数据，只留下最新的几个版本，保存的版本数可以在创建表的时候设定。例如，若创建一个 teacher 表，设定保存版本数为 5，命令如下：

```
hbase>create 'teacher',{NAME = >'username',VERSION = >5}
```

然后插入并更新数据，使其产生历史版本数据，命令如下：

```
hbase>put 'teacher','10001','username','Cheng1'
hbase>put 'teacher','10001','username','Cheng2'
hbase>put 'teacher','10001','username','Cheng3'
hbase>put 'teacher','10001','username','Cheng4'
hbase>put 'teacher','10001','username','Cheng5'
```

查询时默认情况下会显示当前最新版本的数据。如果要查询历史数据，需要在命令中输入版本号，例如如下命令：

```
hbase>get 'teacher','10001',{COLUME = >'username',VERSION = >3}
```

（7）退出 HBase 数据库。首先退出 HBase Shell，输入 exit 命令即可退出 HBase，命令如下：

```
hbase>exit
```

执行 exit 命令后，若需停止 HBase 数据库后台运行，则还要输入以下命令：

```
$bin/stop-hbase.sh
```

### 4.5.4　用程序操作 HBase

4.5.3 小节展示了利用 Shell 命令对 HBase 数据库进行手动操作的过程。但是在实际应用中，通常的做法是利用 HBase 提供的 Java API 编写 Java 程序，在 Linux 中执行程序来对 HBase 进行操作。

（1）启动 Hadoop 和 HBase。具体命令如下：

```
$cd/usr/local/hadoop
$./sbin/start-dfs.sh
$cd/usr/local/hbase
$./bin/start-hbase.sh
```

（2）在 Eclipse 中创建项目。在 Eclipse（或任何 Java 编译环境）中创建项目，并向项目中添加/usr/local/hbase/lib 中的所有 JAR 包。

（3）编写 Java 应用程序。在项目中新建一个 Java 类，例如，命名为 HBaseOperation.java，添加以下代码：

```
import org.apache.hadoop.conf.Configuration;
import org.apache.hadoop.hbase.*;
import org.apache.hadoop.hbase.client.*;
```

```
import java.io.IOException;
public class HBaseOperation{
public static Configuration configuration;
public static Connection connection;
public static Admin admin;
public static void main(String[] args)throws IOException{
      createTable("t2",new String[]{"cf1","cf2"});
      insertRow("t2","rw1","cf1","q1","val1");
      getData("t2","rw1","cf1","q1");
   }
//建立连接
   public static void init(){
      configuration = HBaseConfiguration.create();
      configuration.set("hbase.rootdir","hdfs://localhost:9000/hbase");
      try{
         connection = ConnectionFactory.createConnection(configuration);
         admin = connection.getAdmin();
      }catch(IOException e){
         e.printStackTrace();
      }
   }
//关闭连接
   public static void close(){
      try{
         if(admin! = null){
            admin.close();
         }
         if(null! = connection){
            connection.close();
         }
      }catch(IOException e){
         e.printStackTrace();
      }
   }
//建表
   public static void createTable(String myTableName,String[] colFamily)throws
IOException {
      init();
```

```
        TableName tableName = TableName.valueOf(myTableName);
        if(admin.tableExists(tableName)){
            System.out.println("talbe is exists! ");
        }else {
            HTableDescriptor hTableDescriptor = new HTableDescriptor(tableName);
            for(String str:colFamily){
                HColumnDescriptor hColumnDescriptor = new HColumnDescriptor(str);
                hTableDescriptor.addFamily(hColumnDescriptor);
            }
            admin.createTable(hTableDescriptor);
        }
        close();
    }
//删表
    public static void deleteTable(String tableName)throws IOException {
        init();
        TableName tn = TableName.valueOf(tableName);
        if(admin.tableExists(tn)){
            admin.disableTable(tn);
            admin.deleteTable(tn);
        }
        close();
    }
//查看已有表
    public static void listTables()throws IOException {
        init();
        HTableDescriptor hTableDescriptors[] = admin.listTables();
        for(HTableDescriptor hTableDescriptor:hTableDescriptors){
            System.out.println(hTableDescriptor.getNameAsString());
        }
        close();
    }
//删除数据
    public static void deleteRow(String tableName,String rowKey,String
colFamily,String col)throws IOException {
        init();
        Table table = connection.getTable(TableName.valueOf(tableName));
        Delete delete = new Delete(rowKey.getBytes());//删除指定列族
```

```
//delete.addFamily(Bytes.toBytes(colFamily));//删除指定列
//delete.addColumn(Bytes.toBytes(colFamily),Bytes.toBytes(col));
        table.delete(delete);
        table.close();
        close();
    }
//根据rowKey查找数据
    public static void getData(String tableName,String rowKey,String
colFamily,String col)throws  IOException{
        init();
        Table table = connection.getTable(TableName.valueOf(tableName));
        Get get = new Get(rowKey.getBytes());
        get.addColumn(colFamily.getBytes(),col.getBytes());
        Result result = table.get(get);
        showCell(result);
        table.close();
        close();
    }
//格式化输出
    public static void showCell(Result result){
        Cell[] cells = result.rawCells();
        for(Cell cell:cells){
            System.out.println("RowName:"+new String(CellUtil.cloneRow(cell))+"
");
            System.out.println("Timetamp:"+cell.getTimestamp()+" ");
            System.out.println("column Family:"+new
String(CellUtil.cloneFamily(cell))+" ");
            System.out.println("row Name:"+new
String(CellUtil.cloneQualifier(cell))+" ");
            System.out.println("value:"+new String(CellUtil.cloneValue(cell))+"
");
        }
    }
}
```

(4)编译运行程序。直接单击Linux中Eclipse工作界面上的运行按钮,若运行成功,Console面板会显示类似下列的信息。

```
log4j:WARN No appenders could be found for logger {...}
log4j:WARN Please initialize the log4j system property.
```

```
log4j:WARN see http://logging.apache.org/log4j/...
RowName:rw1
Timestamp:1434050343356
column Family:cf1
row Name:q1
value:val1
```

运行成功后，利用 Shell 命令 list 可查看 HBase 数据库中的相关更新。

## 4.6　文档数据库 MongoDB

### 4.6.1　MongoDB 概述

MongoDB 是一个开源、高性能、跨平台的文档数据库，它是一个“面向集合”的、“模式自由”的数据库，是当前 NoSQL 数据库产品中最热门的一种。MongoDB 的设计初衷是使用简单、便于开发和易扩展，因此，它最大的特点是支持的查询语言非常强大，其语法类似于面向对象的查询语言，几乎可以实现类似关系型数据库单表查询的绝大部分功能，而且支持对数据建立索引。下面具体解释一下“面向集合”和“模式自由”的含义。

（1）面向集合（collection-oriented）。在 MongoDB 中，文档是数据的基本单元，非常类似于关系型数据库系统中的行，不同的是其比行复杂得多。而集合（collection）由一组文档组成，类似于关系型数据库中的表，只不过它不需要定义任何模式（schema）。因此所谓的“面向集合”是指在 MongoDB 中，数据是被分组存储于数据集中的，它们以集合形式存在（每个集合可以包含无限数据的文档且具有唯一标识）。

（2）模式自由（schema-free）。在 MongoDB 中，文档是一种类似于 JSON 的格式，称为 BSON，它既可以存储比较复杂的数据类型，又相当灵活。每一个 BSON 文档都包含了元数据信息，并且各个文档间不强制要求使用相同的格式。因此所谓“模式自由”，是指使用者不需要知道存储在 MongoDB 数据库中的每一个文档的结构，而完全可以根据需要把不同结构的文档存储在一起。

从一个默默无闻的小透明数据库，成长为各大公司争相采用的数据库产品，MongoDB 的流行绝非偶然。以下是 MongoDB 的发展历程。

2013 年，Dwight Merriman、Eliot Horowitz 等公司创始人决定将 10gen 软件公司改名为 MongoDB 公司。

2014 年，MongoDB 收购了 WiredTiger 存储引擎，将下一代存储引擎技术引入 MongoDB，大幅提升了 MongoDB 的写入性能并发布 MongoDB 企业版，丰富了 MongoDB 的产品。

2016 年，MongoDB 与公有云服务厂商（谷歌、微软、Azure）合作，推出了 Atlas 服务（MongoDB Atlas）。

2018 年，MongoDB 发布 4.0 版本，推出 ACID 事务支持使性能大幅提升，成为第一个支持强事务的 NoSQL 数据库。

2019 年，MongoDB 发布 4.2 版本。在 4.0 版本的基础上增加了分布式事务，引入“字段加密”的支持，实现对用户 JSON 文档内的值部分进行自动加密等功能。

如今 MongoDB 已经成为最受欢迎的 NoSQL 数据库，主要原因在于它具有高性能、易用性、易扩展性、高可用性和支持多种存储引擎优势。

（1）高性能。MongoDB 数据库能够对文档进行动态填充，对数据文件进行预匹配，用空间保证性能的稳定；MongoDB 的优化器能够标记出查询效率最高的方式，以便生成高效的查询计划；MongoDB 能够提供高性能数据的持久性、减少数据库系统的 I/O 活动等。

（2）易用性。作为一个非关系型数据库，MongoDB 中不再有行的概念，取而代之的是更为灵活的文档模型。这种面向文档的方法能够仅使用一条记录就表达出复杂的层级关系。除此之外，MongoDB 也没有预定义模式（predefined schema），文档的键和值不再是固定的类型和大小，这使得根据需要添加或删除字段变得更为容易。

（3）易扩展性。MongoDB 支持分片技术，能够通过自动分片、水平扩展的方式将数据分布在集群机器中。其基本原理就是将集合切分成小块，使这些块分散到若干片中，每个片只负责总数据的一部分。在整个过程中，应用程序不需要知道哪片对应哪些数据，甚至不需要知道数据已经被拆分了，而只需要连接一个 mongos 路由进程，就可以实现整个集群的交互。

（4）高可用性。高可用性是尽量缩短因维护和崩溃所导致的停机时间，以提高系统和应用的可用性。MongoDB 可以通过数据复制、冗余保存的方式，使不同服务器保存同一份数据。这些副本组成了一个集群，称为副本集。当集群中主节点发生故障时，副本集能够实现故障自动转移，有效防止数据丢失，提高数据可用性。

（5）支持多种存储引擎。存储引擎是 MongoDB 的核心组件，负责管理数据存储。MongoDB 支持的存储引擎包括 WiredTiger 存储引擎、MMAPvl 存储引擎和 In-Memory 存储引擎。

### 4.6.2　MongoDB 的体系结构

逻辑结构是体系结构的一种形式。MongoDB 的逻辑结构是一种面向用户的层次结构，分为文档、集合、数据库三层。一般而言，一个 MongoDB 实例允许创建多个数据库，一个数据库允许创建多个集合，一个集合则由多个文档组成。下面我们从用户角度对这种体系结构进行说明，具体如图 4.16 所示。

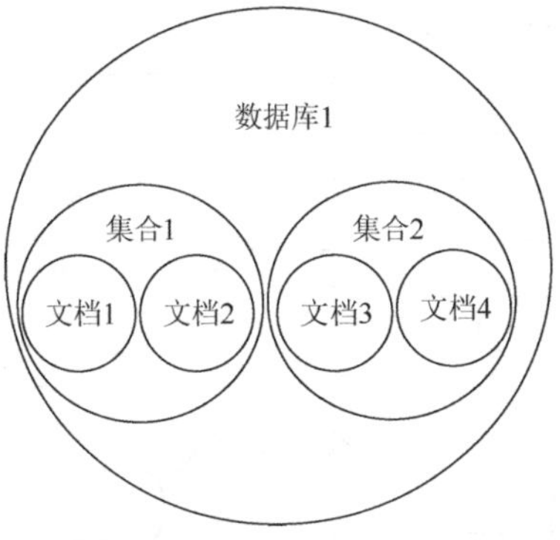


图 4.16　MongoDB 的体系结构

从图 4.16 中可以很清楚地看出数据库、集合、文档三者之间的层级关系。为了便于读者更清晰地理解 MongoDB 的体系结构，我们将 MongoDB 数据库的体系结构和 MySQL 数据库的体系结构进行对比。

如图 4.17 所示，MongoDB 中的存储单元是一个个文档，每个文档对应于关系型数据库的一行，文档是由字段和值对（fifield：value）组成的数据结构，例如，图 4.17 中的 name：Alice、age：27 和 sex：F，都属于这种数据结构。由于 MongoDB 文档是类似于 JSON 对象，所以 MongoDB 认为一个文档就是一个对象，其中，字段的数据类型是字符型，它对应的值可以是一些基本数据类型，也可以是普通数组或文档数组。表 4.15 是 MySQL 和 MongoDB 的术语对照表。

**表 4.15　MySQL 和 MongoDB 的术语对照表**

| MySQL | MongoDB | 解释/说明 |
|---|---|---|
| database | database | 数据库 |
| table | collection | 表/集合 |
| row | document | 记录行/文档 |
| column | field | 数据字段/域 |
| index | index | 索引 |
| table joins | — | 表连接/MongoDB 不支持 |
| — | 嵌入文档 | MongoDB 通过嵌入式文档来替代多表连接 |
| primary key | primary key | 主键/MongoDB 自动将_id 字段设置为主键 |

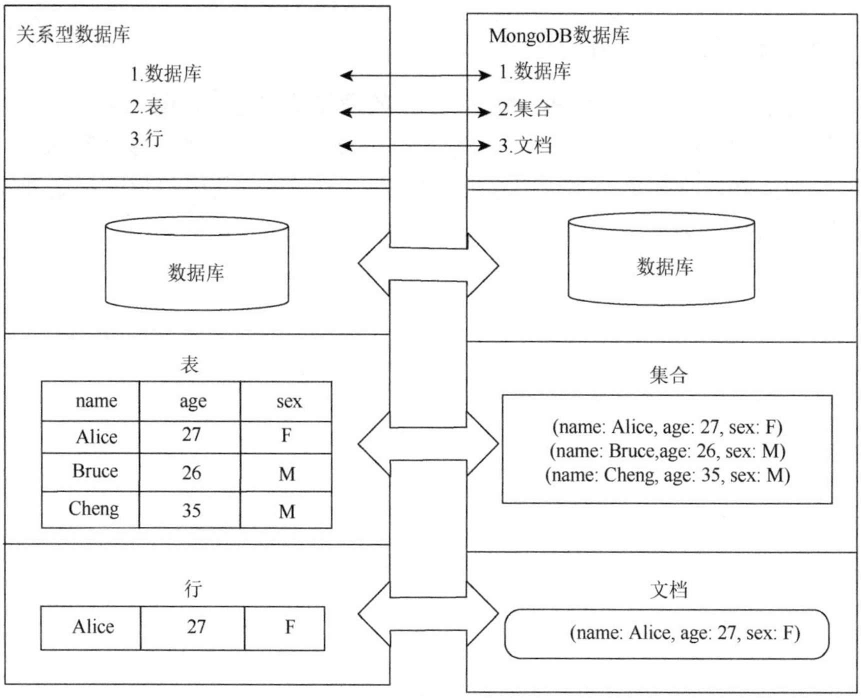


图 4.17　MySQL 与 MongoDB 体系结构对比

由表 4.15 可知，MongoDB 和 MySQL 最大的不同主要在于数据库、表/集合、记录行/文档三个方面，具体介绍如下。

（1）数据库。在 MongoDB 中，数据库存储着集合和文档。一个数据库可以创建多个集合，原则上我们通常将逻辑相近的集合都放在一个数据库中，不过出于性能和数据量的考虑，也可分开存储。MongoDB 默认提供 admin、local、config 以及 test 这四个数据库，具体地：①admin 数据库用于存储数据库账号的相关信息；②local 数据库用于存储限于本地单台服务器的任意集合，如 oplog 日志就存储在 local 数据库中，且该数据库的数据不会被复制到从节点上；③config 数据库用于存储分片集群中与分片相关的元数据信息；④test 数据库是 MongoDB 默认创建的一个测试库。连接 MongoDB 服务时如果不指定具体数据库，默认就是连接到 test 数据库。

（2）集合。MongoDB 的集合由若干个文档构成，属于无模式（schema-less）或动态模式。这意味着在读写数据前集合不需要创建模式就可以使用，集合中的文档可以拥有不同的字段且随时增减。需要注意的是，集合分为一般集合和上限集合。一般集合类似于关系型数据库中的数据表，通常插入集合的数据都具有一定的关联性。上限集合与一般集合的主要区别在于其可以限制集合的容量大小，当数据存满时可以从头开始覆盖最开始的文档进行循环写入。

（3）文档。文档是 MongoDB 中数据的基本存储单元，它以键值对的形式存储在集合中。其中，键为字符串类型；值可以是各种复杂类型，如字符串类型、数组类型、日期类型等。这种存储形式称为 BSON（BSON 是类 JSON 的一种二进制形式的存储格式。它和 JSON 一样都支持内嵌的文档对象和数组对象，同时拥有 JSON 没有的一些数据类型，如 Data 和 BinaryData 类型）。

在 MongoDB 中，比较特别的是_id 键：每个文档必须有一个默认的_id 键，用于唯一标识一个文档，相当于关系型数据库中的主键。每个_id 键必须有一个_id 值，且可以是任何类型。如果插入文档时用户没有设置文档的_id 值，MongoDB 就会默认生成一个 ObjectId 值进行填充。为了方便读者理解，这里展示了一个具体的文档实例：

```
{
    id:ObjectId("5099803df3f4948bd2f98391"),
    name:{first:"Alan",last:"Turing"},
    birth:new Date('Jun 23,1912'),
    death:new Date('Jun 07,1954'),
    contribs:["Turing machine","Turing test","Turingery"],
    views:NumberLong(1250000)
}
```

上述文档中，字段对应值的数据类型具体如下。

（1）id：该字段的值为 ObjectId 类型。

（2）name：该字段的值为 first、last 字段组成的内嵌文档。

（3）birth 和 death：二者的值均为 Data 类型。

（4）contribs：该字段的值为字符串数组类型。

（5）views：该字段的值为 NumberLong 类型。

注意：MongoDB 中的文档不需要设置相同的字段，并且相同的字段不需要相同的数据类型。这是 MongoDB 与关系型数据库的巨大差异。

### 4.6.3 MongoDB 的数据类型

MongoDB 支持不同数据类型作为文档中字段对应的值。接下来，我们通过一张表来介绍 MongoDB 的数据类型，具体见表 4.16。

**表 4.16　MongoDB 数据类型及相关说明**

| 数据类型 | 相关说明 |
| --- | --- |
| Int32 | 整型，用于存储 32 位整型数值 |
| Int64/Long | 长整型，用于存储 64 位整型数值 |
| Double | 双精度浮点型，用于存储浮点值 |
| String | 字符串，是常用的数据类型，MongoDB 仅支持 UTF-8 编码的字符串 |
| Object | 对象类型，存储嵌入式文档 |
| Array | 数组类型，用于存储多个值 |
| Binary data | 二进制数据，用于存储二进制数据 |
| Undefined | 已弃用 |
| ObjectId | 对象 ID 类型，用于存储文档的 ID |
| Boolean | 布尔类型，用于存储布尔值 |
| Date | 日期类型，以 UNIX 时间格式存储标准时间的毫秒数，不存储时区 |
| Null | 空值类型，用于创建空值 |
| Regular Expression | 正则表达式类型，用于存储正则表达式 |
| DBPointer | 已弃用 |
| Code | 代码类型，用于将 JavaScript 代码存储到文档中 |
| Symbol | 已弃用 |
| Timestamp | 时间戳类型，用于记录文档修改或添加的具体时间 |
| Decimal128 | Decimal 类型，用于记录、处理货币数据，如财经数据、税率数据等 |
| Min key | 将一个值与 BSON 元素的最低值相对比 |
| Max key | 将一个值与 BSON 元素的最高值相对比 |

下面，我们针对特殊的数据类型进行详细介绍。

（1）数字类型。MongoDB 支持三种数字类型，即 32 位整数（Int32）、64 位整数（Int64）和 64 位浮点数（Double）。一般情况下我们对 MongoDB 的存储/查看操作，主要是通过 Mongo Shell 界面和 JavaScript 命令实现的。由于 JavaScript 仅支持 64 位浮点数（双精度数），因此不管什么类型的数值，经过 Shell 界面操作，都将被默认转为 64 位浮点数。也就是说虽然我们在其他语言驱动中存入 MongoDB 的数值是整数，但一旦经过 Shell 界面的操作再将数据存入数据库，整数会被自动转换成 64 位浮点数。

例如，若是通过 Java 语言在 MongoDB 数据库的 bigdata 集合中插入一个文档，其中 age64 键的值为 Long 类型，age32 键的值为 Int32 类型，在 Mongo Shell 中查看这个文档，会发现 age64 键的值与 age32 键的值显示不同：

```
{
    "id":ObjectId("5de92bda1bc9accea9a2315e"),
    "age32":32,
    "age64":NumberLong(64)
}
```

另外，由于 32 位的整数都能用 64 位浮点数精确表示，所以通过 Mongo Shell 查看文档中的 32 位整数与 64 位浮点数没有什么区别。但那些 64 位的整数，却无法精确表示为 64 位浮点数，因此在通过 mongo shell 查看时，它们只好借助封装函数 NumberLong()显示。因此我们尽量不要在 Shell 下覆盖整个文档。

注意：Mongo Shell（MongoDB 客户端 Mongo 命令行交互界面）是 MongoDB 的交互式 JavaScript 接口，而 JavaScript 只有一种数字类型（64 位浮点数），若想要通过 Mongo Shell 插入/更新文档内的整数（32 位/64 位）类型数值，则可以通过函数 NumberInt（Number）和 NumberLong（Number）进行操作。

（2）日期类型。在 Mongo Shell 中创建包含日期类型数值的文档，类似于在 JavaScript 中创建日期的方式，即使用 new Date（…）的方式。在 MongoDB 中，无论通过 Mongo Shell 还是其他编程语言创建 Date 对象，MongoDB 都会自动将其保存成 ISODate 日期类型，并且还会将时间存储为标准时间的毫秒数。Date 类型文档的插入及查看操作如下：

```
>db.bigdata.insert({"time":new Date("2019-02-12 12:12:12")})
>db.bigdata.find()
{
    "id":ObjectId("5de92bda1bc9accea9a2315e"),
    "time":ISODate("2019-02-12T04:12:12z")
}
```

从上述返回结果中可以看出：默认情况下 MongoDB 中存储的是标准的时间格林尼治平均时间（Greenwich mean time，GMT），而中国时间是东八区（GMT+8）。因此若是将当前时间存储至 MongoDB 中，我们就会发现这个时间减少了 8 h。这意味着今后在使用 MongoDB 时，要注意时区对日期类型造成的影响。不过有些编程语言已经对此进行处理，如 Java 读取时会自动加上时区 8 h。

（3）数组类型。数组是一系列元素的集合，MongoDB 使用中括号[ ]表示数组，其中的元素允许是不同数据类型的，可以重复且位置固定。数组类型文档的结构如下：

```
{
   "_id":ObjectId("5de92bda1bc9accea9a2315e"),
   "hobby":[
      "swim",
      "run",
      "sing",
      4.0,
```

```
        "sing"
    ]
}
```

在关系型数据库中，MongoDB 数组的这种设计实现方式是不常见的。

（4）ObjectId 类型。ObjectId 为 BSON 类型，由一组十六进制的 24 位字符串构成，共 12B 且每字节存储 2 位字符，格式如图 4.18 所示。

5de91c6f1bc9accea9a2315b

Time　　Machine　　PID　　INC

图 4.18　ObjectId 类型的格式

从图 4.18 可以看出，ObjectId 由 4 部分组成。

①Time：ObjectId 的前 8 位字符 5de91c6f 共使用 4 B。将其转换为十进制内容为 1 575 558 255，这个数字是一个时间戳格式，是更为常见的时间格式。

②Machine：Time 后的 6 位字符 1bc9ac 使用 3 B，一般是机器主机名的哈希值，表示所在主机的唯一标识符。这样可以确保不同机器生成不同的哈希值，从而避免在分布式操作中出现 ObjectId 相同的冲突情况。当然这也是同一机器生成的 ObjectId 中间字符串都相同的原因。

③PID：Machine 后的 4 位字符 cea9 共 2 B，表示进程标识符。它能够避免同一机器、不同进程出现相同的 ObjectId。

④INC：PID 后的 6 位字符 a2315b 共 3 B，一般表示一个随机值。如果说在此之前的 9B 是为了保证一秒时间内不同机器、不同进程生成的 ObjectId 不冲突，那么这 3 B 生成的随机值则是为了确保一秒时间内同一机器、同一进程产生的 ObjectId 不冲突。

MongoDB 中存储的每个文档必须有一个_id 键，以便其能被唯一标识。该键的值可以是任何类型，但默认是 ObjectId 对象。这里 MongoDB 采用 ObjectId 类型的值，而不是采用其他比较常规的方法（如自增主键），主要原因是在多个服务器上同步自增主键值非常耗时间。

（5）内嵌文档。MongoDB 的一大优势在于能够在一个文档中存储对象类型的数据，并适当增加冗余使数据库更便于使用。文档中一个对象类型的字段在 MongoDB 中被称为内嵌（embedded）文档。内嵌文档类型的文档格式（加粗部分）具体如下：

```
{
    "_id":ObjectId("5de92bda1bc9accea9a2315e"),
    "name":"mongo",
    "price":50.0,
    "size":{
        "h":8.5,
        "w":11.0
    },
  "reading":[
```

```
        "John",
        "Dave"
    ]
}
```

（6）Code 类型。在 MongoDB 数据库的文档中，可以存储一些 JavaScript 方法。这些方法可以重复使用，Code 类型文档的格式如下：

```
{
  "_id":ObjectId("5de92bda1bc9accea9a2315e"),
  "jscode":function jsCode(a){b = a+2;return b;}
}
```

# 4.7　实验 5：MongoDB 的基本操作

## 4.7.1　MongoDB 的安装

**1. 安装环境**

（1）操作系统：Windows 64 位。

（2）下载地址：https://www.mongodb.com/try/download/community。

（3）版本：MongoDB Community Server 5.0.5（current）。

**2. 安装过程**

打开下载链接，找到 MongoDB Community Server（社区版，开源免费），下载.msi 文件，选择 Custom 自定义安装方式，根据系统盘的大小选择合适的安装位置，如图 4.19 所示。

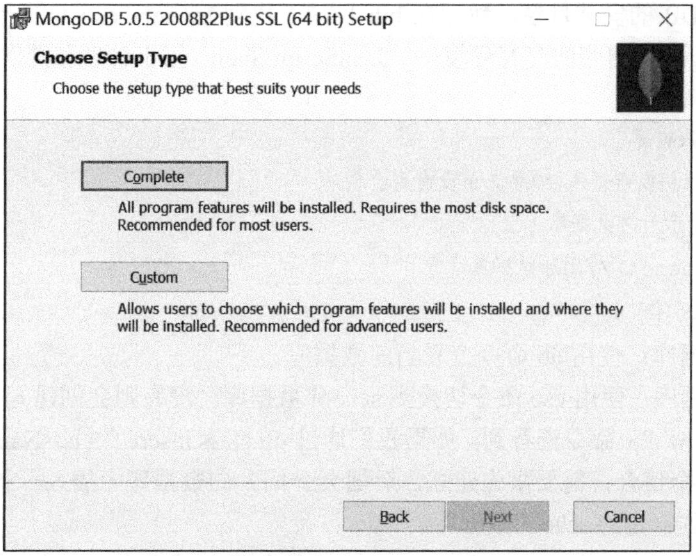


图 4.19　安装 MongoDB Community Server

服务配置：将 MongoDB 设置为 Windows 服务，以网络服务用户身份运行服务，数据目录在安装目录的 data 目录下，日志目录在安装目录的 log 目录下。之后单击 Next 按钮，由于当前不需要 MongoDB 图形化工具 Compass，所以安装的时候去掉 Compass 的安装勾选项，安装之后单击"Finish"按钮即完成安装，如图 4.20 所示。

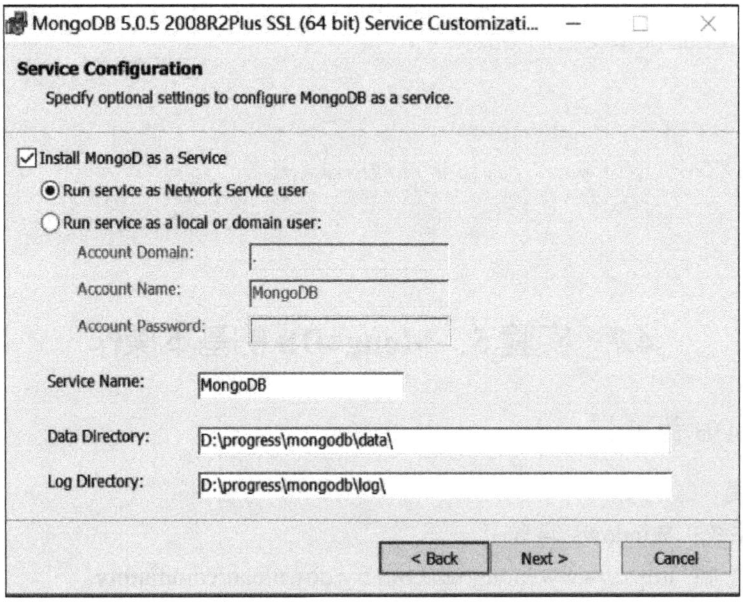


图 4.20　MongoDB 服务配置

### 4.7.2　MongoDB 的基本操作

1）通过 Mongo Shell 连接到 MongoDB

进入 MongoDB 的安装目录，然后在 bin 目录下找到 mongod.exe 可执行文件，双击之后打开的就是 MongoDB 自带的交互环境——JavaScript Shell，用于管理和操作 MongoDB 服务。

2）基本操作命令

```
db//显示当前数据库
use school//切换数据库,如果之前没有则会创建
show dbs//显示所有数据库
db.dropDatabase()//删除数据库
```

3）基本操作实例

（1）查看数据库：使用 db 命令查看当前数据库。

（2）创建数据库：使用 use 命令切换到 school 数据库（没有则会创建），此时 school 数据库还无法通过 show dbs 命令查看到，如果我们通过 db.class.insert（{className："classOne"}）命令（class 是一个集合，需要事先建立，后面会介绍）向数据库中插入一条数据，然后调用 show dbs 就能看到创建的 school 数据库。

（3）删除数据库：使用 db.dropDatabase()命令删除当前数据库，之后使用 show dbs 命令查看数据库，发现数据库被成功删除。

```
> db
test
>use school
switched to db school
> show dbs
admin 0.000GB
config 0.000GB
local 0.000GB
>db.class.insert({"className":"classOne"})
Write Result({"nInserted":1})
>show dbs
admin 0.000GB
config 0.000GB
local 0.000GB
school 0.000GB
>db.dropDatabase()
{"ok":1}
>show dbs
admin 0.000GB
config 0.000GB
local 0.000GB
```

4）集合操作

MongoDB 将文档存储在集合中，集合类似于关系型数据库中的表。

```
db.createCollection(name,options)          //创建集合
```

name：集合名称。

options：可选参数，指定集合的大小和文档的验证规则。

5）集合操作实例

（1）查看集合：使用 show collections 命令查看集合。

（2）创建集合：使用 db.createCollection（"class"）命令创建一个简单的 class 集合，然后使用 show collections 命令查看新创建的 class 集合。

（3）删除集合：使用 db.class.drop()命令删除 class 集合，删除成功返回 true，失败返回 false。

```
>use school
switched to db school
>show collections
>db.createCollection("class")
{"ok":1}
>show collections
```

```
class
>db.class.drop()
true
>show collections
```

6）插入文档

```
db.<collection>.insertOne()    //插入单个文档
db.<collection>.insertMany()   //插入多个文档
```

7）插入文档实例

（1）使用 insertOne 向 school 数据库的 class 集合插入单个文档，在插入数据的过程中，如果 school 数据库不存在或者 class 集合不存在，MongoDB 都会隐式地帮我们创建好数据库和集合。如果我们在插入文档时没有显示指定_id 字段，那么 MongoDB 也会主动帮我们生成一个唯一的 ObjectId 类型的_id 字段。

（2）使用 insertMany 向 school 数据库的 student 集合插入多个学生信息。

（3）使用 find 命令查询我们创建好的班级信息和学生信息。

```
>show dbs
admin 0.000GB
config 0.000GB
local 0.000GB
>use school
switched to db school
>db.class.insertOne({"className":"classOne"})
{
"acknowledged":true,
"insertedId":ObjectId("61de9b86e5ec3450605ebdd5")
}
>show dbs
admin   0.000GB
config  0.000GB
local   0.000GB
school  0.000GB
>show collections
class
>db.class.find()
{"_id":ObjectId("61de9b86e5ec3450605ebdd5"),"className":"classOne"}
>db.student.insertMany([
...{
...studentName:"xiaoming",
```

```
...score:{
...chinese:80,
...math:90
...}
...},
...{
....studentName:"xiaohong",
...score:{
...chinese:90,
...math:75
...}
...},
...{
....studentName:"xiaoqiang",
...score:{
...chinese:80,
...mth:85
...}
...}
...]);
{
      "acknowledged":true,
      "insertedIds":[
            ObjectId("61de9b86e5ec3450605ebdd6"),
            ObjectId("61de9b86e5ec3450605ebdd7"),
            ObjectId("61de9b86e5ec3450605ebdd8")
   ]
}
>db.student.find()//查询结果会显示每个学生的所有信息
```

8）查询文档

```
db.<collection>.find(query,projection);
```

query：可选，使用查询操作符指定查询条件。

projection：可选，投影查询的返回值。

9）查询文档操作实例

使用 find()命令不带条件查询 student 信息；使用 find()命令带条件查询数学成绩在 85～90 中最高的一个，若是 OR 关系，则可以使用

$or：[] 表达式，此处是 AND 关系。

```
>db.studnet.find()//不带条件查询
{"_id":ObjectId("61de9b86e5ec3450605ebdd6"),"studentName":...}...
{"_id":ObjectId("61de9b86e5ec3450605ebdd7"),"studentName":...}...
{"_id":ObjectId("61de9b86e5ec3450605ebdd8"),"studentName":...}...
>db.student.find({//带条件查询
...'score.math':{$gte:85,$lte:90}//嵌套查询
//条件操作符,大于:$gt,小于:$lt,大于等于:$gte,小于等于:$lte
...},{
...'studentName':1,//1 表示返回值包含该字段,0 表示不包含该字段
...'score':1
//-1:降序,skip 和 limit:组合分页方法,pretty:显示所有文档
...}).sort({'math':-1}).skip(0).limit(1).pretty():
{
    "_id":OjbectId("61de9b86e5ec3450605ebdd6"),
    "studentName":"xiaoming",
    "score":{
           "chinese":80,
           "math":90
     }
}
>
```

10）更新文档

```
db.<collection>.update(
        <query>,
        <update>,
        {
        upsert:<boolean>,
        multi:<boolean>,
        writeConcern:<document>
      }
)
```

query：更新的查询条件。

update：更新操作。

upsert：可选，如果 query 没有查到数据，是否插入一条新数据，默认为 false。

multi：可选，默认为 false，只更新查询到的第一条，true 表示更新所有查询到的文档。

writeConcern：可选，用于控制写入安全的级别。

```
db.<collection>.save(
          <document>,
```

```
        {
           writeConcern:<document>
        }
)
```

document：文档数据。

writeConcern：可选，写关注，复制集或者分片集群写操作的确认级别。

更新操作符如下。

$set：设置键的值，若这个键不存在，则创建它。

$unset：删除文档中的某个键。

$rename：给文档中的某个键重命名。

$inc：对一个数字字段增加一个数值。

$addToSet：增加一个值到数组内，只有这个值不存在才能增加进去。

$push：把一个 value 追加到一个数组中。

$pushAll：一次追加多个值到数组中。

$pop：删除数组内的第一个或者最后一个值，{$pop：{field：<1 |-1>}}。

$pull：从数组中删除一个等于 value 的值，{$ pull：{field：value }}。

$pullAll：从数组中删除多个值。

11）更新文档操作实例

使用 update 更新小明的中文分数为 85 分；使用 save 更新小红的中文分数为 85 分。

```
>db.studnet.find()//不带条件查询
{"_id":ObjectId("61df8dee5314dd7ba4f46e40"),"studentName":...}...
{"_id":ObjectId("61df8dee5314dd7ba4f46e41”),"studentName":...}...
{"_id":ObjectId("61df8dee5314dd7ba4f46e42"),"studentName":...}...
>db.student.update
({'studentName':"xiaoming"},{$set:{'score.chinese':85}});
>db.student.find()
{"_id":ObjectId("61df8dee5314dd7ba4f46e40"),"studentName":...}...
{"_id":ObjectId("61df8dee5314dd7ba4f46e41"),"studentName":...}...
{"_id":ObjectId("61df8dee5314dd7ba4f46e42"),"studentName":...}...
>db.student.save({
...'_id':ObjectId("61df8dee5314dd7ba4f46e41"),
...'studentName':"xiaohong",
...'score':{'chinese':85,'math':75}
...});
WriteResult({"nMatched":1,"nUpserted":0,"nModified":1 })
>db.studnet.find()
{"_id":ObjectId("61df8dee5314dd7ba4f46e40"),"studentName":...}...
{"_id":ObjectId("61df8dee5314dd7ba4f46e41"),"studentName":...}...
```

```
{"_id":ObjectId("61df8dee5314dd7ba4f46e42"),"studentName":...}...
```

12）删除文档

```
db.<collection>.deleteOne(<filter>)//删除单个文档
db.<collection>.deleteMany(<filter>)//删除多个文档
//参数说明
//filter:(可选)删除文档的条件
```

13）删除文档操作实例

删除小明的文档信息；删除小红和小强的文档信息。

```
>db.studnet.find()
{"_id":ObjectId("61df8dee5314dd7ba4f46e43"),"studentName":...}...
{"_id":ObjectId("61df8dee5314dd7ba4f46e44"),"studentName":...}...
{"_id":ObjectId("61df8dee5314dd7ba4f46e45"),"studentName":...}...
>db.student.deleteOne({'studnetName':"xiaoming"});
{"acknowledged":true,"deletedCount":1}
>db.studnet.find()
{"_id":ObjectId("61df8dee5314dd7ba4f46e44"),"studentName":...}...
{"_id":ObjectId("61df8dee5314dd7ba4f46e45"),"studentName":...}...
>db.student.deleteMany({$OR:[{'studentName':"xiaohong"})
,{'studentName':"xiaoqiang"}]});
{"acknowledged":true,"deteletedCount":2}
>db.student.find()
>
```

### 4.7.3 MongoDB 的索引操作

索引能够极大地提高数据库的查询效率，MongoDB 中使用 createIndex()方法创建索引。

**1. 索引创建**

```
db.<collection>.createIndex(keys,options)//创建索引
```

keys：索引字段，可以是多个字段组成的复合索引。

options：可选参数。

name：索引名。

background：非阻塞式创建索引。

sparse：稀疏索引，对文档中不存在的字段不创建索引。

unique：唯一索引。

expireAfterSeconds：过期索引，指定一个以秒为单位的失效时间。

db.<collection>.getIndexes():查询索引。

db.<collection>.dropIndexes（index）：删除索引。

index：索引名称。

**2. 索引创建操作实例**

使用 createIndex 给 student 表的 studentName 字段创建一个唯一索引。

```
>db.student.getIndexes()
[{"v":2,"key":{"_id":1},"name":"_id_"}]
>db.student.createIndex
({studentName:1},{name:'studentName_1',unique:true})
{
    "numIndexesBefore":1,
    "numIndexesAfter":2,
    "createCollectionAutomatically":false,
    "ok":1
}
>db.student.getIndexes()
[
  {
      "v":2,
      "key":{
              "_id":1
              },
             "name":"_id_"
  },
   {
      "v":2,
      "key":{
              "studentName":1
              },
             "name":"studentName_1",
             "unique":true
  }
]
>db.student.dropIndexes('studentName_1')
{"nIndexesWas":2,"ok":1}
>db.student.getIndexes()
[{"v":2,"key":{"_id":1},"name":"_id_"}]
>
```

### 4.7.4 MongoDB 的聚合操作

MongoDB 中的聚合操作主要用于数据统计。

1）聚合计算

```
db.<collection>.aggregate(aggregate_option)
```

聚合表达式如下。

$sum：计算总和。

$avg：计算平均值。

$min：获取文档中的最小值。

$max：获取文档中的最大值。

$push：向数组中添加一个值。

$addToSet：向数组中添加一个值，如果该值已存在就不加入。

$first：返回分组计算的第一个值。

$last：返回分组计算的最后一个值。

2）聚合管道

$project：构造文档的输入输出结构。

$match：数据过滤。

$limit：返回的文档数。

$skip：跳过多少文档。

$lookup：关联查询。

$unwind：将文档中的数组拆分成多个文档。

$group：分组。

$sort：排序。

$geoNear：输出靠近某一地理位置的有序集合。

3）管道聚合实例

我们给之前的 student 集合中的每一个文档添加一个性别字段 sex。

```
db.student.update({'studentName':"xiaoming"},{$set:{'sex':'male'}});
db.student.update({'studentName':"xiaohong"},{$set:{'sex':'female'}});
db.student.update({'studentName':"xiaoqiang"},{$set:{'sex':'male'}});
```

使用管道聚合计算 student 集合中性别为 male 的同学的数学平均成绩。

```
db.student.aggregate([
    {$match:{'sex':'male'}},
    {$group:{'_id':null,'mathAvg':{$avg:'$score.math'}}}
 ])
```

```
>db.student.find()
{"_id":ObjectId("61df8dee5314dd7ba4f46e46"),"studentName":...}...
{"_id":ObjectId("61df8dee5314dd7ba4f46e47"),"studentName":...}...
{"_id":ObjectId("61df8dee5314dd7ba4f46e48"),"studentName":...}...
>db.student.aggregate([
...{$match:{'sex':'male'}},
...{$group:{'_id':null,'mathAvg':{$avg:'$score.math'}}}
```

```
...]}
{"_id":null,"mathAvg":87.5}
>
```

上述聚合操作主要分为两个阶段：$match 阶段过滤 sex 为 male 的文档，并将其传递到下一阶段；$group 阶段根据上一阶段的数据计算 math 的平均值。

## 4.8　习题与思考

（1）如何准确理解 NoSQL 的含义？

（2）试述关系模型、关系代数、关系型数据库之间的关系。

（3）试比较关系型数据库与 NoSQL。

（4）试述 NoSQL 的理论基础。

（5）试述 NoSQL 的四大类型并简单比较其异同。

（6）试举例说明数据库 ACID 的含义。

（7）试述 BASE 的具体含义。

（8）什么是最终一致性？

# 第 5 章　MapReduce 原理

在前面几章我们反复提到，Hadoop 的两大核心技术为分布式存储和分布式计算，它们的具体实现分别是 HDFS 和 MapReduce。事实上，从计算机发展至今，需要处理的数据量增长符合摩尔定律，即每 18 个月会增加一倍。针对这些海量的异构数据，人们已经发明了数以百计的专用算法，这些算法都有各自的应用领域。又由于互联网的发展，许多公司的数据处理任务不可能集中到一台机器上，所以只有将这些计算任务分布在集群上进行分布式处理，这也是传统算法和分布式并行编程的最大区别。因此，如何分发数据、如何分配任务成为数据处理的首要问题。谷歌公司在 2004 年发表了学术论文 *MapReduce: Simplified data processing on large clusters* 提出了 MapReduce 模型，它是一个能高效处理大规模数据的处理框架。

Doug Cutting 在开发开源网页搜索引擎 Nutch 的过程中，这篇论文引起了他的兴趣，于是他开始着手实现这个处理框架，不久之后 Hadoop 诞生了。因此，从本质上讲，Hadoop 是实现 MapReduce 和 GFS 技术的开源平台，其中的 MapReduce 技术建立在数学和计算机科学的众多基础工作之上，通过简单的接口来实现自动的并行化和大规模的分布式计算，并可以在低成本集群上高效地处理极大规模的数据集。2006 年之后，雅虎公司雇佣了 Doug Cutting 并发展了 Hadoop，这促进了基于 MapReduce 的 Hadoop 的广泛应用。

## 5.1　什么是 MapReduce

### 5.1.1　MapReduce 模型

如前所述，MapReduce 是一种编程模型，用于并行处理大规模数据集（大于 1 TB）。该模型由映射和归约两个来源于函数式编程语言的概念组成。“映射”是指把总体任务切分成模式一样的小任务，再分发给各个分节点同时完成；“归约”是指将各个分节点处理后的结果汇总，换句话说，MapReduce 就是任务的分解与结果的汇总。这两个概念能够形成两个通用的函数（Map 函数和 Reduce 函数），程序员则使用函数作为思考问题的接口。在编写实际的 MapReduce 程序时，程序员不再需要像编写一般函数那样，关注循环、判断以及函数内每条语句的逻辑结构，而仅仅关心提供给函数的条件。可能这样说不好理解，我们举个例子。

制作果酱分成两个过程：原料加工和混合制酱。在原料加工过程中，需要将各类原料（如苹果、草莓、柠檬等）切碎搅拌，这时如果多人合作，可以将不同的原料交给不同的人分别去切，例如，可以把苹果分给 A 去切，把草莓分给 B 去切，把柠檬分给 C 去切……这种针对不同原料分给不同人同时准备的过程就是 Map 过程；而在混合制酱过程中，将各类切好的原料按照不同比例进行混合，就得到了不同口味的果酱。例如，增大苹果的比例，就能得到苹果味的果酱，增大草莓的比例，就可以得到草莓味的果酱。这种根据需求调整酱汁比例来混合酱汁的过程就相当于 Reduce 过程。而这里的人就相当于我们执行具体任务的分节点。

当然，细心的人可能会问:“每个人的工作能力不同，当切苹果的人干完了活儿，而其他的人还没干完时，岂不是浪费人力？”事实上，需要根据不同人的能力分配任务，例如，如果一个人很擅长切苹果，那么就会多分配一些苹果给他切，少切一点草莓，也有可能只让他切苹果……总之，一种水果可被一个或多个人切，一个人也可以切多种水果，而监工需要保证的，是所有人能同时完成任务，监工就相当于我们的 Master 服务器中搭载的 ZooKeeper 这种协同工作系统。从工人角度来看，每人只需要执行“切”和“混合”这种简单任务，监工则需根据工人的能力，考虑如何分配不同任务的比例；从系统（程序员）角度来看，系统只需要设计“切”什么和“混合”什么，而不必考虑执行细节。另一个比较好理解的例子就是，老师统计期末试卷的数量时，会将卷子分成几沓，让每个同学分别去数其中一沓，这就是 Map 过程，人越多，数得就越快，然后把所有人的统计数加在一起，这就是 Reduce 过程。

因此，MapReduce 的基本思想是“分而治之”，如图 5.1 所示，即将复杂的大任务分解为相同类型的子任务（最好具有相同的规模），对子任务进行求解，然后合并成大任务的解。在理想的情况下，一个需要运行 1 000 min 的任务可以通过分解为 1 000 个并行的子任务，在 1 min 内即可完成。这种“分而治之”的思想体现在各种各样的计算任务中，这样的例子不胜枚举，仔细想想，统计、排序、文本去重乃至分类和聚类，都可以用这种思想实现。MapReduce 模型就是基于上述思想的数据处理范式，或者说编程框架，程序员只需要理解这个框架，然后在编程时定义好数据转换的形式，并合理利用它，就可以在不了解分布式并行编程的情况下，将自己的程序运行在分布式系统上，获得想要的结果。

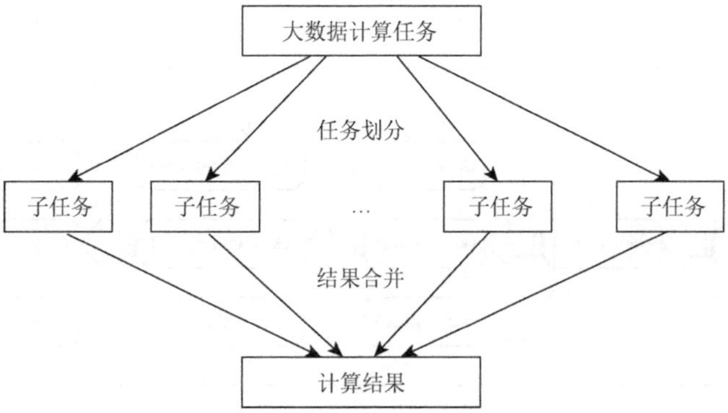


图 5.1 MapReduce 的基本思想“分而治之”

现在，让我们回到 MapReduce 模型本身。我们说，在 MapReduce 模型中，Map 负责“分”，即把复杂的任务分成若干个 Map 任务，这些 Map 任务并行处理，这是一方面，另一方面，数据也被分成许多独立的小块，MapReduce 会为每个 Map 任务分配一小块数据，作为 Reduce 的输入。Reduce 负责“合”，即对 Map 阶段产生的结果进行全局汇总，并写入分布式文件系统。显然，对于任务来说，它必须能够被切分成许多小而且处理方式相同的任务；对于待处理的数据集来说，必须能够被分解成许多小且同样类型的数据集。

MapReduce 程序能够在大量的普通配置的计算机上实现并行化处理。程序员不需要关心如何分割数据、如何在集群调度任务、如何处理错误以及如何管理机器之间的通信，而只需要关心如何编写 MapReduce 程序。

另外，MapReduce 设计的一个理念其实就是“计算向数据靠拢”，而不是“数据向计算靠拢”，因为移动数据需要大量的网络传输开销，尤其是在大规模数据环境下，这种开销尤为惊人，所以移动计算要比移动数据更加经济。本着这个理念，在一个集群中，只要有可能，MapReduce 框架就近地在 HDFS 数据所在节点运行，即将计算节点和存储节点放在一起运行，从而减少了节点间的数据移动开销。

### 5.1.2　MapReduce 函数

现在我们对 MapReduce 的基本思想和模型框架有了初步的了解；知道了 MapReduce 模型的核心是 Map 函数和 Reduce 函数；知道了 MapReduce 框架负责进行分布式存储、工作调度、负载均衡、容错处理、网络通信等，这些细节都对程序员做了隐藏；知道了程序员只需要关注如何实现 Map 函数和 Reduce 函数。但是，对于如何将抽象的模型落实到具体的函数和 MapReduce 程序仍然比较生疏。下面我们通过 MapReduce 函数的具体执行流程，分析这两个函数的输入和输出。

MapReduce 的执行流程是：首先，将数据分割，并用键值对的形式来表示；其次，输入这些键值对给用户自定义的 Map 函数，Map 函数会对每个输入的键值对$<k_1, v_1>$，产生一个键值对的集合 Set：$<k_2, v_2>$；然后，MapReduce 把这个键值对集合中所有具有相同 key 值的 value 值集合在一起，形成一个“键”和“值列表”组成的中间键值对集合$<k_3, v_3>$，并将其传递给用户自定义的 Reduce 函数；最后，Reduce 函数合并$<k_3, v_3>$中“值列表”的值，形成新的键值对集合$<k_4, v_4>$并将其输出，如图 5.2 所示。

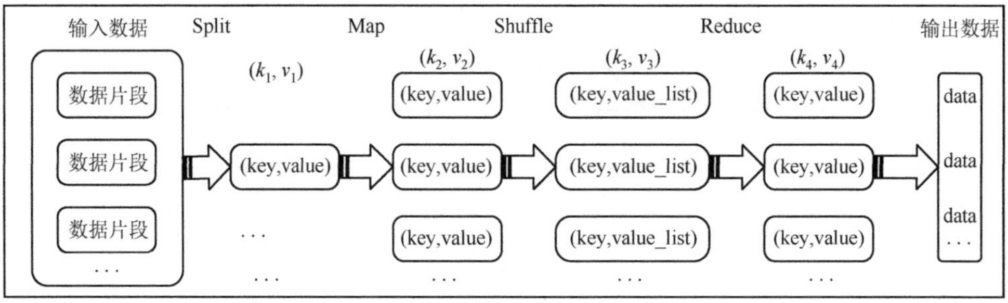


图 5.2　MapReduce 的执行流程

从输入到输出，MapReduce 经过了 Split、Map、Shuffle、Reduce 四个必不可少的逻辑阶段。事实上，在此过程中还可能有 Combine 等可选过程。其中，尽管 Shuffle 的输出是 key 和 value_list，但这时的 value_list 也可看作值的一种表现形式。因此，从整体形式上看，MapReduce 函数之间传递的都是键值对的形式。

需要额外说明的是，数据分割/数据切片（splitting）过程是输入数据到 Map 之间的一个过程，该过程将输入文件切分为逻辑上的多个切片即 InputSplit，每个切片作为 Map 函数的输入单位，最先转换为一个键值对$<k_1, v_1>$；Shuffle 作为 Map 和 Reduce 的中间过程，是 MapReduce 的核心环节，它的作用主要是对 Map 的输出结果，即<key, value_list>中的 value_list 值进行合并，例如，将<name, <1, 1, 1>>合并成<name, 3>。

表 5.1 列出了 Map 函数、Shuffle 函数和 Reduce 函数的输入和输出的具体键值对形式，从形式上看，都是以键值对作为输入，按一定的映射规则转换成另一个或一批键值对输出。

**表 5.1　Map 和 Reduce**

| 函数 | 输入<br>具体形式 | 输出<br>具体形式 | 说明 |
|---|---|---|---|
| Map | $<k_1,v_1>$ | List $<k_2,v_2>$ | 对每一个输入 $<k_1, v_1>$ 的会输出一批 $<k_2, v_2>$，$<k_2, v_2>$，作为中间结果 |
| Shuffle | $<k_2,v_2>$ | $<k_3,\mathrm{List}(v_3)>$ | 对具有相同 key 值的 $<k_2, v_2>$ 进行分区、合并，形成新的中间结果 $<k_3, \mathrm{List}(v_3)>$ |
| Reduce | $<k_3,\mathrm{List}(v_3)>$ | $<k_4,v_4>$ | 输入的中间结果 $<k_3, \mathrm{List}(v_3)>$ 中的 $\mathrm{List}(v_3)$，表示一批属于同一个 $k_3$ 值的 value，将其归约并输出 |

其中，Map 函数的输入来自分布式文件系统，从第 3 章我们知道，这些文件以块为单位存储，它们可以是文本文档，也可以是二进制格式的文档，Split 将文件再度切分成 InputSplit，InputSplit 是一系列键值对集合，这些键值对内的键和值也是任意类型的，例如，通常一个典型的文本文档，我们以一行为一个键值对，其中 key 是行的内容，value 是该行的偏移量，同一个 InputSplit 不能跨文件块存储。Map 函数将输入的元素转换成键值对的形式，键和值的类型也是任意的，其中键不具有唯一性，即使是同一输入元素，也可以通过 Map 生成具有相同键的多个键值对。Reduce 函数将输入的一系列具有相同键的键值对以某种方式组合起来，输出处理后的键值对，输出结果会合并成一个文件。

**【例 5.1】**我们要统计图 5.3 中文本中的单词词频。该文本一共有三行，对应关系如图 5.3 所示，Split 将每行作为一个 InputSplit 生成键值对 $<k_1, v_1>$，分别为<Deer Bear River，0>，<Car，Car，River，3>，<Dear Car Bear，6>输入 Map，Map 函数对每一个单词生成一个键值对 $<k_2, v_2>$，Shuffle 过程进行分区和排序，将具有相同 key 值的键值对进行合并，产生键值对 $<k_3, v_3>$，Reduce 函数进行 value 的累加，产生键值对 $<k_4, v_4>$ 并输出。

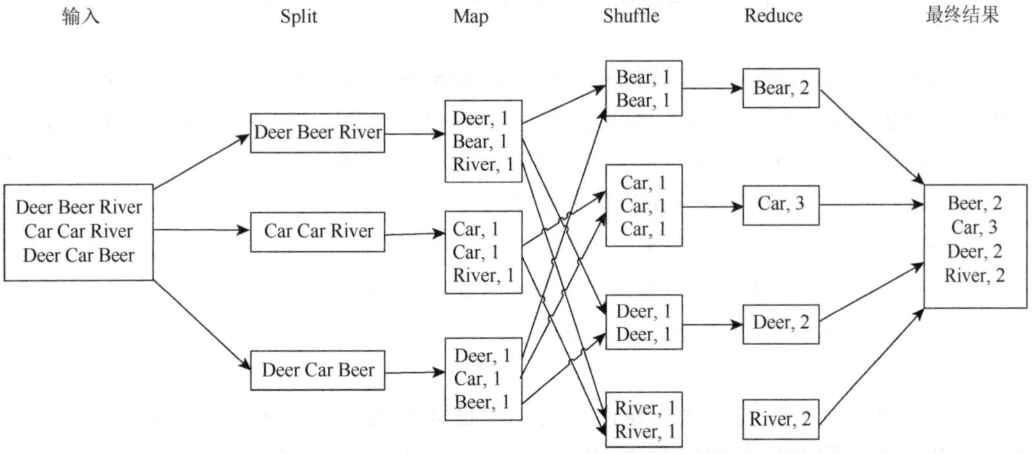


图 5.3　MapReduce 文本单词词频统计示例

## 5.2 MapReduce 的体系架构

5.1 节从函数角度解释了 MapReduce 的执行流程，这是迈向 MapReduce 编程的第一步，而从系统角度理解 MapReduce 的体系架构和工作原理，是开展 MapReduce 编程的又一基础。本节首先给出 MapReduce 的工作流程概述，其次阐述 MapReduce 的各个执行阶段，最后对 MapReduce 的核心环节——Shuffle 过程进行详细剖析。

### 5.2.1 MapReduce 的工作主体

Hadoop 的体系结构采取主从结构，它的物理视图将集群节点分为 Master 和 Slave，在这里，Master 和 Slave 是指完整的机器。而 MapReduce 框架也遵从这种主从模式，只不过它主要是从逻辑视图来划分节点：主节点称为 JobTracker，一个系统中只存在一个 JobTracker。JobTracker 负责调度作业任务，监控 Map 任务的执行情况。从节点称为 TaskTracker，在系统中可以存在多个 TaskTracker。TaskTracker 负责执行 JobTracker 指派的任务。通常 MapReduce 的节点和 HDFS 的节点是对应的，NameNode 同时也是 JobTracker，DataNode 同时也是 TaskTracker。这样的好处是可以在任务调度时把计算移动到已经拥有需要的数据的节点上，这样就可以减少移动数据的带宽开销，如表 5.2 所示。

**表 5.2 Hadoop、HDFS、MapReduce 主从结构的节点称谓**

| 项目 | 视图 | 主要描述 | 主节点 | 从节点 |
|---|---|---|---|---|
| Hadoop | 物理视图 | 系统架构 | Master | Slave/Worker |
| HDFS | 存储视图 | 存储架构 | NameNode | DataNode |
| MapReduce | 逻辑视图 | 软件架构 | JobTracker | TaskTracker |

MapReduce 由以下几个组件组成：Client、JobTracker、TaskTracker 和 Task。下面分别对这几个组件进行介绍。

（1）Client，即客户端，指集群外的一个装有 Java 虚拟环境的 Client 机器。用户在 Client 机上编写 MapReduce 程序后，系统将其视作 Job，并通过 Client 将 Job 提交到 JobTracker。同时，用户可以通过 Client 提供的一些接口查看任务的运行状态。一个 MapReduce 程序可以对应若干个 Job，而每个 Job 会被分解为若干个任务。

（2）JobTracker，即作业跟踪器，主要负责资源的监控和作业的调度，决定哪些文件参与处理，然后切割 Task 并分配节点，监控所有的 Task 的健康状态，一旦发生失败情况，JobTracker 会把相应的 Task 转移到其他节点上。每个集群只有唯一一个 JobTracker，位于 Master/NameNode 节点。

（3）TaskTracker，即任务跟踪器，它会周期性地通过心跳机制将自己所在的节点上的资源情况和使用情况及任务的运行进度汇报给 JobTracker。同时接收 JobTracker 发送的命令并执行相应的操作（如启动/终止任务等）。每个集群中的每个 Slave/Worker/DataNode 节点只有一个 TaskTracker，但一个 TaskTracker 可以启动多个 JVM，用于并行执行 Map 或 Reduce 任务。

（4）Task，即任务。Task 分为 MapTask（Map 任务）和 ReduceTask（Reduce 任务）两种，均由 TaskTracker 启动。HDFS 固定大小的 Block 为基本单位存储数据，而对应于 MapReduce 而言，其处理单位是 Split。Split 与 Block 互相对应，Block 是一个物理概念，Split 是一个逻辑概念，它只包含一些元数据信息，如数据起始位置、数据长度、数据所在节点等。

图 5.4 显示了一个集群运行 MapReduce 的 Task 的物理视图，一个集群中，JobTracker 位于 NameNode，TaskTracker 位于 DataNode。Job 由 MapReduce 程序产生，Job 提交给 Master 节点后，JobTracker 会记录 Job 的运行情况，同时 JobTracker 会与搭载 TaskTracker 的 DataNode 通信，确定 TaskTracker 后，相关 TaskTracker 会开始在本地计算，最后获得运行结果。

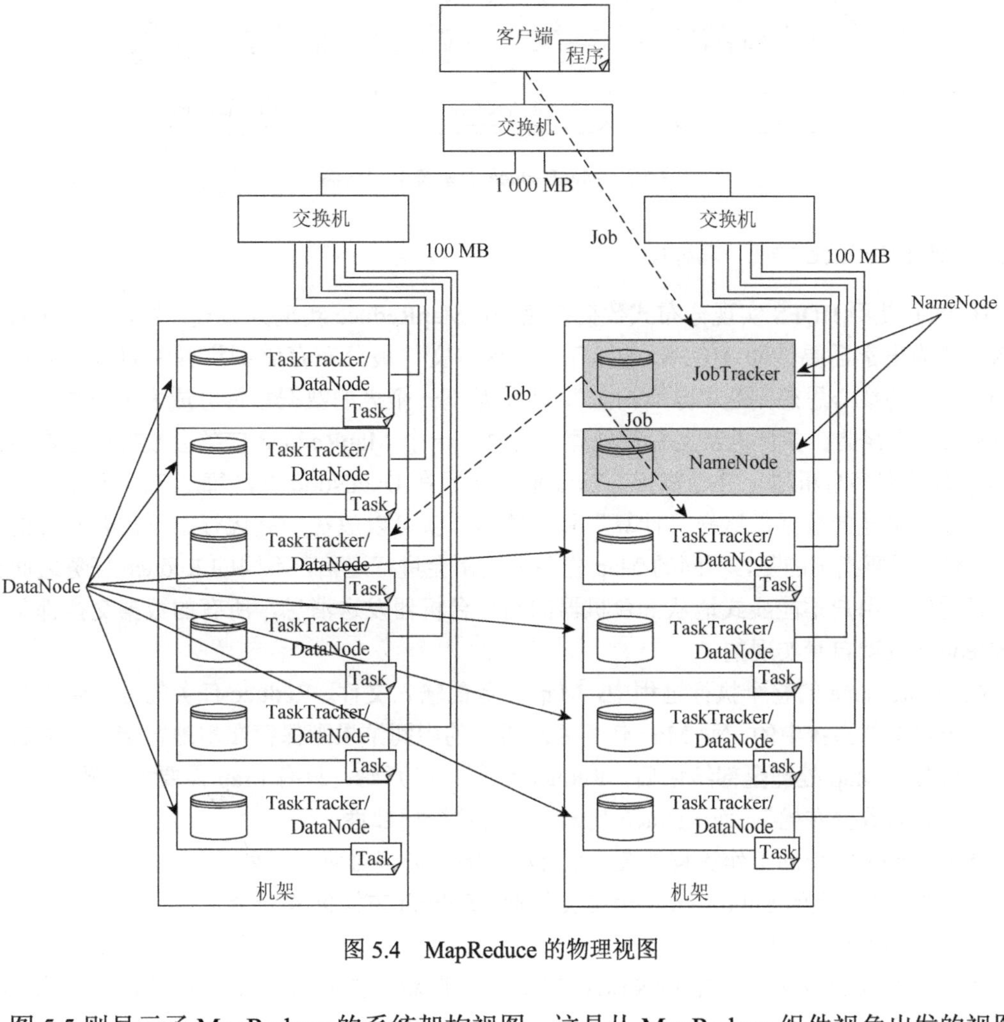


图 5.4　MapReduce 的物理视图

图 5.5 则显示了 MapReduce 的系统架构视图，这是从 MapReduce 组件视角出发的视图。其中，心跳机制是指，当 JobTracker 建立起自己的 Job 列表后，将向 NameNode 询问有关数据在哪些 DataNode 里面，然后 JobTracker 将和 TaskTracker 建立每分钟一次的心跳联系，就可以知道哪些 TaskTracker 可以参与到 Job 计算中来，如果某些 DataNode 比较繁忙，就会减少它的 Task，相反就会增加。

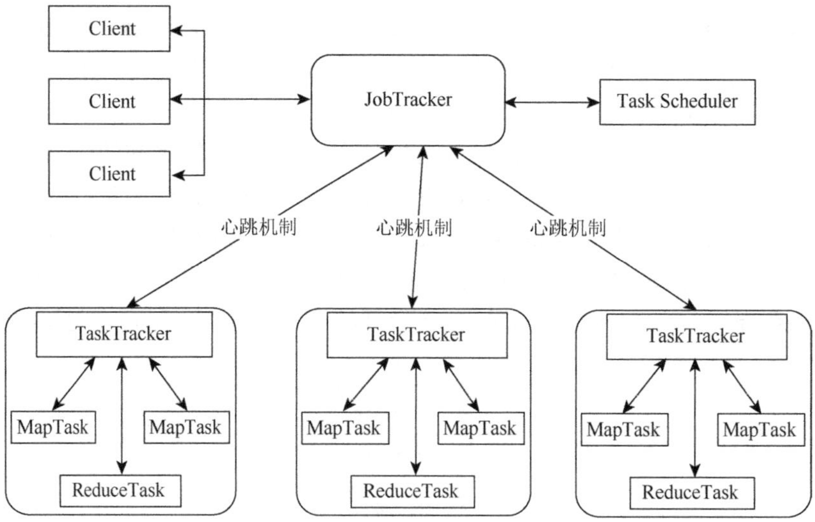


图 5.5　MapReduce 的系统架构视图

### 5.2.2　MapReduce 的工作流程

Hadoop 使用 HDFS 实现分布式数据存储，用 MapReduce 实现分布式计算，而 MapReduce 的输入和输出都需要借助 HDFS 进行存储，这些文件被分布存储到集群中的多个节点上。MapReduce 的核心思想则是“分而治之”，也就是把一个大的数据集拆分成多个小数据块，以 HDFS 的方式存储在多台机器上并行处理。同时，一个 MapReduce 任务会被拆分成许多个小的 Map 任务在多台机器上并行执行，Task 通常运行在 DataNode 上，每个 Task 计算以 HDFS 形式存储于本地的数据，这样“计算”和“数据”就可以放在一起运行，不需要额外的数据传输开销。需要指出的是，不同的 Map 任务之间不会进行通信，不同的 Reduce 任务之间也不会进行通信；用户不能显式地从一台机器向另一台机器发送消息，所有的数据交换都是通过 MapReduce 框架自身实现的。

在 MapReduce 的整个执行过程中，Map 任务的输入文件、Reduce 任务的处理结果都是保存在分布式文件系统中的，而 Map 任务处理得到的中间结果则保存在本地存储中（如磁盘）。另外，只有当 Map 处理全部结束后，Reduce 过程才能开始；只有 Map 需要考虑数据局部性，实现“计算向数据靠拢”，而 Reduce 则无须考虑数据局部性。

MapReduce 实现的工作流程如图 5.6 所示，图中数字对应于下列序号。

（1）调用 Job 类的 Submit 方法来提交作业。Submit 方法创建一个 JobSummitter 实例并调用其 submitJobInternal 方法。

（2）调用 JobTracker 类的 getNewJobId 方法获取新的作业 ID。然后检查作业的输入输出配置是否正确。

（3）把运行作业需要的资源复制到分布式文件系统中以作业 ID 命名的目录中。

（4）调用 JobTracker 的 submitJob 方法通知 JobTracker 作业已经可以执行了。

（5）JobTracker 的 submitJob 方法被调用后，它把作业放入一个内部的队列中，作业调度器会读取这个队列并初始化其中的作业。初始化过程会创建一个表示正在运行的作业的对象，这个对象保存了作业的 Map 任务、Reduce 任务、执行进度等信息。

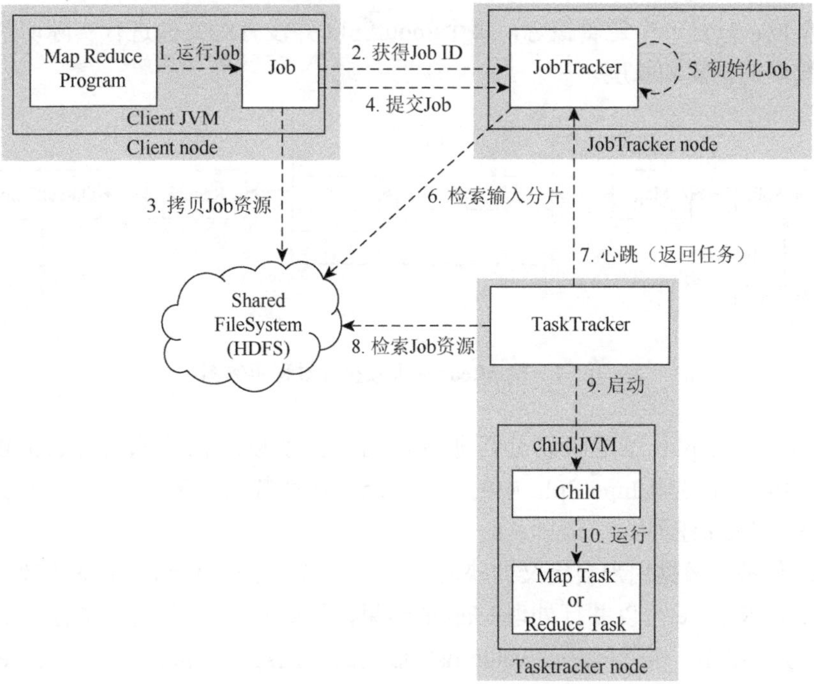


图 5.6　MapReduce 实现的工作流程

（6）作业调度器从分布式文件系统中读取输入数据块，为每个数据块创建一个 Map 任务。

（7）TaskTracker 定期发送心跳信息给 JobTracker。发送心跳信息有两个目的：一是告知 JobTracker 自己还在工作中；二是告知 JobTracker 自己是否空闲，如果空闲，那么 JobTracker 会通过心跳信息向 TaskTracker 分派一个新任务。

（8）TaskTracker 被分派任务后，首先从分布式文件系统中读取完成任务所需的资源，如作业 JAR 文件、输入数据块等。然后在本地文件系统中创建一个工作目录，把作业 JAR 文件解压到这个目录，之后创建一个 TaskRunner 实例来运行任务。

（9）TaskRunner 为每个任务启动一个 JVM。

（10）TaskRunner 执行任务。

### 5.2.3　MapReduce 的执行过程

从单纯的数据逻辑角度来看，MapReduce 需要经历：①分布式文件系统数据；②InputFormat 模块进行逻辑切分，切分成 InputSplit；③RecordReader（RR）模块物理切分；④作为 Map 输入的键值对；⑤作为 Map 输出的键值对；⑥分区（partition）；⑦排序（sort）；⑧合并（combine）；⑨归并（merge）；⑩Reduce 合并；⑪OutputFormat 模块进行验证并输出。

其中，第⑥、⑦、⑧一起被视作 Map 和 Reduce 的中间步骤 Shuffle（洗牌）过程，如图 5.7 所示。

MapReduce 算法具体的执行过程如下。

（1）首先使用 InputFormat 模块做 Map 前的预处理，如验证输入的格式是否符合输入定义；然后，将输入文件切分为逻辑上的多个 InputSplit，InputSplit 是 MapReduce 对文件进行处理和运算的输入单位，只是一个逻辑概念，每个 InputSplit 并没有对文件进行实际切割，只是记录了要处理的数据的位置和长度。

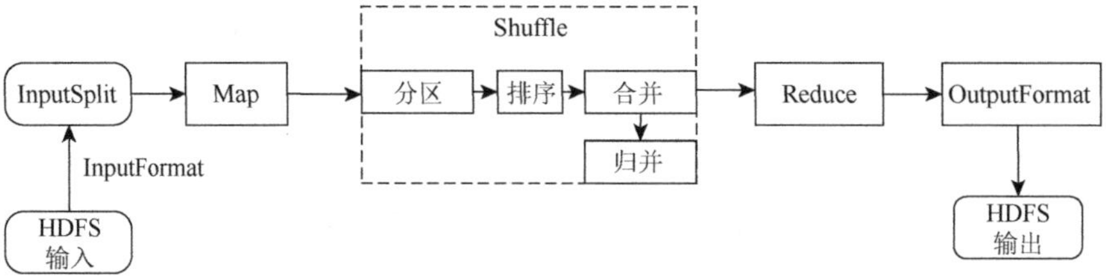


图 5.7　MapReduce 大致执行过程示例图

（2）因为 InputSplit 是逻辑切分而非物理切分，所以还需要通过 RecordReader 根据 InputSplit 中的信息来处理 InputSplit 中的具体记录，加载数据并转换为适合 Map 任务读取的键值对，输入给 Map 任务。

（3）Map 任务会根据用户自定义的映射规则，输出一系列<key，value>作为中间结果。

（4）为了让 Reduce 可以并行处理 Map 的结果，需要对 Map 的输出进行一定的分区、排序、合并、归并等操作，得到<key，value-list>形式的中间结果，再交给对应的 Reduce 进行处理，这个过程称为 Shuffle。从无序的<key，value>到有序的<key，value-list>，这个过程用 Shuffle 来称呼是非常形象的。

（5）Reduce 以一系列<key，value-list>中间结果作为输入，执行用户定义的逻辑，输出结果给 OutputFormat 模块。

（6）OutputFormat 模块会验证输出目录是否已经存在以及输出结果类型是否符合配置文件中的配置类型，如果都满足，就输出 Reduce 的结果到分布式文件系统。

MapReduce 工作流程中的各个执行阶段，具体如图 5.8 所示。

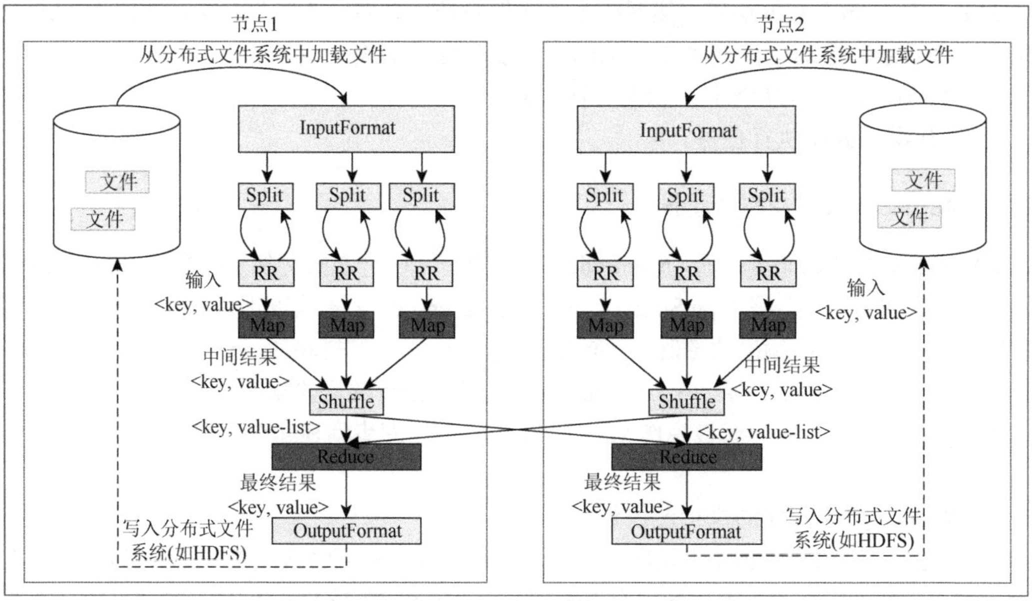


图 5.8　MapReduce 工作流程中的各个执行阶段

### 5.2.4　Map 任务和 Reduce 任务

当我们需要编写一个简单的 MapReduce 程序时，只需实现 Map()和 Reduce()两个函数即可。但是，从作业和任务角度来看，一旦将作业提交到集群上后，Hadoop 内部会将这两个函数封装到 MapTask 和 ReduceTask 两个组件中，同时将它们调度到多个节点上并行执行。因此，Task 的分配过程又可视为 MapTask 和 ReduceTask 的组合执行过程。

MapTask 分为 Read、Map、Collect、Spill 和 Combine 五个阶段，ReduceTask 分为成 Shuffle、Merge、Sort、Reduce 和 Write 五个阶段，如图 5.9 所示。

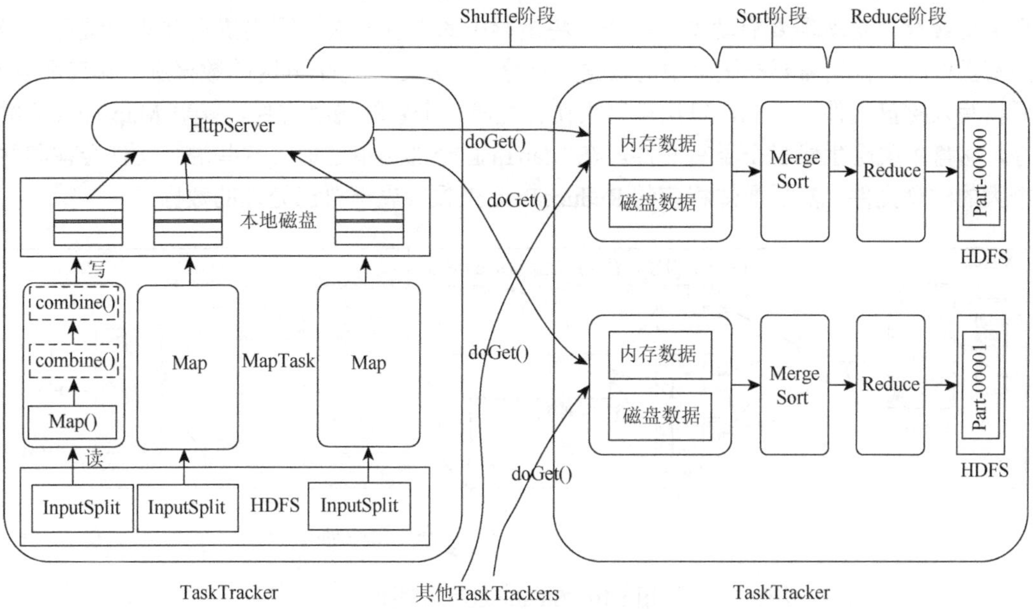


图 5.9　MapTask 和 ReduceTask

对于 MapTask 而言，它的执行过程可概述为：首先，通过用户提供的 InputFormat 将对应的 InputSplit 解析成一系列键值对，并依次交给用户编写的 Map()函数处理；接着按照指定的分区对数据分片，以确定每个键值对将交给哪个 ReduceTask 处理；之后将数据交给用户定义的组件进行一次本地 Reduce 操作（若用户没有定义则直接跳过）；最后将处理结果保存到本地磁盘上。

对于 ReduceTask 而言，由于它的输入数据来自各个 MapTask，所以首先需通过 HTTP 请求从各个已经运行完成的 MapTask 上复制对应的数据分片，待所有数据复制完成后，再以 key 为关键字对所有数据进行排序，通过排序，key 相同的记录聚集到一起形成若干分组，然后将每组数据交给用户编写的 Reduce()函数处理，并将数据结果直接写到 HDFS 上作为最终的输出结果。

## 5.3　Shuffle 的具体过程

我们已经知道，在 Map 和 Reduce 之间还有一个 Shuffle 过程。所谓 Shuffle，是指对 Map

的输出结果进行分区、排序、合并等一系列处理并交给 Reduce 的过程，它是 MapReduce 工作的核心环节，理解 Shuffle 过程对我们理解 MapReduce 至关重要。

### 5.3.1　Shuffle 过程简介

由图 5.7 可知，Shuffle 过程主要分为分区、排序、合并和归并。在总体上，Shuffle 过程又可分为 Map 端的操作和 Reduce 端的操作，前三个过程（分区、排序和合并）称为“溢写（Spill）”过程，发生在 Map 端，而归并又分为“文件归并”和“结果归并”，前者发生在 Map 端，后者发生在 Reduce 端。

如图 5.10 所示，在 Map 端，随着 Map 任务的执行，缓存中的 Map 结果会不断增加，甚至会溢出缓存，这就需要启动溢写操作：将缓存中的内容一次性写出磁盘并清空缓存。当启动溢写操作时，首先需要把缓存中的数据进行分区，然后对每个分区的数据进行排序和合并，之后再写入磁盘文件。因此，每次溢写操作会生成一个新的磁盘文件，随着 Map 任务的继续执行，磁盘中就会生成多个溢写文件。在 MapTask 全部结束之前，这些溢写文件会被归并成一个大的磁盘文件，然后通知相应的 ReduceTask 来领取属于自己处理的数据。

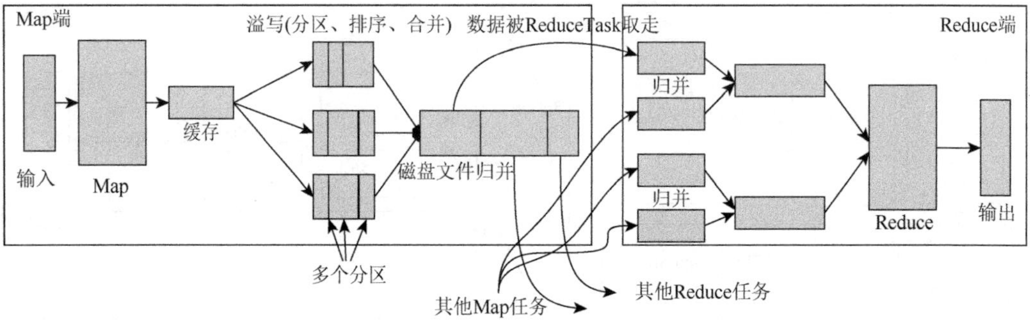


图 5.10　Shuffle 过程示例图

如图 5.11 所示，在 Reduce 端，不同 Map 机器从 Map 端领回属于自己处理的那部分数据，然后对数据进行归并后交给 Reduce 处理。下面详细介绍 Map 端和 Reduce 端的具体 Shuffle 过程。

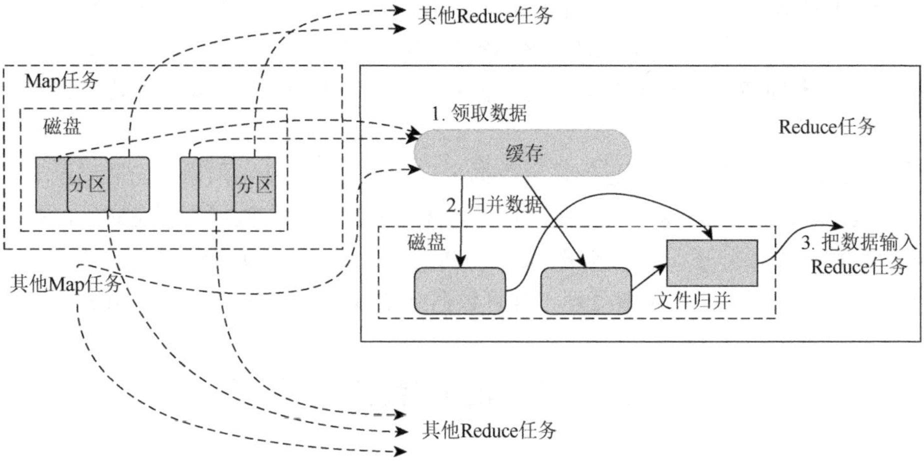


图 5.11　Reduce 端的 Shuffle 过程

### 5.3.2　输入数据和执行 Map 任务

图 5.10 和图 5.11 展示了整个 Shuffle 过程。首先，在数据方面，Map 任务的输入数据一般保存在 HDFS 中，以 Blocks 的方式保存，格式任意；在经过 Splits 函数处理后，按一定的映射规则转换成键值对的形式输出，作为 Map 函数的输入。

其次，在计算方面，一个大的任务会被切分为多个小的 Map 任务，每个 Map 任务被分配一个缓存，Map 函数被执行后的输出结果不是立即写入磁盘，而是先写入缓存，这样，在缓存中积累一定数量的被 Map 函数处理后的键值对数据以后，再一次性批量写入磁盘，这样可以减少对磁盘 I/O 的影响。这是因为，磁盘包含机械部件，它是通过磁头移动和盘片的转动来寻址定位数据的，每次寻址的开销很大，如果每个 Map 的输出结果都直接写入磁盘，会引入很多次寻址开销，而一次性批量写入，就只需要一次寻址、连续写入，大大降低了开销。需要注意的是，在写入缓存之前，key 与 value 值都会被序列化成字节数组，如图 5.12 所示。

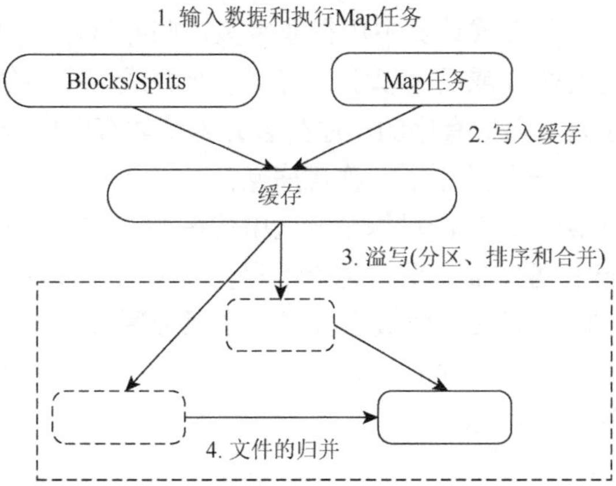


图 5.12　Map 端的 Shuffle 过程示例图

### 5.3.3　Partition 操作

由上可知，系统提供给 Map 和 Reduce 任务执行的缓存是有限的，默认大小是 100 MB。随着 Map 任务的执行，缓存中 Map 结果的数量会不断增加，很快就会占满整个缓存。这时，就必须启动溢写操作，把缓存中的内容一次性写入磁盘，并清空缓存。溢写的过程通常是由另外一个单独的后台线程来完成的，不会影响 Map 结果往缓存写入，但是为了保证 Map 结果能够不停地持续写入缓存，不受溢写过程的影响，就必须让缓存中一直有可用的空间，不能等到全部占满才启动溢写过程，所以一般会设置一个溢写比例，如 0.8，也就是说，当 100 MB 大小的缓存被写入 80 MB 数据，剩余 20 MB 空间供 Map 结果继续写入。因此，溢写操作实际上是一种内存到磁盘的“写”控制机制，缓存比例可以根据实际情况设定。

在溢写之前，缓存中的数据首先会被分区。因为 Map 任务执行完成之后，需要确定输出结果作为哪一个 Reduce 端的输入，而 Partition 的作用就是将 Map 端的输出结果与 Reduce 端进行对应。在这里，MapReduce 默认采用哈希函数操作，以使 Map 端输出的键值对均匀分布在各 Reduce 端。哈希函数可简单表示成 Hash(key) mod $R$ 。其中，key 表示 Map 端输出键值对中的 key 值，*R* 表示 Reduce 任务的数量。MapReduce 的默认分区类是基类 Partitioner，如果需要定制 Partitioner，需要继承此类。

### 5.3.4 Sort 操作

排序实际上贯穿于整个 MapReduce 过程。在 Map 端输出键值对后，先将其写入内存缓冲区，当达到设定的阈值，在刷写磁盘之前，后台线程会将缓冲区的数据划分成相应的分区，对于每个分区内的所有键值对，后台线程会根据它们的 key 值进行内存排序，即在内存上进行排序并产生排序结果。值得一说的是，排序操作属于 MapReduce 计算框架的默认行为，不管流程是否需要，都会进行排序。

MapReduce 主要用到了两种排序方法：快速排序和归并排序。

快速排序：通过一趟排序将要排序的数据分割成独立的两部分，其中一部分的所有数据比另外一部分的所有数据都小，然后再按此方法对这两部分数据分别进行快速排序，整个排序过程可以递归进行，以使整个数据成为有序序列。

归并排序：归并排序在分布式计算中用得非常多，归并排序本身就是一个采用分治法的典型应用。归并排序是将两个（或两个以上）有序表合并成一个新的有序表，即把待排序序列分为若干个有序的子序列，再把有序的子序列合并为整体有序序列。

在 MapReduce 过程中，一共发生了三次排序操作。

第一次排序即在 Map 函数之后，对每个分区中的键值对按 key 值进行排序。

第二次排序即在 Map 任务完成之前，磁盘上存在多个已经分好区并排好序的、大小和缓冲区一样的溢写文件，这时溢写文件将被合并成一个已分区且已排序的输出文件。由于溢写文件已经经过第一次排序，所以合并文件时只需要再做一次排序就可使输出文件整体有序。第一次和第二次排序如图 5.13 所示。

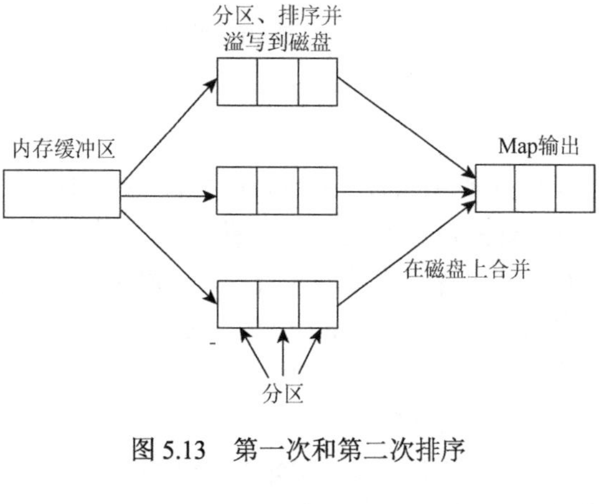


图 5.13 第一次和第二次排序

第三次排序即在 Shuffle 阶段，需要将多个 Map 任务的输出文件合并，由于经过第二次排序，所以合并文件时只需要再做一次排序就可输出文件。第三次排序如图 5.14 所示。

### 5.3.5 Combine 操作

排序结束后，还包含一个合并操作。合并操作是可选操作，如果用户事先没有定义

Combiner 函数，就不用进行合并操作。如果用户事先定义了 Combiner 函数，那么这个时候会执行合并操作，从而减少需要溢写到磁盘的数据量。

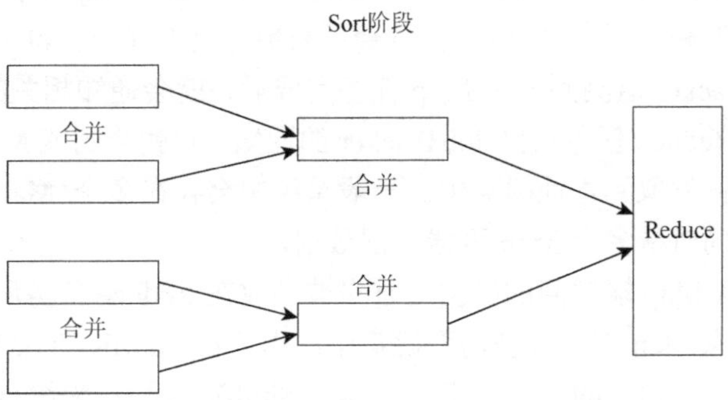


图 5.14　第三次排序

所谓“合并”，是指将那些具有相同 key 的键值对的 value 累加起来。例如，有两个键值对<“test”，1>和<“test”，1>，经过合并操作以后就可以得到一个键值对<“test” 2>，减少了键值对的数量。这里需要注意，Map 端的这种合并操作，其实和 Reduce 的功能相似，但是由于 Combine 操作发生在 Map 端，所以我们称它为“合并”，从而有别于 Reduce 中的归并操作。不过，并非所有场合都可以使用 Combiner，因为 Combiner 的输出是 Reduce 任务的输入，Combiner 不能改变 Reduce 任务最终的计算结果。一般而言，累加、最大值等场景可以使用合并操作。

经过分区、排序以及可能发生的合并操作之后，在缓存中的键值对就可以被写入磁盘，并清空缓存。每次溢写操作都会在磁盘中生成一个新的溢写文件，写入溢写文件中的所有键值对都是经过分区和排序的。进入 Reduce 端之后，就会对键值对进行归并操作。

### 5.3.6　Merge 操作

所谓“归并”，是指将具有相同 key 值的键值对归并成一个新的键值对。例如，对如下键值对$<k_1, v_1>$，$<k_1, v_1>, \cdots, <k_1, v_n>$进行归并后，则形成一个新的键值对$<k_1, <v_1, v_2,\cdots, v_n>>$。这一点和上面的 Combine 操作不同，Combine 操作是对 value 的累加，形成不了 value-list，而 Merge 操作形成的是<key，value-list>。

Map 端和 Reduce 端都有 Merge 操作。Map 端的 Merge 操作主要是对溢写的文件进行归并，这是因为每次溢写操作都会在磁盘中生成一个新的溢写文件，随着 MapReduce 任务的进行，溢写文件的数量会越来越多。最终，在 Map 任务全部结束之前，系统会对所有溢写文件中的数据进行归并，即对文件集中所有键值对进行归并，并将生成一个大的溢写文件，这个大的溢写文件中的所有键值对也是经过分区和排序的。

经过分区、排序、合并及归并 4 个步骤以后，Map 端的 Shuffle 过程全部完成，最终生成的一个大文件会被存放在本地磁盘上。这个大文件中的数据是被分区的，不同的分区会被发送到不同的 Reduce 任务进行并行处理。JobTracker 会一直监测 Map 任务的执行，当监测到一个 Map 任务完成后，就会立即通知相关的 Reduce 任务来“领取”数据，然后开始 Reduce 端的 Shuffle 过程。

相对于 Map 端而言，Reduce 端的 Shuffle 过程非常简单，只需要从 Map 端读取 Map 结果，然后执行归并操作，最后输送给 Reduce 任务进行处理。

（1）“领取”数据。Map 端的 Shuffle 过程结束后，所有 Map 输出结果都保存在 Map 机器的本地磁盘上，Reduce 任务需要把这些数据“领取”回来存放到自己所在机器的本地磁盘上。因此，在每个 Reduce 任务真正开始之前，它大部分时间都在从 Map 端把属于自己处理的那些分区的数据“领取”过来，每个 Reduce 任务会不断地通过 RPC 向 JobTracker 询问 Map 任务是否已经完成；JobTracker 监测到一个 Map 任务完成后，就会通知相关的 Reduce 任务来“领取”数据；一旦一个 Reduce 任务收到 JobTracker 的通知，它就会到该 Map 任务所在机器把属于自己处理的分区数据领取到本地磁盘中。一般系统中会存在多个 Map 机器，因此 Reduce 任务会使用多个线程同时从多个 Map 机器领回数据。

（2）归并数据。从 Map 端领回的数据会首先被存放在 Reduce 任务所在机器的缓存中，如果缓存被占满，就会像 Map 端一样被写到磁盘中。由于在 Shuffle 阶段 Reduce 任务还没有真正开始执行，这时可以把内存的大部分空间分配给 Shuffle 过程作为缓存。需要注意的是，系统中一般存在多个 Map 机器，Reduce 任务会从多个 Map 机器领回属于自己处理的那些分区的数据，因此缓存中的数据是来自不同的 Map 机器的，一般会存在很多可以合并的键值对。当溢写过程启动时，具有相同 key 的键值对会被归并，如果用户定义了 Combiner，则归并后的数据还可以执行合并操作，减少写入磁盘的数据量。每个溢写过程结束后，都会在磁盘中生成一个溢写文件，因此磁盘上会存在多个溢写文件。最终，当所有的 Map 端数据都已经被领回时，与 Map 端类似，多个溢写文件会被归并成一个大文件，归并的时候还会对键值对进行排序，从而使最终大文件中的键值对都是有序的。当然，在数据很少的情形下，缓存可以存储所有数据，就不需要把数据溢写到磁盘，而是直接在内存中执行归并操作，然后直接输出给 Reduce 任务。需要说明的是，把磁盘上的多个溢写文件归并成一个大文件可能需要执行多轮归并操作。每轮归并操作可以归并的文件数量是由参数 io.sort.factor 的值来控制的（默认值是 10，可以修改）。假设磁盘中生成了 50 个溢写文件，每轮可以归并 10 个溢写文件，则需要经过 5 轮归并，得到 5 个归并后的大文件。

（3）把数据输入给 Reduce 任务。磁盘中经过多轮归并后得到的若干个大文件，不会继续归并成一个新的大文件，而是直接输入给 Reduce 任务，这样可以减少磁盘读写开销。由此，整个 Shuffle 过程顺利结束。接下来，Reduce 任务会执行 Reduce 函数中定义的各种映射，输出最终结果，并保存到分布式文件系统中（如 GFS 或 HDFS）。

## 5.4 MapReduce 的数学应用

MapReduce 可以很好地应用于各种计算问题，下面以关系代数运算、分组与聚合运算、矩阵-向量乘法、矩阵乘法为例，介绍如何采用 MapReduce 计算模型来实现各种运算。

### 5.4.1 在关系代数运算中的应用

针对数据的很多运算，都可以很容易地采用数据库查询语言来表达，即使这些查询本身并不在数据库管理系统中执行。关系数据库中的关系可以看成由一系列行与列组成的一张表，其中的行称为元组（tuple），属性的集合称为关系的模式。下面介绍基于 MapReduce 模型的关系的标准运算，包括选择、投影、并、交、差以及自然连接。

**1. 关系的选择运算**

对于关系的选择运算，只需要Map过程就能实现，对于关系$R$中的每个元组$t$，检测是否是满足条件的所需元组，若满足条件，则输出键值对$<t,t>$，也就是说，键和值都是$t$。这时的Reduce函数就只是一个恒等式，对输入不做任何变换就直接输出。

**2. 关系的投影运算**

假设对关系$R$投影后的属性集为$S$，在Map函数中，对于$R$中的每个元组$t$，剔除$t$中不属于$S$的字段得到元组$t'$，输出键值对$<t',t'>$。对于Map任务产生的每个键$t'$，可能存在一个键值对$<t',t'>$，因此需要通过Reduce函数把属性值完全相同的元组合并起来得到$<t',<t',t',t',\cdots>>$，剔除冗余后只输出一个$<t',t'>$。

**3. 关系的并、交、差运算**

对两个关系求并集时，Map任务将两个关系的元组转换成键值对$<t,t>$，Reduce任务则是一个剔除冗余数据的过程（合并到一个文件中）。

对两个关系求交集时，使用与并集相同的Map过程，在Reduce过程中，若键$t$有两个相同值与它关联，则输出一个元组$<t,t>$，若与键关联的只有一个值，则输出空值。

对两个关系求差时，Map过程产生的键值对不仅要记录元组的信息，还要记录该元组来自哪个关系（$R$或$S$），Reduce过程中按键值相同的$t$合并后，与键$t$相关联的值如果只有$R$（说明该元组只属于$R$，不属于$S$），就输出元组，其他情况均输出空值。

**4. 关系的自然连接运算**

在MapReduce环境下执行两个关系的连接操作的方法如下：假设关系$R(A,B)$和$S(B,C)$都存储在一个文件中，为了连接这些关系，必须把来自每个关系的各个元组都和一个键关联，这个键就是属性$B$的值。可以使用Map过程把来自$R$的每个元组$<a,b>$转换成一个键值对$<b,<R,a>>$，其中的键就是$b$，值就是$<R,a>$。注意，这里把关系$R$包含到值中，这样做使我们可以在Reduce阶段，只把那些来自$R$的元组和来自$S$的元组进行匹配。类似地，可以使用Map过程把来自$S$的每个元组$<b,c>$转换成一个键值对$<b,<S,c>>$，键是$b$，值是$<S,c>$。Reduce进程的任务就是，把来自关系$R$和$S$的具有共同属性$B$值的元组进行合并。这样，所有具有特定$B$值的元组必须被发送到同一个Reduce进程。假设使用$k$个Reduce进程，这里选择一个哈希函数$h$，它可以把属性$B$的值映射到$k$个哈希桶，每个哈希值对应一个Reduce进程，每个Map进程把键是$b$的键值对都发送到与哈希值$h(b)$对应的Reduce进程，Reduce进程把连接后的元组$<a,b,c>$写到一个单独的输出文件中。

图5.15以某工厂接到的订单与仓库货存为例，演示了关系的自然连接运算的MapReduce过程。

### 5.4.2　分组与聚合运算

词频计算就是典型的分组聚合运算。在Map过程中，选择关系的某一字段（也可以是某些属性构成的属性表）的值作为键，其他字段的值作为与键相关联的值。将该键值对输入Reduce过程后，对相同键相关联的值施加某种聚合运算，如SUM（求和）、COUNT（计数）、AVG（求平均值）、MIN和MAX（求最小/最大值）等，输出则为<键，聚合运算结果>。

### 5.4.3　矩阵-向量乘法

假定一个$n$维向量$\boldsymbol{V}$，其第$j$个元素记为$v_j$，假定一个$n\times n$的矩阵$\boldsymbol{M}$，其第$i$行、第$j$列

元素记为 $m_{ij}$，则矩阵 $\boldsymbol{M}$ 和向量 $\boldsymbol{V}$ 的乘积是一个 $n$ 维向量 $X$，其第 $i$ 个元素为 $x_i = \sum_{j=1}^{n} m_{ij} v_j$。

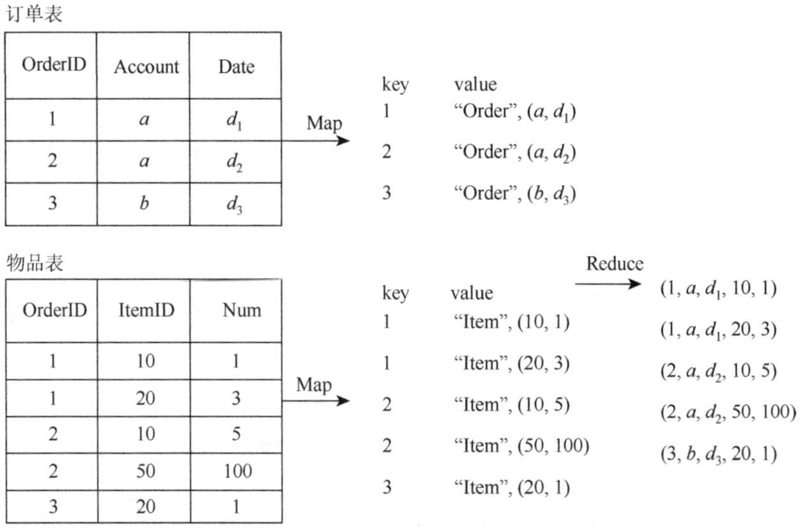


图 5.15　基于 MapReduce 关系的自然连接运算实例

矩阵 $\boldsymbol{M}$ 和向量 $\boldsymbol{V}$ 各自会在分布式文件系统（如 HDFS）中存成一个文件。假定我们可以获得矩阵元素的行列下标，如通过矩阵元素在文件中的位置来获得，或者从元素显示存储的三元组 $<i, j, m_{ij}>$ 中获得。计算矩阵和向量乘法的 Map 和 Reduce 函数可以按照以下方式设计。

（1）Map 函数。每个 Map 任务将整个向量 $\boldsymbol{V}$ 和矩阵 $\boldsymbol{M}$ 的一个文件块作为输入。对每个矩阵元素 $m_{ij}$，Map 任务会产生键值对 $<i, m_{ij}v_j>$。因此，计算 $x_i$ 的所有 $n$ 个求和项 $m_{ij}v_j$ 的键都相同，即都是 $i$。

（2）Reduce 函数。Reduce 任务将所有与给定键 $i$ 关联的值相加即可得到 $<i, x_i>$。

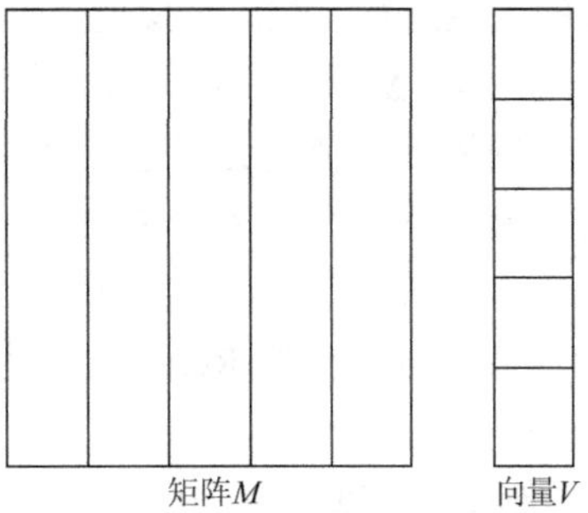


图 5.16　矩阵 $\boldsymbol{M}$ 和向量 $\boldsymbol{V}$ 的分割示意图

如果 $n$ 值过大，使向量 $\boldsymbol{V}$ 无法完全放入内存，那么在计算过程中就需要多次将向量的一部分导入内存，这就会导致大量的磁盘访问。一种替代方案是，将矩阵分割成多个宽度相等的垂直条，同时将向量分割成同样数目的水平条，每个水平条的高度等于矩阵垂直条的宽度。图 5.16 是上述分割的示意图，其中矩阵和向量都分割成 5 个条。

矩阵第 $i$ 个垂直条只和第 $i$ 个水平条相乘。因此，可以将矩阵的每个条存成一个文件，同样，将向量的每个条存成一个文件。矩阵某个条的一个文件块及对应的完整向量条输送到每个 Map 任务。然后，Map 任务和 Reduce 任务可以按照上述过程来运行。

### 5.4.4　矩阵乘法

矩阵 $\boldsymbol{M}$ 第 $i$ 行、第 $j$ 列的元素记为 $m_{ij}$，矩阵 $\boldsymbol{N}$ 第 $j$ 行、第 $k$ 列的元素记为 $n_{jk}$，矩阵

$\boldsymbol{P}=\boldsymbol{M}\times\boldsymbol{N}$，其第 $i$ 行、第 $k$ 列的元素为 $\boldsymbol{P}_{ik}=\sum_{j}m_{ij}n_{jk}$。

我们可以把矩阵看成一个带有三个属性的关系：行下标、列下标和值。因此，矩阵 $M$ 可以看成关系 $\boldsymbol{M}$，记为 $\boldsymbol{M}(I,J,V)$，元组为 $<i,j,m_{ij}>$，矩阵 $\boldsymbol{N}$ 可以看成关系 $\boldsymbol{N}$，记为 $\boldsymbol{N}(J,K,W)$，元组为 $<j,k,n_{jk}>$。

矩阵乘法可以看作一个自然连接运算再加上分组聚合运算。关系 $\boldsymbol{M}$ 和 $\boldsymbol{N}$ 根据公共属性 $J$ 将每个元组连接得到元组 $<i,j,k,v,w>$，这个五字段元组代表了两个矩阵的元素对 $<m_{ij},n_{jk}>$，对矩阵元素进行求积运算后可以得到四字段元组 $<i,j,k,v\times w>$，然后可以进行分组聚合运算，其中，$i$、$k$ 是分组属性，$v\times m$ 的和是聚合结果。综上所述，矩阵乘法可以通过两个 MapReduce 运算的串联来实现，整个过程如下。

**1. 自然连接阶段**

Map 函数：对每个矩阵元素 $m_{ij}$ 产生一个键值对 $<j,<M,i,m_{ij}>>$，对每个矩阵元素 $n_{jk}$ 产生一个键值对 $<j,<N,k,n_{jk}>>$。

**2. 分组聚合阶段**

Map 函数：对自然连接阶段产生的键值对 $<j,<<i_1,k_1,v_1>,<i_2,k_2,v_2>,\cdots,<i_p,k_p,v_p>>>$（其中，每个 $v_q$ 是对应的 $m_{qj}$ 和 $n_{jq}$ 的乘积），Map 任务会产生 $p$ 个键值对 $<<<i_1,k_1>,v_1>$, $<<i_2,k_2>,v_2>,\cdots,<<i_p,k_p>,v_p>>$。

Reduce 函数：对每个键 $<i,k>$，计算与此键关联的所有值的和，结果记为 $<<i,k>,v>$，其中，$v$ 就是矩阵 $P$ 的第 $i$ 行、第 $k$ 列的值。

## 5.5　习题与思考

（1）试述 MapReduce 和 Hadoop 的关系。

（2）MapReduce 计算模型的核心是 Map 函数和 Reduce 函数，试述这两个函数各自的输入、输出以及处理过程。

（3）试述 MapReduce 的工作流程（需包括提交任务、Map、Shuffle、Reduce 的过程）。

（4）MapReduce 中有这样一个原则：移动计算比移动数据更经济。试述什么是本地计算，并分析为何要采用本地计算。

（5）早期版本的 HDFS，其默认块大小为 64 MB，而较新的版本默认为 128 MB，采用较大的块具有什么影响和优缺点？

（6）MapReduce 程序的输入文件、输出文件都存储在 HDFS 中，而 Map 任务完成时的中间结果则存储在本地磁盘中。试分析中间结果存储在本地磁盘而不是 HDFS 上有何优缺点。

（7）简述 MapReduce 的功能和技术特征。

（8）是否所有的 MapReduce 程序都需要经过 Map 和 Reduce 这两个过程？如果不是，请举例说明。

（9）TaskTracker 出现故障会有什么影响？该故障是如何处理的？

# 第 6 章　MapReduce 实践案例

本书前 5 章主要在理论上讨论了分布式基础架构 Hadoop，以及实现 Hadoop 的两大核心：HDFS 和 MapReduce，我们已经知道，MapReduce 的核心是 Map 和 Reduce 两个函数。实际上，这两个函数在 Hadoop 中被封装成两个类，负责处理并行计算中的各种复杂问题，如工作调度、负载均衡、网络通信等，而使用 Hadoop 的程序员只需要关注如何实现 Map 和 Reduce。也就是说，普通用户只需要理解 Map 和 Reduce 执行逻辑，就可以利用它们编写各种各样的 MapReduce 程序，处理各种分布式问题，这就是在第 5 章我们只对 MapReduce 理论进行叙述的原因。本章给出两个实验案例，来阐述采用 MapReduce 解决实际问题的具体实现过程。

## 6.1　实验 6：WordCount

### 6.1.1　实验需求

WordCount 即词频统计实验，它被认为是 MapReduce 的“Hello World”，也就是学习 MapReduce 的入门实验。其需求非常简单，即给定一个包含大量单词的文档，统计文档中每个单词出现的频率，并按照单词的字母顺序排序，每个单词和频率各占一行，单词和频率之间有间隔，见表 6.1。

**表 6.1　WordCount 需求简例**

| 输入文档（Text.txt） | 期待输出（屏幕显示） |
|---|---|
| a good begining is half the battle<br>where there is a will there is a way<br>here is the way | a　3<br>battle　1<br>beginning　1<br>good　1<br>half　1<br>here　1<br>is　4<br>the　2<br>there　2<br>way　2<br>where　1<br>will　1 |

### 6.1.2　实验设计

首先，我们需要判断该需求是否可以采用 MapReduce 来实现，这是用 MapReduce 处理数据集之前的必需步骤，即保证待处理的数据集可以分解成许多小的数据集，且每一个小数据集都可以完全并行地进行处理。在这个实验中，每个单词的词频数不存在相关性，因此，可以把不同的单词或单词组合分成不同的任务切片，分发给不同的机器并行处理，所以可以采用 MapReduce 来实现。

其次，设计 MapReduce 程序。我们需要把文件内容解析成一个个的单词，然后把所有相同的单词聚集到一起，最后计算出每个单词出现的次数进行输出。因此，应该设计如下执行过程。

（1）将 Text.txt 的内容切分成多个分片，每个分片输入到不同机器上的 Map 任务。每个 Map 任务从文件中解析出该分片所包含的单词。

（2）Map 的输入采用<key，value>格式，即文本的行号作为 key，文本的一行文字作为 value。

（3）Map 的输出以单词作为 key，1 作为 value，用<单词，1>的形式表示单词出现了 1 次。Map 阶段完成后，会输出一系列形如<单词，1>的键值对，然后进入 Shuffle 阶段。

（4）Shuffle 阶段会对上一步结果进行归并，得到<key，value-list>形式的键值对。例如，对于单词“is”来说，Shuffle 输出后会得到<is, <1, 1, 1, 1>>，然后进入 Reduce 阶段。

（5）Reduce 的输入是上一步得到的<key，value-list>键值对。Reduce 接收到这些键值对后，开始执行加运算，得到每个单词的词频，如<is，4>，把结果写到分布式文件系统并输出。

### 6.1.3　执行过程

从系统层面来看，整个集群系统实际的执行过程如图 6.1 所示。

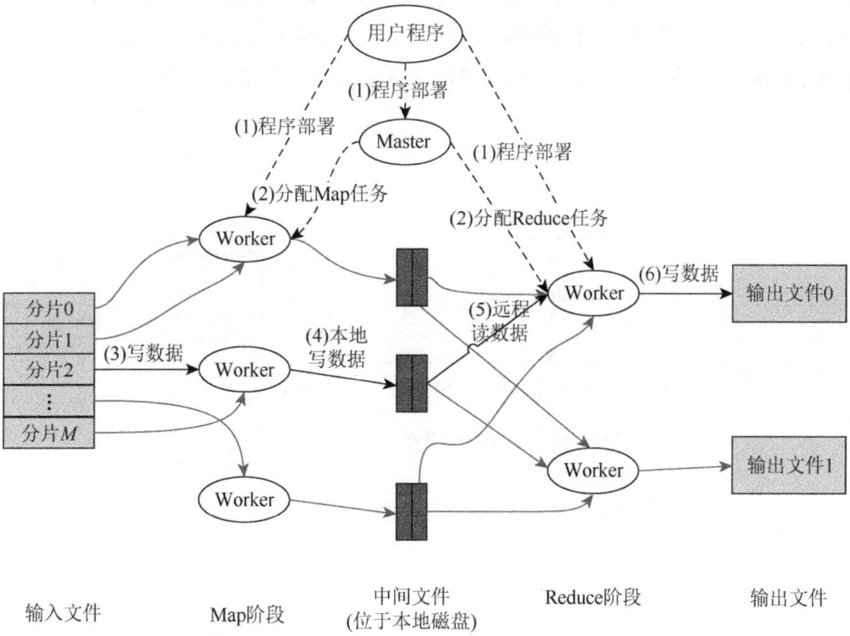


图 6.1　WordCount 的执行过程

（1）程序采用 MapReduce 框架编写后，首先在 Master 服务器中部署程序，Master 服务器负责协调调度作业的执行，Worker 则执行具体的 Map 或 Reduce 任务和保存各自的文件分片。

（2）Master 服务器将程序所制定的任务分发到每台 Worker 从机上。同时也将文件切分成若干分片，并将其分给处于空闲状态的 Worker 来处理。系统分配一部分 Worker 执行 Map 任务，一部分 Worker 执行 Reduce 任务。

（3）执行 Map 任务的 Worker 读取输入的数据，执行 Map 操作，生成一系列<key，value>作为中间结果，并将中间结果保存在内存的缓冲区中。

（4）缓冲区中的中间结果会被定期刷写到 Worker 的本地磁盘上，并被划分为 $R$ 个分区，这 $R$ 个分区会被分发给 $R$ 个执行 Reduce 任务的 Worker 进行处理；Master 会记录这 $R$ 个分区在磁盘上的存储位置，并通知 $R$ 个执行 Reduce 任务的 Worker 来领取属于自己处理的那些分区的数据。

（5）执行 Reduce 任务的 Worker 收到 Master 的通知后，就到相应的 Map 机器上领取属于自己处理的分区。需要注意的是，正如之前在 Shuffle 过程中阐述的那样，可能会有多个 Map 机器通知某个 Reduce 机器来领取数据，因此一个执行 Reduce 任务的 Worker，可能会从多个 Map 机器上领取数据。当位于所有 Map 机器上的、属于自己处理的数据都已经领取回来以后，这个执行 Reduce 任务的 Worker 会对领取到的键值对进行排序（如果内存中放不下，需要用到外部排序），使具有相同 key 的键值对聚集在一起，然后就可以开始执行具体的 Reduce 操作了。

（6）执行 Reduce 任务的 Worker 遍历中间数据，对每一个唯一的 key 执行 Reduce 函数，结果写入输出文件中；执行完毕后，唤醒用户程序，返回结果。

### 6.1.4　实验分析

使用上面所述的文本 Text.txt，该文档中有 3 行内容，假设有 3 个 Map-Worker 和 1 个 Reduce-Worker，则将 Text.txt 的每行分配给一个 Map 任务来处理。首先，利用 TextInputformat 函数读取每行数据，该函数将文本切割，并将每行的偏移量作为 key 值，形成 3 个$<k_1, v_1>$键值对。接着 Map 操作会将每个单词输出，形式如$<k_2, v_2>$，如图 6.2 所示。

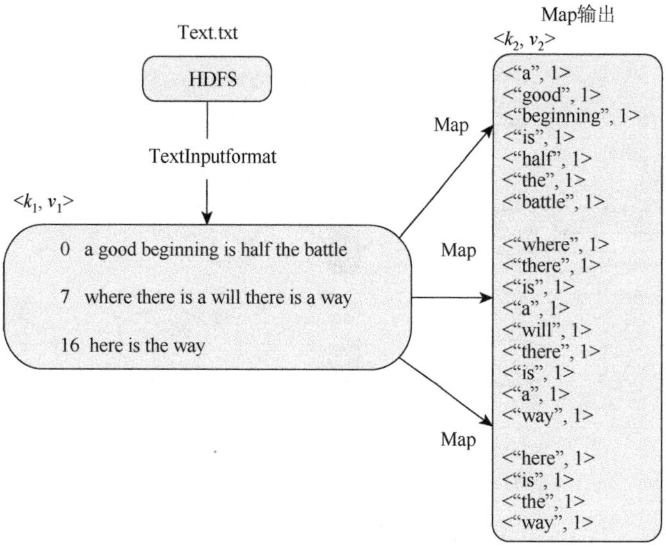


图 6.2　Map 过程示意图

接下来，Shuffle 过程会执行归并操作：把具有相同的 key 值的$<k_2, v_2>$序列归并成新的键值对序列$<k_3, <v_1, v_2, \cdots, v_n>>$，并依据 key 值对所有$<k_3, <v_1, v_2, \cdots, v_n>>$进行排序，作为 Reduce 任务的输入。Reduce 任务则累计每个$<k_3, <v_1, v_2, \cdots, v_n>>$中的 value 值，作为每个单词的词频输出，如图 6.3 所示。

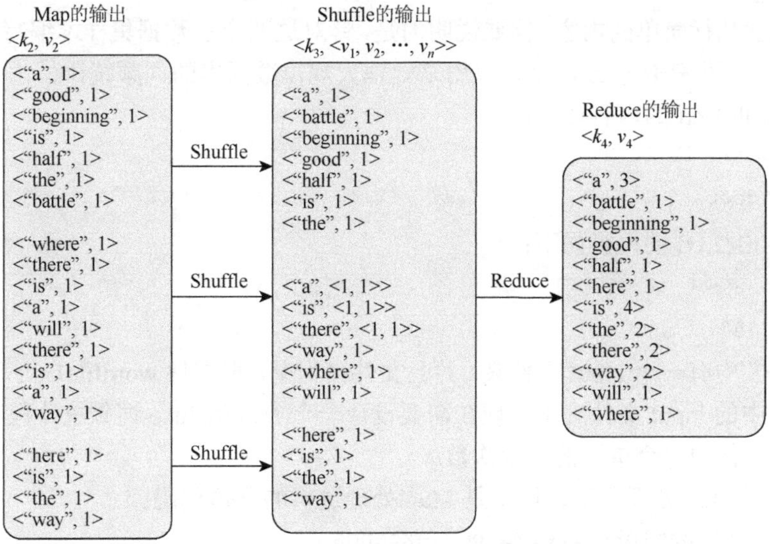


图 6.3　未定义 Combiner 时的 Shuffle 和 Reduce 过程示意图

在实际应用中，每个输入文件被 Map 函数解析后，都可能会生成大量类似<"the"，1>这样的中间结果，这会大大增加网络传输开销。对于这种情形，MapReduce 提供 Combiner 函数来对中间结果$<k_3, <v_1, v_2, \cdots, v_n>>$先进行合并，然后再发送给 Reduce 任务，如图 6.4 所示。

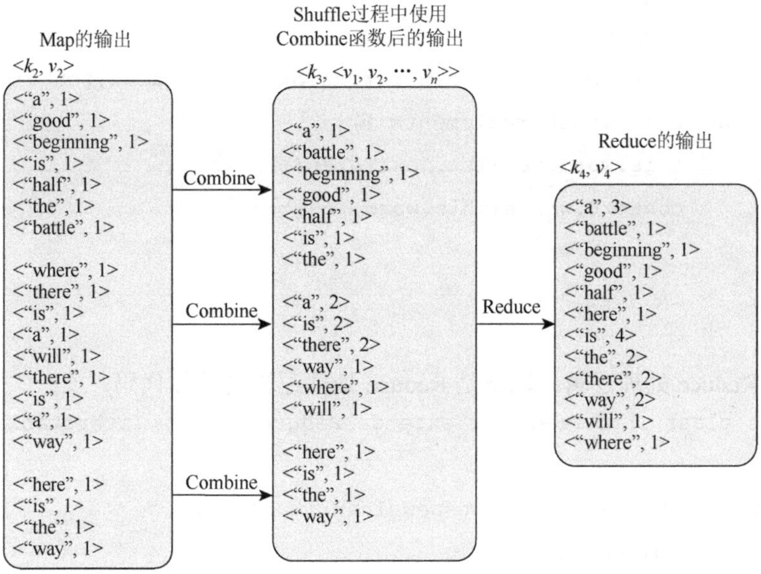


图 6.4　定义 Combiner 时的 Shuffle 和 Reduce 过程示意图

### 6.1.5　WordCount 编程实践

（1）在 Linux 系统本地创建两个文件，即文件 wordfile1.txt 和 wordfile2.txt。在实际应用中，这两个文件可能会非常大，会被分布存储到多个节点上。但是，为了简化任务，这里的两个文件只包含几行简单的内容。需要说明的是，针对这两个小数据集样本编写的 MapReduce 词频统计程序，不做任何修改，就可以用来处理大规模数据集的词频统计。

文件 wordfile1.txt 的内容如下：

```
I love Spark
I love Hadoop
```

文件 wordfile2.txt 的内容如下：

```
Hadoop is good
Spark is fast
```

假设 HDFS 中有一个 input 文件夹，并且文件夹为空，把文件 wordfile1.txt 和 wordfile2.txt 上传到 HDFS 中的 input 文件夹下。现在需要设计一个 MapReduce 词频统计程序，统计 input 文件夹下所有文件中每个单词的出现次数。

随后，编写 Map 处理逻辑，以下是 Map 处理逻辑的具体代码：

```
public static class TokenizerMapper extends
Mapper<Object, Text, Text, IntWritable>{
        private static final IntWritable one=new IntWritable(1);
        private Text word=new Text();
        public TokenizerMapper(){
        }
        public void map(Object key, Text
value, Mapper<Object, Text, Text, IntWritable>.Context context)throws
IOException, InterruptedException {
              StringTokenizer itr=new StringTokenizer(value.toString());
              while(itr.hasMoreElements()){
                  this.word.set(itr.nextToken());
                  context.write(this.word, one);
              }
        }
  }
```

（2）编写 Reduce 处理逻辑。以下是 Reduce 处理逻辑的具体代码：

```
public static class IntSumReducer extends Reducer<Text, IntWritable, Text,
IntWritable>{
        private IntWritable result=new IntWritable();
        public IntSumReducer(){
        }
        public void reduce(Text
key,Iterable<IntWritable>values,Reducer<Text,IntWritable, Text,IntWritable>.
Context context)throws IOException,InterruptedException {
              int sum=0;
```

```
            IntWritable val;
          for(Iterator i$=values.iterator();i$.hasNext();sum+=val.get()){
              val=(IntWritable)i$.next();
          }
          this.result.set(sum);
          context.write(key, this.result);
      }
  }
```

（3）编写 main 方法。为了让 TokenizerMapper 类和 IntSumReducer 类能够协同工作，完成最终的词频统计任务，需要在主函数中通过 Job 类设置 Hadoop 程序运行时的环境变量，具体代码如下：

```
public class WordCount {
    public WordCount(){
    }
    public static void main(String[] args)throws Exception {
        Configuration conf=new Configuration();
        String[] otherArgs=(new
GenericOptionsParser(conf, args)).getRemainingArgs();
        if(otherArgs.length<2){
            System.err.println(“Usage:wordcount<in>[<in>...]<out>”);
            System.exit(-1);
        }
        Job job=Job.getInstance(conf, ”word count”); //设置环境参数
        job.setJarByClass(WordCount.class);  //设置程序类名
        job.setMapperClass(WordCount.TokenizerMapper.class);//添加 Mapper 类
        job.setReducerClass(WordCount.IntSumReducer.class);//添加 Reducer 类
        job.setCombinerClass(WordCount.IntSumReducer.class);
        job.setOutputKeyClass(Text.class); //设置输出类型
        job.setOutputValueClass(IntWritable.class);//设置输出类型
        for(int I=0;I<otherArgs.length-1;i++){ //设置输入文件
FileInputFormat.addInputPath(job, new Path(otherArgs[i]));}
            FileOutputFormat.setOutputPath(job,
newPath(otherArgs[otherArgs.length-1]));//设置输出文件
        System.exit(job.waitForCompletion(true)? 0:1);
    }
}
```

（4）编译打包程序并放到集群上运行。将编写的程序运行一遍过后，再导出成 JAR 包形式，命名为 wordcount，此时的 JAR 包已经可以在集群上直接使用命令运行。只需要将 JAR

包传到集群所在的主机的 hadoop 用户目录下，然后执行如下命令就可以运行刚才所写的程序：

```
$./bin/hadoop jar wordcount.jar WordCount input output
```

（5）运行下面的命令查看结果。

```
$./bin/hadoop fs-cat output/*
```

# 6.2　实验 7：MapReduce 统计气象数据

## 6.2.1　实验需求

这个实验需要编写一个挖掘气象数据的程序。分布在全球各地的很多气象传感器每隔一小时收集气象数据和收集大量日志数据，这些数据是半结构化数据，而且是按照记录方式存储的，因此非常适合使用 MapReduce 来分析。

## 6.2.2　数据格式

我们使用的数据来自美国国家气候数据中心（National Climatic Data Center，NCDC）。这些数据按行并以美国信息交换标准代码（American standard code for information interchange，ASCII）格式存储，其中每一行是一条记录。该存储格式支持丰富的气象要素，其中许多要素可以选择性地列入手机范围，或其数据所需的存储长度是可变的。为了简单起见，我们重点讨论一些基本要素（如气温），这些要素始终都有而且长度都是固定的。

以下显示了一条采样数据。该条数据被分成很多行以突出每个字段，但在实际文件中，这些字段被整合成一行且没有任何分隔符。

```
0057
332130         # USAF weather station identifier
99999          # WBAN weacher station identifier
19500101       # observation date
0300           # observation time
4
+51317         # latitude(degrees × 1000)
+028783        # longitude(degrees × 1000)
FM-12
+0171          # elevation(meters)
99999
V020
320            # wind direction(degrees)
1              # quality code
N
0072
1
00450          # sky ceiling height(meters)
```

```
1               # quality code
C
N
010000          # visibility distance(meters)
1               # quality code
N
9
-0128           # air temperature(degrees Celsius × 10)
1               # quality code
-0139           # dew point temperature(degrees Celsius × 10)
1               # quality code
10268           # atmospheric pressure(hectopascals × 10)
1               # quality code
```

### 6.2.3　实验分析

为了充分利用 Hadoop 提供的并行处理优势，我们需要将查询表示成 MapReduce 作业。完成某种本地端的小规模测试之后，就可以把作业部署到集群上运行。

**1. Map 和 Reduce**

MapReduce 任务过程分为两个处理阶段：Map 阶段和 Reduce 阶段。每个阶段都以键值对作为输入和输出，其类型由程序员来选择。程序员还需要写两个函数：Map 函数和 Reduce 函数。

Map 阶段的输入是 NCDC 的原始数据。我们选择文本格式作为输入格式，将数据集的每一行作为文本输入。键是某一行起始位置相对于文件起始位置的偏移量，不过我们不需要这个信息，所以将其忽略。

我们的 Map 函数很简单，由于我们只对年份和气温属性感兴趣，所以只需要取出这两个字段的数据。在本例中，map 函数只是一个数据准备阶段，通过这种方式来准备数据，使 Reducer 函数能够继续对它进行处理，即找出每年的最高气温。Map 函数还是一个比较适合去除已损坏的记录的地方：此处，我们筛掉缺失的、可疑的或错误的气温数据。

为了全面了解 Map 的工作方式，我们考虑一下输入数据的示例（考虑到篇幅，去除了一些未使用的列，并用省略号表示）。首先，我们在本地创建一个文件 A，文件 A 内容如下：

```
0067011990999991950051507004…9999999N9+00001+99999999999…
0043011990999991950051512004…9999999N9+00221+99999999999…
0043011990999991950051518004…9999999N9-00111+99999999999…
0043012650999991949032412004…0500001N9+01111+99999999999…
0043012650999991949032418004…0500001N9+00781+99999999999…
```

在集群的 HDFS 中创建好 input 文件夹，把文件 A 上传到 HDFS 中的 input 文件夹下（注意，上传之前，请清空 input 文件夹中原有的文件）。

这些行以键值对的方式作为 Map 函数的输入：

```
(0, 0067011990999991950051507004…9999999N9+00001+99999999999…)
```

```
(106, 0043011990999991950051512004…9999999N9+00221+99999999999…)
(212, 0043011990999991950051518004…9999999N9-00111+99999999999…)
(318, 0043012650999991949032412004…0500001N9+01111+99999999999…)
(424, 0043012650999991949032418004…0500001N9+00781+99999999999…)
```

键是文件中的行偏移量，Map 函数并不需要这个信息，所以将其忽略。map 函数的功能仅限于提取年份和气温信息，并将它们作为输出：

```
(1950, 0)
(1950, 22)
(1950, -11)
(1949, 111)
(1949, 78)
```

Map 函数的输出经由 MapReduce 框架处理后，最后发送到 Reduce 函数。这个处理过程基于键来对键值进行排序和分组。因此，在这一示例中，Reduce 函数看到的是如下输入：

```
(1949, [111, 78])
(1950, [0, 22, -11])
```

每个年份后紧跟着一系列气温数据。Reduce 函数现在要做的是遍历整个列表并从中找出最大的读数：

```
(1949, 111)
(1950, 22)
```

这是最终的输出结果：每一年的全球最高气温纪录。

**2. Java MapReduce**

了解 MapReduce 程序的工作原理之后，下一步就是编写代码实现它。我们需要三样工具：一个 Map 函数、一个 Reduce 函数和一些用来运行作业的代码。Map 函数由 Mapper 类实现来表示，后者声明一个 Map()虚方法。具体代码如下：

```
    ##查找最高气温的 Mapper 类
import java.io.IOException;
import org.apache.hadoop.io.IntWritable;
import org.apache.hadoop.io.LongWritable;
import org.apache.hadoop.io.Text;
import org.apache.hadoop.mapreduce.Mapper;
public class MaxTemperatureMapper extends Mapper<LongWritable, Text, Text,
   IntWritable>{private static final int MISSING= 9999;
   public void map(LongWritable key, Text value, Context context)throws
IOException, InterruptedException{

      String line=value.toString();
      String year=line.substring(15, 19);
      int airTemperature;
```

```
        if(line.charAt(87)=='+'){
            airTemperature=Integer.parseInt(line.substring(88, 92));
        }else {
            airTemperature=Integer.parseInt(line.substring(87, 92));
        }
        String quality=line.substring(92, 93);
        if(airTemperature! =MISSING && quality.matches("[01459]")){
            context.write(new Text(year), new IntWritable(airTemperature));
        }
    }
}
```

这个 Mapper 类是一个泛型类型，它有四个形参类型，分别指定 Map 函数的输入键、输入值、输出键、输出值的类型。就现在这个例子来说，输入键是一个长整数偏移量，输入值是一行文本，输出键是年份，输出值是气温（整数）。

Map()方法的输入是一个键和一个值。我们首先将包含一行输入的 Text 值转换成 Java 的 String 类型，之后使用 Java substring()方法提取我们感兴趣的列。

Map()方法还提供了 Context 实例用于输出内容的写出。在这种情况下，我们将年份数据按 Text 对象进行读/写（因为我们把年份当作键），将气温值封装在 IntWritable 类型中。只有气温数据不缺并且所对应代码显示为正确的气温读数时，这些数据才会被写入输出记录中。

下面以类似的方法用 Reducer 来定义 Reduce 函数：

```
    ##查找最高气温的 Reducer 类
import java.io.IOException;
import org.apache.hadoop.io.IntWritable;
import org.apache.hadoop.io.Text;
import org.apache.hadoop.mapreduce.Reducer;
public class MaxTemperatureReducer extends Reducer<Text, IntWritable, Text,
IntWritable>{
    @Override
    public void reduce(Text key, Iterable<IntWritable>values, Context
context)throws IOException, InterruptedException{
        int maxValue=Integer.MIN_VALUE;
        for(IntWritable value:values){
            maxValue=Math.max(maxValue, value.get());
        }
        context.write(key, new IntWritable(maxValue));
    }
}
```

同样，Reduce 函数也有四个形式的参数类型用于指定输入和输出类型。Reduce 函数的输入类型必须匹配 Map 函数的输出类型，即 Text 类型和 IntWritable 类型。在这种情况下，Reduce 函数的输出类型也必须是 Text 和 IntWritable 类型，分别输出年份及其最高气温。这个最高气温是通过循环比较每个气温与当前所知最高气温所得到的。

下面是负责运行 MapReduce 作业的代码：

```
##这个应用程序在气象数据集中找出最高气温
import java.io.IOException;
import org.apache.hadoop.conf.Configuration;
import org.apache.hadoop.fs.Path;
import org.apache.hadoop.io.IntWritable;
import org.apache.hadoop.io.Text;
import org.apache.hadoop.mapreduce.Job;
import org.apache.hadoop.mapreduce.lib.input.FileInputFormat;
import org.apache.hadoop.mapreduce.lib.output.FileOutputFormat;
import org.apache.hadoop.util.GenericOptionsParser;

public class MaxTemperature {
    public static void main(String[] args)throws Exception {
      Configuration conf=new Configuration();
      String[] otherArgs=(new
GenericOptionsParser(conf, args)).getRemainingArgs();
      if(otherArgs.length<2){
          System.err.println("Usage:MaxTemperature<input path><output path>");
          System.exit(-1);
      }
      Job job=Job.getInstance(conf, "MaxTemperature");   //设置环境参数
      job.setJarByClass(MaxTemperature.class);     //设置整个程序类名
      FileInputFormat.addInputPath(job, new Path(args[0])); //设置输入文件
      FileOutputFormat.setOutputPath(job, new Path(args[1]));//设置输出文件
      job.setMapperClass(MaxTemperatureMapper.class); //添加 Mapper 类
      job.setReducerClass(MaxTemperatureReducer.class); //添加 Reducer 类
      job.setOutputKeyClass(Text.class);     //设置输出类型
      job.setOutputValueClass(IntWritable.class); //设置输出类型
      System.exit(job.waitForCompletion(true)? 0:1);
    }
}
```

Job 对象指定作业执行规范，我们可以用它来控制整个作业的运行。我们在 Hadoop 集群上运行这个作业时，要把代码打包成一个 JAR 文件，然后上传到运行集群的机器上进行运行。

## 6.3 习题与思考

（1）试着编写两个实验报告，内容包括数据描述、实验过程、实验代码和结果截图。

（2）试着按照实验 6 的说明，创建自己的文本数据，然后一步一步实现并填写实验报告 6。

（3）试着下载气象数据集，然后一步一步实现并填写实验报告 7。

（4）本章两个实验均是利用 MapReduce 做大数据统计工作，在网上搜一搜，还有哪些统计工作曾经或可以适用于 MapReduce，并尝试实现它们。

# 第 7 章　基于大数据的聚类分析

在各种商业及科研应用中，聚类分析可以用来做许多事情，包括客户群体细分、商品细分等。如果某公司的客户关系主管想把公司的所有客户分成 5 组，对每组客户实施不同的营销策略，那么就需要根据客户的属性发现相似的客户，并将其归为一组。但是，单纯靠人工或小样本分析代价很大，甚至是不可行的，于是就需要借助大数据聚类分析。

聚类分析旨在发现紧密相关的观测值群组，使得与属于不同簇的观测值相比，属于同一簇的观测值相互之间尽可能相似。相异度是基于描述对象的属性值来计算的，距离是经常采用的度量方式。本章将介绍常用的聚类分析方法，并设计实验将其应用于大数据架构。

## 7.1　聚类分析概述

### 7.1.1　聚类分析的定义

聚类（clustering）是将数据集划分为若干相似对象组成的多个组或簇（cluster）的过程，使组内对象的相似度最大化，组间对象的相似度最小化。因此，一个簇就是一组彼此相似的对象所构成的集合。通常相似度是根据对象的属性值评估而来的，这种评估即距离度量，如图 7.1 所示。

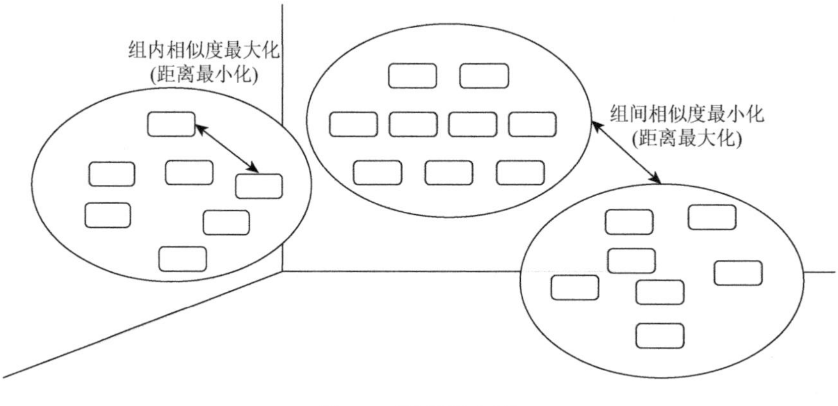


图 7.1　聚类示意图

在许多情况下，簇的个数并不是唯一的。相同的数据可能有不同的聚类结果，如对于图 7.2（a）的数据而言，可能被聚类为图 7.2（b）、图 7.2（c）和图 7.2（d）的 2 个、4 个和 6 个簇。因此，最好的聚类同样依赖于数据的特性和我们期望的结果。因此说聚类是一种无监督的学习，即簇的数目和结构不是事先给定的，数据的分布也是事先未知的，聚类过程将自动发现这些簇。聚类分析将主要集中在找到特定的簇上。另外，聚类分析可以作为其他算法（如分类、特征化、属性选择）的预处理步骤。

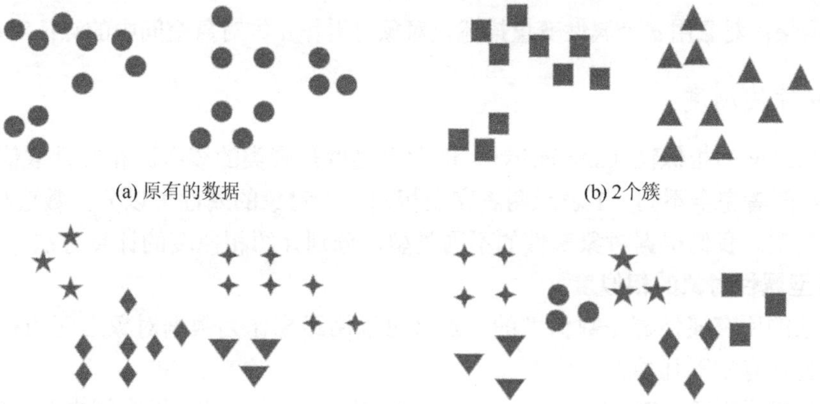

(a) 原有的数据　(b) 2个簇　(c) 4个簇　(d) 6个簇

图 7.2　相同点集的不同聚类方法

在聚类研究方面，研究目的主要集中在为特定数据集寻找适合的聚类方法上。活跃的研究主要包括聚类算法的拓展、对复杂几何形状和复杂数据类型的聚类、高维聚类（如对具有数千特征的对象聚类）。

### 7.1.2　聚类算法的分类

聚类分析的核心是聚类算法，目前有各种适应不同数据需求的聚类算法，主要分为以下几类。

（1）划分法（partitoning method）：把数据划分为 $k$ 个组，使每个组至少包含一个对象。换言之，划分法在数据集上进行一层划分。大部分划分法是基于距离度量的，对于任意簇数 $k$，创建一个初始分区，然后采用迭代将对象从一个分区划分到另一个分区，使同一个簇中的对象尽可能相关，不同簇中的对象尽可能不同。典型的如 $k$-means 和 $k$-中心点算法，渐近地提高聚类质量，逼近局部最优解。

（2）层次法（hierarchical method）：层次法通过给数据对象分层来进行聚类，可以分为自底向上和自顶向下两种方式。自底向上方式首先将每个对象作为单独一组，然后逐次合并相近的对象或组，直到所有的组合并为一个组；自顶向下方式首先将所有的对象置于一个簇中，在每次迭代中，一个簇被划分成更小的簇，直到最终每个对象在单独的一个簇中。层次法可以是基于距离的或基于密度和连通性的。

（3）密度法（density-based method）：上面两种方法大多基于对象之间的距离进行聚类。而密度法通过数据对象的密度空间分布进行聚类。一旦组中的密度（对象的数目）超过某个阈值，就继续扩大簇的规模，直至设定的最小密度。这样的方法可以用来过滤噪声或离群点，发现任意形状的簇。

（4）网格法（grid method）：网格法将对象空间量化为有限数目的单元，形成一个网状结构，所有聚类操作都在这个网状结构上进行。该方法的基本思想是将每个属性的可能值分割成许多相邻空间，创建网络单元的集合，每个对象落入一个网格单元，网格单元对应的属性空间包含该对象的值。该方法的主要优点是处理速度快（不会受到对象个数的影响），而仅取决于量化空间中的每一维的单元数。网格法可以与其他聚类方法（如密度法和层次法）集成。

7.2 节和 7.3 节将详细介绍前两种聚类方法。一般符号描述如下：$D$ 表示由 $n$ 个被聚类的对象组成的数据集；对象用 $d$ 个属性变量描述，对象可看作 $d$ 维对象空间中的点；对象用 $p$ 表示。

### 7.1.3 相似性的测度

计算对象之间的相似性（similarity），即距离测度是聚类的核心。相似性取值区间通常为[0, 1]，0 表示两者完全不同，1 表示两者完全相同。而对象的属性可以分为数值型、二元型、分类型和序列型。我们根据对象属性的不同类型，分别介绍相似度的计算方法。

**1. 数值型属性对象的相似度**

如果对象的所有属性都是数值型的，那么可以用距离作为数据对象之间的相似性度量。常用的距离公式有如下几种。

（1）欧几里得距离（Euclidean distance），也称欧氏距离，即 $n$ 维空间中两点的直线距离。

$$d(x,y)=\sqrt{\sum_{k=1}^{n}(x_k-y_k)^2}$$

式中：$n$ 是维数；$x_k$ 和 $y_k$ 分别是 $x$ 和 $y$ 的第 $k$ 个属性值（分量），可以看出，空间维数在很多情况下即属性个数。如图 7.3 所示的二维空间中有 $p_1$、$p_2$、$p_3$、$p_4$ 四个点，它们分别有 $x$ 和 $y$ 两个分量，表 7.1 和表 7.2 分别表示了四个点的坐标及距离矩阵（distance matrix）。

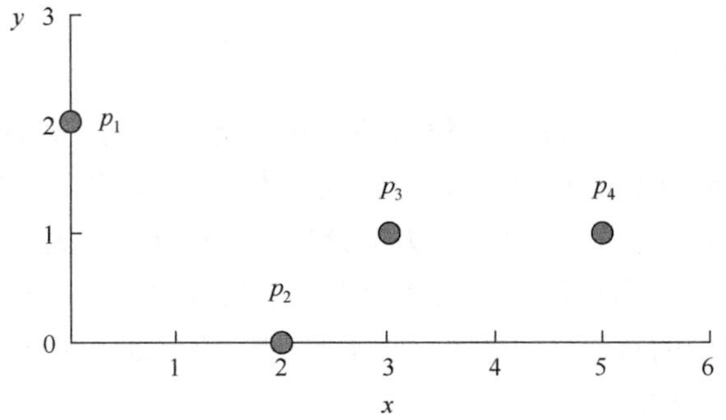


图 7.3 二维空间中的四个点

**表 7.1 4 个点的 $x$ 和 $y$ 坐标**

| 点 | $x$ 坐标 | $y$ 坐标 |
|---|---|---|
| $p_1$ | 0 | 2 |
| $p_2$ | 2 | 0 |
| $p_3$ | 3 | 1 |
| $p_4$ | 5 | 1 |

**表 7.2 表 7.1 的欧几里得距离矩阵**

| | $p_1$ | $p_2$ | $p_3$ | $p_4$ |
|---|---|---|---|---|
| $p_1$ | 0.0 | 2.8 | 3.2 | 5.1 |
| $p_2$ | 2.8 | 0.0 | 1.4 | 3.2 |
| $p_3$ | 3.2 | 1.4 | 0.0 | 2.0 |
| $p_4$ | 5.1 | 3.2 | 2.0 | 0.0 |

（2）曼哈顿距离（Manhattan distance），简称绝对值距离，首先被用来计算城市中两点之间的街区距离（如 $p_1$ 向南 2 个街区，再向东 1 个街区到达 $p_2$，则两者距离为 3）。

$$d(x,y)=\sum_{k=1}^{n}|x_k-y_k|$$

式中：$n$ 是维数；$x_k$ 和 $y_k$ 分别是 $x$ 和 $y$ 的第 $k$ 个属性值（分量）。

（3）闵可夫斯基距离（Minkowski distance）。假定 $x$ 和 $y$ 是相应的特征，$n$ 是特征的维数，$x$ 和 $y$ 的闵可夫斯基距离如下：

$$d(x,y)=\left[\sum_{i=1}^{n}|x_i-y_i|^p\right]^{1/p}$$

可知，当 $p=1$ 时演变为曼哈顿距离：

$$d(x,y)=\sum_{i=1}^{n}|x_i-y_i|$$

当 $p=2$ 时演变为欧氏距离：

$$d(x,y)=\left[\sum_{i=1}^{n}|x_i-y_i|^2\right]^{1/2}$$

**2. 二元型属性对象的相似度**

如果一个对象的每个属性只有 0 和 1 两种取值，那么就属于该种情况，见表 7.3，数据集 $S$ 共有 11 个二元属性。

**表 7.3　有 11 个二元属性的数据集 $S$**

| 对象 ID | Attr1 | Attr2 | Attr3 | Attr4 | Attr5 | Attr6 | Attr7 | Attr8 | Attr9 | Attr10 | Attr11 |
|---|---|---|---|---|---|---|---|---|---|---|---|
| $X_1$ | 1 | 0 | 1 | 0 | 1 | 0 | 1 | 0 | 1 | 1 | 1 |
| $X_2$ | 1 | 0 | 0 | 1 | 0 | 1 | 0 | 0 | 1 | 0 | 1 |
| $X_3$ | 0 | 0 | 1 | 1 | 1 | 0 | 1 | 0 | 0 | 0 | 1 |
| ⋮ | ⋮ | ⋮ | ⋮ | ⋮ | ⋮ | ⋮ | ⋮ | ⋮ | ⋮ | ⋮ | ⋮ |

设对象 $X_i$ 和 $X_j\in S$，采用以下方法来计算它们的相似度：任意两个对象 $X_i$ 和 $X_j$ 的分量 $x_{ik}$ 与 $x_{jk}$（$k=1,2,\cdots,n$）的取值情况有 4 种不同类型。

（1）$f_{11}$：$x_{ik}=1$ 且 $x_{jk}=1$（1-1 型）。

（2）$f_{10}$：$x_{ik}=1$ 且 $x_{jk}=0$（1-0 型）。

（3）$f_{01}$：$x_{ik}=0$ 且 $x_{jk}=1$（0-1 型）。

（4）$f_{00}$：$x_{ik}=0$ 且 $x_{jk}=0$（0-0 型）。

显然，$f_{11}+f_{10}+f_{01}+f_{00}=d$，因此 $X_i$ 和 $X_j$ 的相似度可以有以下几种定义。

（1）简单匹配系数（simple match coefficient，SMC）。

$$\mathrm{SMC}(X_i,X_j)=\frac{f_{11}+f_{00}}{f_{11}+f_{10}+f_{01}+f_{00}}=\frac{f_{11}+f_{00}}{d}$$

即 $X_i$ 和 $X_j$ 对应分量取相同值的个数与向量的维数 $d$ 之商。这种计算方式适合对称的二元属性的数据集，即二元属性的两种状态是同等重要的，因此也称为对称二元相似度。

（2）Jaccard 系数。

$$\mathrm{Sjc}(X_i,X_j)=\frac{f_{11}}{f_{11}+f_{10}+f_{01}}=\frac{f_{11}}{d-f_{00}}$$

即 $X_i$ 和 $X_j$ 对应分量取 1 值的个数与 $d-f_{00}$ 之商。这种计算方式适合非对称的二元属性的数据集，即二元属性的两种状态中，1 是最重要的情形。因此，$\mathrm{Sjc}(X_i,X_j)$ 也称为非对称二元相似度。

（3）Rao 系数相似度。

$$\mathrm{Src}(X_i,X_j)=\frac{f_{11}}{f_{11}+f_{10}+f_{01}+f_{00}}=\frac{f_{11}}{d}$$

即 $X_i$ 和 $X_j$ 对应分量取 1 值的个数与向量的维数 $d$ 之商，也是另一种非对称的二元相似度。可以根据实际应用的需要选择以上三个公式之一作为相似度计算公式。

**3. 分类型属性对象的相似度**

如果对象的属性取值是一些符号或名称，可以取两个或多个状态，且状态值之间不存在大小或顺序关系，那么属于此类情况，即若 $S$ 的属性都是分类属性，则 $X_i$ 和 $X_j$ 的相似度可定义为

$$S(X_i,X_j)=p/d$$

式中：$p$ 是 $X_i$ 和 $X_j$ 的对应属性值 $x_{ik}=x_{jk}$（相等值）的个数；$d$ 是向量的维数。

**【例 7.1】**某网站希望依据用户照片的背景颜色、婚姻状况、性别、血型以及所从事的职业 5 个属性来描述已经注册的用户，见表 7.4。

**表 7.4 有 5 个分类属性的数据集**

| 对象 ID | 背景颜色 | 婚姻状况 | 性别 | 血型 | 从事的职业 |
|---|---|---|---|---|---|
| $X_1$ | 红 | 已婚 | 男 | A | 教师 |
| $X_2$ | 蓝 | 已婚 | 女 | A | 医生 |
| $X_3$ | 红 | 未婚 | 男 | B | 律师 |
| $X_4$ | 白 | 离异 | 男 | AB | 律师 |
| $X_5$ | 蓝 | 未婚 | 男 | O | 教师 |
| ⋮ | ⋮ | ⋮ | ⋮ | ⋮ | ⋮ |

计算 $S(X_1,X_2)$ 和 $S(X_1,X_3)$ 的过程如下：首先，显然，对象维数 $d=5$，由于 $X_1$ 和 $X_2$ 在婚姻状况和血型两个分量上取相同的值，所以得到 $S(X_1,X_2)=2/5$；同理，$S(X_1,X_3)=2/5$，因为 $X_1$ 和 $X_3$ 在背景颜色、性别两个分量上取相同的值。

**4. 序列型属性对象的相似度**

若对象的属性的值是敏感序列，且属性值之间的差值无法用数值衡量，则满足此种情况。设数据集 $S$ 的属性都是序数属性，并设其第 $k$ 个属性的取值有 $m_k$ 个，且顺序敏感。

**【例 7.2】**某校用成绩、奖学金和月消费 3 个属性来描述学生情况，其中：成绩有 5 个状态（优秀＞良好＞中等＞及格＞不及格）；奖学金有 3 个状态（甲＞乙＞丙）；月消费有 3 个状态（高＞中＞低），见表 7.5。

**表 7.5　有 3 个序数属性的数据集**

| 对象 ID | 成绩 | 奖学金 | 月消费 |
|---|---|---|---|
| $X_1$ | 优秀 5 | 甲等 1 | 中 2 |
| $X_2$ | 良好 4 | 乙等 2 | 高 3 |
| $X_3$ | 中等 3 | 丙等 3 | 高 3 |
| ⋮ | ⋮ | ⋮ | ⋮ |

序列型属性对象间相似度计算的基本思想是将其转换为数值型属性，并用距离函数来计算，主要分为以下三个步骤。

（1）将第 $k$ 个属性的域映射为一个整数的排位集合，如成绩域转换为集合{5, 4, 3, 2, 1}，奖学金域转换为集合{3, 2, 1}，月消费域转换为集合{3, 2, 1}。

（2）将整数表示的数据对象 $X_i$ 的每个分量映射到[0, 1]实数区间上，其映射方法为

$$z_{ik}=(x_{ik}-1)/(m_k-1)$$

式中，$m_k$ 是第 $k$ 个属性排位整数的最大值，再以 $z_{ik}$ 代替 $X_i$ 中的 $x_{ik}$，就得到数值型的数据对象，仍然记作 $X_i$。例如：$X_2$ 的成绩是 4，映射为 $z_{21}=(4-1)/(5-1)=0.75$；$X_2$ 的奖学金是 2，映射为 $z_{13}=(2-1)/(3-1)=0.50$；$X_2$ 的月消费是 3，映射为 $z_{13}=(3-1)/(3-1)=1.00$。类似地，可以计算 $X_1$、$X_3$ 的各个属性的数值，映射后的结果见表 7.6。

**表 7.6　用其实数代替排位数的数据集**

| 对象 ID | 考试成绩 | 奖学金 | 月消费 |
|---|---|---|---|
| $X_1$ | 1.00 | 1.00 | 0.50 |
| $X_2$ | 0.75 | 0.50 | 1.00 |
| $X_3$ | 0.50 | 0 | 1.00 |
| ⋮ | ⋮ | ⋮ | ⋮ |

（3）根据实际情况选择一种距离公式，计算任意两个数值型数据对象 $X_i$ 和 $X_j$ 的相似度，如选用欧氏距离计算任意 $X_1$ 和 $X_2$ 的相似度：

$$d(X_1,X_2)=\sqrt{(1-0.75)^2+(1-0.5)^2+(0.5-1)^2}=\sqrt{0.0625+0.25+0.25}=0.75$$

# 7.2　基于划分的聚类算法 *k*-means

## 7.2.1　*k*-means 聚类算法

划分法是最简单的聚类算法，它把对象看成多个互斥的组簇。划分法的起点是假定的簇的个数。形式化地，给定 $n$ 个数据对象的数据集 $D$，以及要生成的簇数 $k$，划分法把对象划分到 $k$（$k \leqslant n$）个分区，其每个分区代表一个簇，然后挑选一个客观的划分准则（如某个相似性函数）来优化这种分组。

下面仅介绍基于质心的划分方法：*k*-means 算法。

*k*-means 算法（也称为 *k*-均值算法）是很典型的基于距离的聚类算法，以欧氏距离作为相似性测度。以 *k* 为输入参数，把 *n* 个对象的集合分为 *k* 个簇，使结果簇内的相似度高，而簇间的相似度低。簇的相似度是关于簇中对象的均值度量，可以看作簇的质心或重心。

*k*-means 算法的处理流程是：首先，随机地选择 *k* 个对象，每个对象代表一个簇的初始中心。对剩余的每个对象，根据其与各个簇中心的欧氏距离，将它指派到最相似的簇。然后计算每个簇的新均值，使用更新后的均值作为新的簇中心，重新分配所有对象。这个过程不断重复，直到簇不再发生变化，或等价地，直到质心不发生变化。图 7.4 是 *k*-means 聚类算法的具体过程。

```
输入：①k，簇的数目；②D，包含n个对象的数据集
输出：k个簇的集合
方法：
从数据集D中任意选择k个对象作为初始簇中心
repeat
    for数据集D中每个对象P，do
        计算对象P到k个簇中心的距离
        将对象P指派到与其最近（距离最短）的簇
    end for
    计算每个簇中对象的均值，作为新的簇的中心
until  k个簇的簇中心不再发生变化
```

图 7.4　*k*-means 聚类算法的具体过程

**【例 7.3】**使用 *k*-means 对图聚类。考虑二维空间的对象集合，如图 7.5（a）所示。令 $k=3$，即用户要求将这些对象划分成 3 个簇。

根据图 7.4 中的算法，任意选择 3 个对象作为 3 个初始的簇中心，其中簇中心用“+”标记。根据与簇中心的距离，每个对象被分配到最近的一个簇。这种分配形成了如图 7.5（a）中虚线所描绘的轮廓。

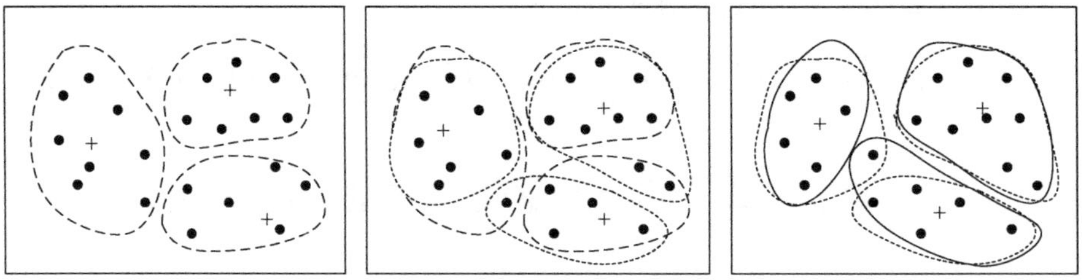

(a) 初始聚类　　(b) 迭代　　(c) 最终的聚类

图 7.5　使用 *k*-means 算法聚类对象集

接下来更新簇中心。也就是说，根据簇中的当前对象，重新计算每个簇的均值。使用这些新的簇中心，把对象重新分布到离簇中心最近的簇中。这样的重新分布形成了图 7.5（b）中虚线所描绘的轮廓。

重复这一过程，形成图 7.5（c）所示的结果。

这种迭代地将对象重新分配到各簇，以改进划分的过程称为迭代关系（iteration relation）。最终，对象的重新分配不再发生，处理过程结束，聚类过程返回结果簇。

**【例 7.4】** 使用 *k*-means 算法对二维数据进行聚类。使用 *k*-means 算法将表 7.7 中的二维数据划分为两个簇，假设初始簇中心选为 $P_7(4,5)$、$P_{10}(5,5)$。

**表 7.7　*k*-means 聚类过程示例数据集**

| 坐标/点 | $P_1$ | $P_2$ | $P_3$ | $P_4$ | $P_5$ | $P_6$ | $P_7$ | $P_8$ | $P_9$ | $P_{10}$ |
|---|---|---|---|---|---|---|---|---|---|---|
| $x$ | 3 | 3 | 7 | 4 | 3 | 8 | 4 | 4 | 7 | 5 |
| $y$ | 4 | 6 | 3 | 7 | 8 | 5 | 5 | 1 | 4 | 5 |

对于给定的数据集，*k*-means 聚类算法的执行过程如下。

（1）根据题目，假设划分的两个簇分别为 $C_1$ 和 $C_2$，中心分别为（4, 5）和（5, 5），计算 10 个样本到这两个簇中心的距离（欧几里得距离），并将 10 个样本指派到与其最近的簇。

（2）第一轮迭代结果如下。

属于簇 $C_1$ 的样本有 $\{P_7,P_1,P_2,P_4,P_5,P_8\}$；属于簇 $C_2$ 的样本有 $\{P_{10},P_3,P_6,P_9\}$。

重新计算新的簇中心，有 $C_1$ 的中心为（3.5，5.167），$C_2$ 的中心为（6.75，4.25）。

注意：重新计算新的簇中心为 $x=(x_1+x_2+\cdots+x_n)/n$，$y=(y_1+y_2+\cdots+y_n)/n$，$n$ 为该簇中样本的个数。

（3）继续计算 10 个样本到新的簇中心的距离，重新分配到新的簇中，第二轮迭代结果如下：

属于簇 $C_1$ 的样本有 $\{P_1,P_2,P_4,P_5,P_7,P_{10}\}$；属于簇 $C_2$ 的样本有 $\{P_3,P_6,P_8,P_9\}$。

重新计算新的簇中心，有 $C_1$ 的中心为（3.67, 5.83），$C_2$ 的中心为（6.5, 3.25）。

（4）继续计算 10 个样本到新的簇中心的距离，重新分配到新的簇中，发现簇中心不再发生变化，算法终止。

不能保证 *k*-means 算法收敛于全局最优解，并且它常常终止于一个局部最优解。结果可能依赖于初始簇中心的随机选择。在实践中，为了得到好的结果，通常以不同的初始簇中心，多次运行 *k*-means 算法。

*k*-means 算法是解决聚类问题的一种经典算法，算法描述容易，实现简单、快速。

### 7.2.2　*k*-means 聚类算法的拓展

对于聚类分析而言，聚类表示和数据对象之间相似度的定义是最基础的问题，直接影响数据聚类的效果。这里介绍一种简单的聚类表示方法，并对闵可夫斯基距离进行推广，以使聚类算法可以有效处理含分类属性的数据。

假设数据集 $D$ 有 $m$ 个属性，其中有 $m_c$ 个分类属性和 $m_N$ 个数值属性，$m=m_c+m_N$，用 $D_i$ 表示第 $i$ 个属性取值的集合。

**定义 7.1**　频度：给定簇 $C$，$a\in D_i$，$a$ 在 $C$ 中关于 $D_i$ 的频度定义为 $C$ 在 $D_i$ 上的投影中包含 $a$ 的次数，即

$$\text{Freq}_{c|D_i}(a)=\left|\{\text{object}\mid\text{object}\in C,\text{object}.D_i=a\}\right|$$

**定义 7.2**　差异程度：给定 $D$ 的簇 $C$、$C_1$ 和 $C_2$，对象 $p=[p_1,p_2,\cdots,p_m]$ 与 $q=[q_1,q_2,\cdots,q_m]$。

（1）对象 $p$、$q$ 在属性 $i$ 上的差异程度（或距离）定义为

对于分类属性或二值属性：

$$\text{dif}(p_i,q_i)=\begin{cases}1 & (p_i\neq q_i)\\ 0 & (p_i=q_i)\end{cases}=1-\begin{cases}0 & (p_i\neq q_i)\\ 1 & (p_i=q_i)\end{cases} \tag{7.1}$$

对于连续数值属性或顺序属性：

$$\text{dif}(p_i,q_i)=\left|p_i-q_i\right| \tag{7.2}$$

（2）两个对象 $p$、$q$ 间的差异程度（或距离）$d(p,q)$ 定义为

$$d(p,q)=\left(\sum_{i=1}^{m}\text{dif}(p_i,q_i)^x\right)^{1/x} \tag{7.3}$$

（3）对象 $p$ 与簇 $C$ 间的距离 $d(p,C)$ 定义为 $p$ 与簇 $C$ 的摘要之间的距离：

$$d(p,C)=\left(\sum_{i=1}^{m}\text{dif}(p_i,C_i)^x\right)^{1/x} \tag{7.4}$$

式中，$\text{dif}(p_i,C_i)$ 为 $p$ 与 $C$ 在属性 $D_i$ 上的距离。

对于分类属性 $D_i$，其值定义为 $p$ 与 $C$ 中每个对象在属性 $D_i$ 上的距离的算术平均值，即

$$\text{dif}(p_i,C_i)=1-\text{Freq}_{C|D_i}(p_i) \tag{7.5}$$

对于数值属性 $D_i$，其值定义为

$$\text{dif}(p_i,C_i)=\left|p_i-C_i\right| \tag{7.6}$$

（4）簇 $C_1$ 与 $C_2$ 间的距离 $d(C_1,C_2)$ 定义为两个簇的摘要间的距离：

$$d(C_1,C_2)=\left(\sum_{i=1}^{m}\text{dif}(C_i^{(1)},C_i^{(2)})^x\right)^{1/x} \tag{7.7}$$

式中，$\text{dif}(C_i^{(1)},C_i^{(2)})$ 为 $C_1$ 与 $C_2$ 在属性 $D_i$ 上的距离。

对于分类属性 $D_i$，其值定义为 $C_1$ 中每个对象与 $C_2$ 中每个对象的差异的平均值：

$$\text{dif}(C_i^{(1)},C_i^{(2)})=1-\sum_{p_i\in C_1}\text{Freq}_{C_1|D_i}(p_i)\cdot\text{Freq}_{C_2|D_i}(p_i)=1-\sum_{q_i\in C_2}\text{Freq}_{C_1|D_i}(q_i)\cdot\text{Freq}_{C_2|D_i}(q_i) \tag{7.8}$$

对于数值属性 $D_i$，其值定义为

$$\text{dif}(C_i^{(1)},C_i^{(2)})=\left|C_i^{(1)}-C_i^{(2)}\right| \tag{7.9}$$

在定义 7.2 的（2）中：当 $x=1$ 时，相当于曼哈顿距离；当 $x=2$ 时，相当于欧几里得距离。

**【例 7.5】**假设描述学生的信息包含属性：性别、籍贯、年龄。有两条记录 $p$、$q$ 及两个簇 $C_1$、$C_2$ 的信息如下，分别求出记录和簇彼此之间的距离。

$p=$ {男，广州，18}，$q=$ {女，深圳，20}

$C_1=$ {男：25，女：5；广州：20，深圳：6，韶关：4；19}

$C_2=$ {男：3，女：11；汕头：11，深圳：1，湛江：2；24}

按定义 7.2，取 $x=1$ 得到的各距离如下：

$d(p,q)=1+1+(20-18)=4$

$d(p,C_1)=(1-25/30)+(1-20/30)+(19-18)=1.5$

$d(p,C_2)=(1-3/15)+(1-0/15)+(24-18)=7.8$

$$d(p,C_1)=(1-5/30)+(1-6/30)+(20-19)=79/30$$
$$d(p,C_2)=(1-12/15)+(1-1/15)+(24-20)=77/15$$
$$d(C_1,C_2)=1-(25\times3+5\times12)/(30\times15)+1-6\times1/(30\times15)+(24-19)\approx6.69$$

## 7.3 层次聚类算法

尽管划分法满足把对象集划分成一些互斥的组群的基本聚类要求，但是在某些情况下，我们想把数据划分成不同层上的组群，如层次，层次聚类方法（hierarchical clustering method）将数据对象组成层次结构或簇的“树”。

层次聚类方法对给定的数据集进行层次的分解，直到满足某种条件为止，可以是凝聚的或分裂的，取决于层次分解是以自底向上（合并）还是自顶向下（分裂）方式形成。

凝聚的层次聚类方法使用自底向上的策略。典型地，它从令每个对象形成自己的簇开始，并且迭代地把簇合并成越来越大的簇，直到所有的对象都在一个簇中，或者满足某个终止条件。该单个簇成为层次结构的根。在合并步骤中，它找出两个最接近的簇（根据某种相似性度量），并且合并它们，形成一个簇。因为每次迭代合并两个簇，其中每个簇至少包含一个对象，所以凝聚方法最多需要 $n$ 次迭代。凝聚层次聚类的代表是凝聚层次聚类（AGglomerative NESting，AGNES）算法。

分裂的层次聚类方法使用自顶向下的策略。它从把所有对象置于一个簇中开始，该簇是层次结构的根，然后它把根上的簇划分成多个较小的子簇，并且递归地把这些簇划分成更小的簇。划分过程继续，直到底层的簇都足够凝聚——或者仅包含一个对象，或者簇内的对象彼此都充分相似。分裂层次聚类的代表是分裂层次聚类（divisive analyisis，DIANA）算法。

在凝聚层次聚类或分裂层次聚类中，用户都可以指定期望的簇个数作为终止条件。

图 7.6 中显示了一种凝聚的层次聚类算法 AGNES 和一种分裂的层次聚类算法 DIANA 在一个包含 5 个对象的数据集 $\{a,b,c,d,e\}$ 上的处理过程。初始，凝聚方法 AGNES 将每个对象自成一簇，然后这些簇根据某种准则逐步合并。例如，如果簇 $C_1$ 中的一个对象和簇 $C_2$ 中的一个对象之间的距离是所有属于不同簇的对象间欧几里得距离中最小的，那么 $C_1$ 和 $C_2$ 可能被合并。这是一种单链接方法，因为每个簇都用簇中的所有对象代表，而两个簇之间的相似度用不同簇中最近的数据点对的相似度来度量。簇合并过程反复进行，直到所有的对象最终合并形成一个簇。

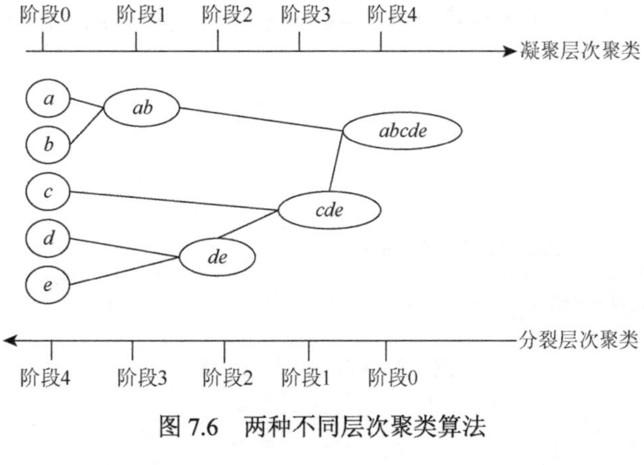


图 7.6　两种不同层次聚类算法

DIANA 算法以相反的方法处理，所有的对象形成一个初始簇，根据某种原则（如簇中最近的相邻对象的最大欧氏距离），将该簇分裂。簇的分裂过程反复进行，直到最终每个新的簇只包含一个对象。

通常，使用一种称为树状图（dendrogram）的树形结构来表示层次聚类的过程。它展示对象是如何一步一步被分组聚集（在凝聚方法中）或划分的（在分裂方法中）。图 7.7 显示了图 7.6 中的 5 个对象的树状图。其中，$I=0$ 显示在第 0 层 5 个对象都作为单元素簇。在 $I=1$ 层，对象 $a$ 和对象 $b$ 被聚在一起形成第一个簇，并且它们在后续各层一直在一起。这里还可以用一个垂直的数轴来显示簇间的相似度。例如，当两组对象 $\{a,b\}$ 和 $\{c,d,e\}$ 的相似度大约为 0.16 时，它们被合并形成一个簇。

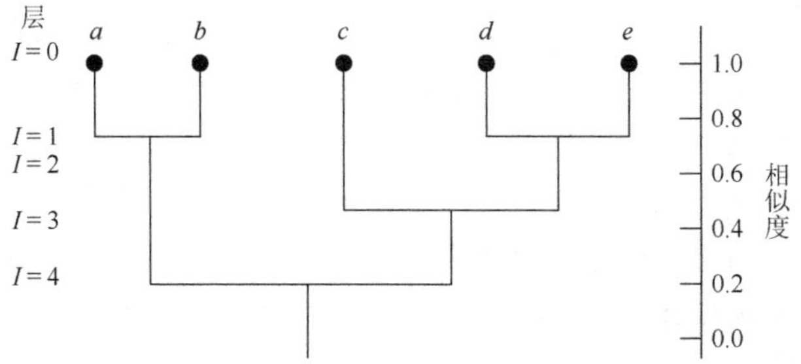


图 7.7　数据对象 $\{a,b,c,d,e\}$ 的层次聚类的树状图表示

分裂方法的一个挑战是如何把一个大簇划分成几个较小的簇。例如，把 $n$ 个对象的集合划分成两个互斥的子集有 $2^{n-1}-1$ 种可能的方法，其中 $n$ 是对象数。当 $n$ 很大时，考察所有的可能性的计算量是令人望而却步的。因此，分裂方法通常使用启发式方法进行划分，但可能导致不精确的结果。为了效率，分裂方法通常不对已经做出的划分决策回溯。一旦一个簇被划分，该簇的任何可供选择的其他划分都不再考虑。由于分裂方法的这一特点，凝聚方法远比分裂方法多。

### 7.3.1　AGNES 算法

AGNES 算法最初将每个对象作为一个簇，然后这些簇根据某些准则被一步步地合并。两个簇间的相似度由这两个不同簇中距离最近的数据点对的相似度来确定。聚类的合并过程反复进行，直到所有的对象最终满足簇数目。AGNES 算法过程如图 7.8 所示。

输入：① $D$，包含 $n$ 个对象的数据库；② $k$，终止条件簇的数目
输出：$k$ 个簇，达到终止条件规定簇数目
方法：
（1）将每个对象当成一个初始簇；
（2）REPEAT;
（3）根据两个簇中最近的数据点找到最近的两个簇；
（4）合并两个簇，生成新的簇的集合；
（5）UNTIL 达到定义的簇的数目。

图 7.8　AGNES 算法过程

注意，簇的最小距离由式（7.10）计算：

$$\text{dist}_{\min}(C_i,C_j)=\min_{p\in C_i,p'\in C_j}\{|p-p'|\} \tag{7.10}$$

式中，$|p-p'|$是两个对象或点 $p$ 和 $p'$ 之间的欧氏距离。

如果簇 $C_1$ 中的一个对象和簇 $C_2$ 中的一个对象之间的距离是所有属于不同簇的对象间欧氏距离中最小的，那么 $C_1$ 和 $C_2$ 可能被合并。

**【例 7.6】**AGNES 聚类。在表 7.8 中给定的样本上运行 AGNES 算法，假定算法的终止条件为两个簇。

**表 7.8　层次聚类算法样本数据集**

| 序号 | 属性 1 | 属性 2 | 序号 | 属性 1 | 属性 2 |
| --- | --- | --- | --- | --- | --- |
| 1 | 1 | 1 | 5 | 3 | 4 |
| 2 | 1 | 2 | 6 | 3 | 5 |
| 3 | 2 | 1 | 7 | 4 | 4 |
| 4 | 2 | 2 | 8 | 4 | 5 |

（1）根据初始簇计算每个簇之间的距离，随机找出距离最小的两个簇进行合并，最小距离为 1，合并后 1、2 点合并为一个簇。

（2）对上一次合并后的簇计算簇间距离，找出距离最近的两个簇进行合并，合并后 3、4 点成为一个簇。

（3）重复步骤（2）的工作，5、6 点成为一个簇。

（4）重复步骤（2）的工作，7、8 点成为一个簇。

（5）合并{1，2}、{3，4}成为一个包含 4 个点的簇。

（6）合并{5，6}、{7，8}，由于合并后的簇的数目已经达到了用户输入的终止条件，所以程序结束。

上述步骤对应的执行过程及结果见表 7.9。

**表 7.9　AGNES 算法的执行过程及结果**

| 步骤 | 最近的簇距离 | 最近的两个簇 | 合并后的新簇 |
| --- | --- | --- | --- |
| 1 | 1 | {1}，{2} | {1，2}，{3}，{4}，{5}，{6}，{7}，{8} |
| 2 | 1 | {3}，{4} | {1，2}，{3，4}，{5}，{6}，{7}，{8} |
| 3 | 1 | {5}，{6} | {1，2}，{3，4}，{5，6}，{7}，{8} |
| 4 | 1 | {7}，{8} | {1，2}，{3，4}，{5，6}，{7，8} |
| 5 | 1 | {1，2}，{3，4} | {1，2，3，4}，{5，6}，{7，8} |
| 6 | 1 | {5，6}，{7，8} | {1，2，3，4}，{5，6，7，8}结束 |

AGNES 算法比较简单，但经常会遇到合并点选择困难。假如一旦一组对象被合并，下一步的处理就在新生成的簇上进行。已做的处理不能撤销，聚类之间也不能交换对象。如果在某一步没有很好地选择合并的决定，那么可能会导致低质量的聚类结果。

这种聚类方法不具有很好的可伸缩性，因为合并的决定需要检查和估算大量的对象或簇。

假定在开始时有 $n$ 个簇，在结束时有 1 个簇，因此在主循环中有 $n$ 次迭代，在第 $i$ 次迭代中，必须在 $n-i+1$ 个簇中找到最靠近的两个聚类。另外，算法必须计算所有对象两两之间的距离，因此这个算法的复杂度为 $O(n^2)$，该算法对于 $n$ 很大的情况是不适用的。

### 7.3.2　DIANA 算法

DIANA 算法是典型的分裂聚类方法。对于分裂聚类方法，首先将所有的对象初始化到一个簇中，然后根据一些原则（如最邻近的最大欧氏距离），将该簇分类，直到达到用户指定的簇数目或者两个簇之间的距离超过了某个阈值。

在聚类中，用户需要定义希望得到的簇数目作为一个结束条件。同时，它使用下面两种测度方法。

（1）簇的直径：在一个簇中的任意两个数据点的距离中的最大值。

（2）平均距离：$d_{\text{avg}}(C_i,C_j)=\dfrac{1}{|C_i||C_j|}\sum_{p\in C_i}\sum_{q\in C_j}\text{dist}(p,q)$

采用自顶向下分裂的 DIANA 算法过程如图 7.9 所示。

```
输入：① D，包含 n 个对象的数据库；② k，终止条件簇的数目 k
输出：k 个簇，达到终止条件规定的簇数目
方法：
将 D 中所有对象整个当成一个初始簇
FOR（i=1; i≠k; i++）DO BEGIN
    在所有簇中挑出具有最大直径的簇 C
    找出 C 中与其他点平均相异度最大的一个点 p，并把 p 放入 splinter group，剩余的放在 old party 中
    REPEAT
        在 old party 中找出到最近的 splinter group 中的点的距离不大于到 old party 中最近点的距离的点，并将
    该点加入 splinter group
    UNTIL 没有新的 old party 的点被分配给 splinter group
    splinter group 和 old party 为被选中的簇分裂成的两个簇，与其他簇一起组成新的簇集合
END
```

图 7.9　DIANA 算法过程

**【例 7.7】** DIANA 聚类。在表 7.10 中给定的样本上运行 DIANA 算法，假定算法的终止条件为两个簇。

（1）找到具有最大直径的簇，对簇中的每个点计算平均相异度（假定 dist 采用的是欧氏距离）。

1 的平均距离为 $(1+1+1.414+3.6+4.47+4.24+5)/7\approx 2.96$。

注意：1 的平均距离就是 1 距离其他各个点的距离长度之和除以 7。

类似地：2 的平均距离为 2.526；3 的平均距离为 2.68；4 的平均距离为 2.18；5 的平均距离为 2.18；6 的平均距离为 2.68；7 的平均距离为 2.526；8 的平均距离为 2.96。

挑出平均相异度最大的点 1 放到分组（splinter group）中，剩余点在原集合（old party）中。

（2）在 old party 中找出到最近的 splinter group 中的点的距离不大于到 old party 中最近的点的距离的点，将该点放入 splinter group 中，该点是 2。

（3）重复步骤（2）的工作，splinter group 中放入点 3。

（4）重复步骤（2）的工作，splinter group 中放入点 4。

（5）没有在 old party 中的点放入了 splinter group 中且达到终止条件（$k=2$），程序终止。如果没有达到终止条件，那么从分裂好的簇中选一个直径最大的簇继续分裂。

上述步骤对应的执行过程及结果见表 7.10。

**表 7.10　DIANA 算法的执行过程及结果**

| 步骤 | 具有最大直径的簇 | splinter group | old party |
| --- | --- | --- | --- |
| 1 | {1, 2, 3, 4, 5, 6, 7, 8} | {1} | {2, 3, 4, 5, 6, 7, 8} |
| 2 | {1, 2, 3, 4, 5, 6, 7, 8} | {1, 2} | {3, 4, 5, 6, 7, 8} |
| 3 | {1, 2, 3, 4, 5, 6, 7, 8} | {1, 2, 3} | {4, 5, 6, 7, 8} |
| 4 | {1, 2, 3, 4, 5, 6, 7, 8} | {1, 2, 3, 4} | {5, 6, 7, 8} |
| 5 | {1, 2, 3, 4, 5, 6, 7, 8} | {1, 2, 3, 4} | {5, 6, 7, 8}结束 |

DIANA 算法比较简单，但其缺点是已做的分裂操作不能撤销，类之间不能交换对象。如果在某步没有选择好分裂点，那么可能会导致低质量的聚类结果。时间复杂度为 $O(n^2)$，大数据集不太适用。

## 7.4　实验 8：*k*-means 算法的 MapReduce 实现

### 7.4.1　实验内容与实验要求

聚类分析试图将相似的对象归入同一簇，将不相似的对象归到不同簇。相似这一概念取决于选择的相似度计算方法。下面我们在 Hadoop 平台上，利用 MapReduce 实现 *k*-means 聚类算法。

*k*-means 是发现给定数据集的 *k* 个簇的算法。簇个数 *k* 是用户给定的，每一个簇通过其质心，即簇中所有点的中心来描述。这里我们再简单回顾一下 *k*-means 算法的思想，其伪代码如图 7.10 所示，*k*-means 聚类的一般流程如图 7.11 所示。

```
创建 k 个点作为起始质心（经常是随机选择）
当任意一个点的簇分配结果发生改变时
    对数据集中的每个数据点
        对每个质心
            计算质心与数据点之间的距离
        将数据点分配到距其最近的簇
    对每一个簇，计算簇中所有点的均值并将均值作为质心
```

图 7.10　*k*-means 算法思想

（1）收集数据：使用任意方法。
（2）准备数据：需要数值型数据来计算距离，也可以将标称型数据映射为二值型数据再用于距离计算。
（3）分析数据：使用任意方法。
（4）训练算法：不适用于无监督学习，即无监督学习没有训练过程。
（5）测试算法：应用聚类算法、观察结果。可以使用量化的误差指标如误差平方和来评价算法的结果。
（6）使用算法：可以用于所希望的任何应用。通常情况下，簇质心可以代表整个簇的数据来做出决策。

图 7.11　*k*-means 聚类的一般流程

由于在前面的 MapReduce 学习中，我们已经有过在 Eclipse 环境下编写实现 WordCount 算法的经历。因此，本次实例直接在 Eclipse 环境下编写实现 *k*-means 算法。

### 7.4.2 实验数据与实验目标

**1. 实验数据**

这里，我们为了简便，采用 iris 鸢尾花数据集。iris 鸢尾花数据集是一个经典数据集，在统计学和机器学习领域都经常被用作示例。数据集内包含 3 类不同的花品种，共 150 条记录，每类各 50 个数据，每条记录都有 4 项特征：花萼长度、花萼宽度、花瓣长度、花瓣宽度。我们可以通过这 4 个特征将鸢尾花卉按照 *k*-means 算法的思想进行分类，判断每个花卉属于（Iris-setosa，Iris-versicolor，Iris-virginica）中的哪一品种。

数据[①]文件名为 iris.data（鸢尾花数据集），下载后直接更改后缀名为.txt。实验数据打开后如图 7.12 所示，每行代表一个数据点对象，数值为对象属性值，字符串为类型。总共分为 3 类，每类 50 条。

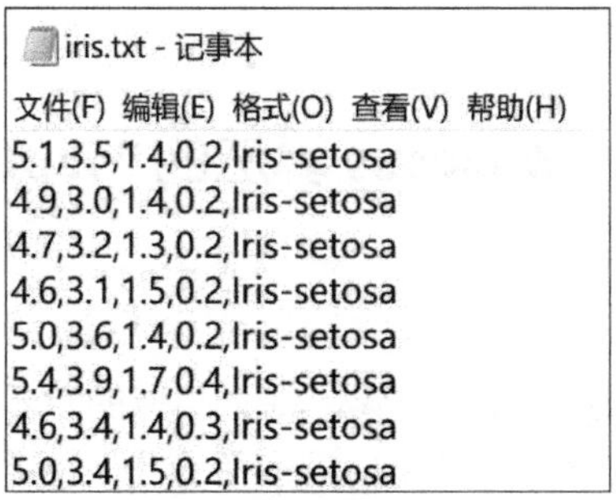
iris.txt - 记事本
文件(F) 编辑(E) 格式(O) 查看(V) 帮助(H)
5.1,3.5,1.4,0.2,Iris-setosa
4.9,3.0,1.4,0.2,Iris-setosa
4.7,3.2,1.3,0.2,Iris-setosa
4.6,3.1,1.5,0.2,Iris-setosa
5.0,3.6,1.4,0.2,Iris-setosa
5.4,3.9,1.7,0.4,Iris-setosa
4.6,3.4,1.4,0.3,Iris-setosa
5.0,3.4,1.5,0.2,Iris-setosa

图 7.12　iris 数据集

**2. 实验目标**

输入簇中心个数 3 和迭代次数，用 MapReduce 来实现 *k*-means 算法，对实验数据进行分类，并查看同簇中不同类型数据的量。理想结果分为 3 簇，每簇中对象类型基本相同。

### 7.4.3 实现思路

**1. 实现可行性分析**

在进行 *k*-means 聚类时，在处理每一个数据点时，只需要知道各个簇的中心信息（簇 ID、簇中点的个数、簇中心点对象属性），不需要知道关于其他数据点的任何信息。数据中所有点对象不互相影响，因此可以进行 Hadoop 并行处理。

**2. MapReduce 并行化 *k*-means 算法设计思路**

（1）将所有的点对象数据分布到不同的 MapReduce 节点上，每个节点只对自己的数据进行计算。

（2）每个 Map 节点能够读取上一次迭代生成的簇中心点信息，并判断自己的各个数据点应该属于哪一个簇。

① 实验数据来源于 http://archive.ics.uci.edu/ml/machine-learning-databases/iris/iris.data。

（3）Reduce 节点累加属于某个簇的每个数据点，计算出新的簇中心点，输出到指定序列号文件中，作为下一次迭代的输入。

Map 用来找到每个点对象所属的簇 ID；Reduce 将相同簇 ID 点对象数据合并生成新簇对象。

**3. 代码实现流程思路**

（1）初始化：根据传入的 $k$ 值，在源数据中随机选择 $k$ 个点对象作为初始的簇中心，生成簇对象（簇 ID、簇中心点个数、簇中心点对象属性）存入输出文件中。

（2）迭代：遍历源数据点对象，将其中的每个点对象与上一次输出文件中的簇对象记录进行比较，根据最短欧氏距离分配到不同的簇中，并计算生成下次迭代用到的新簇对象，存入对应索引的输出文件中，以便下次迭代使用。

（3）输出最终结果：遍历源数据点对象，根据最后一次迭代输出的簇对象来分配到不同的簇，然后输出分类结果。

### 7.4.4　代码实现

我们启动 Hadooop 后，在 Eclipse 中创建一个 MapReduce 项目，并将其命名为 KMeansIris。此时在左侧的 Project Explorer 栏就能看到刚才建立的 KMeansIris 项目。然后我们在这个项目下建立 Point 类、Cluster 类、RandomClusterGenerator 类、KMeans 类、KMeansClusterView 类、KMeansController 类，如图 7.13 所示。

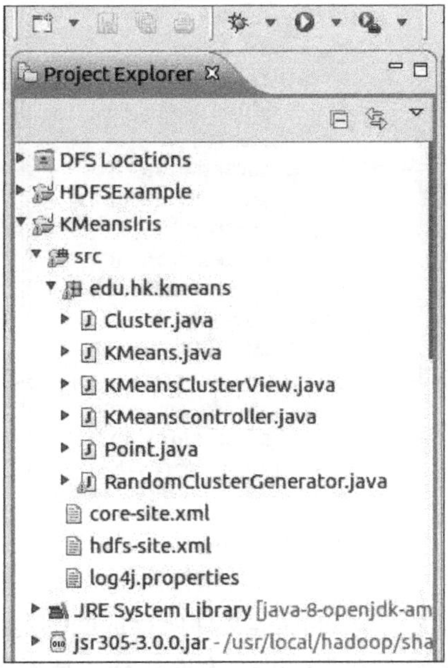


图 7.13　$k$-means 算法的 MapReduce 实现（程序结构）

我们在 user/hadoop/目录下新建一个文件夹 KMeans_in 来存放我们下载好的鸢尾花数据集 iris.txt 文件，如图 7.14 所示。

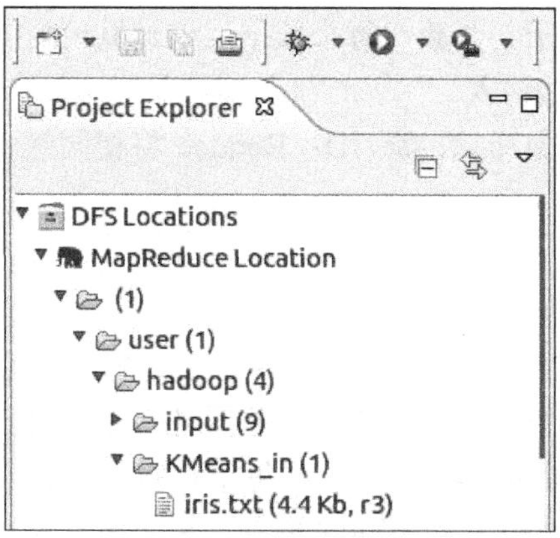


图 7.14　*k*-means 算法的 MapReduce 实现（数据存放）

### 7.4.5　实验结果

我们运行代码后，会在 user/hadoop 目录下看到输出文件夹 KMeans_out，如图 7.15 所示。

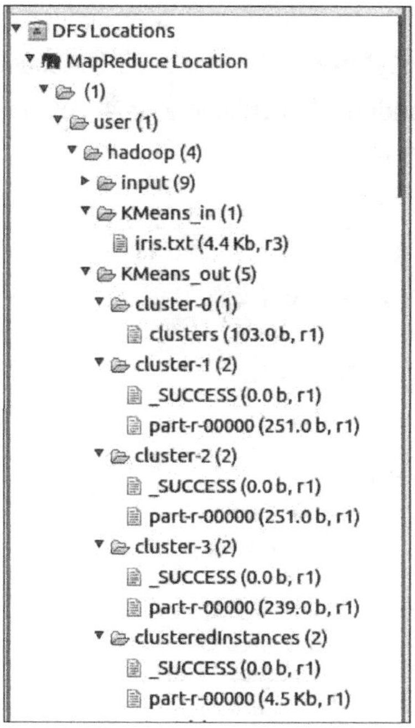


图 7.15　KMeans_out 输出文件

文件夹 KMeans_out 下的每一个 cluster-文件所存放的都是经过一次迭代后的簇中心点。clusteredInstances 文件夹下所存放的是经过三次迭代后的簇类别和每个簇中所包含的数据。cluster-0 代表的是在迭代之前初始化的簇中心点，如图 7.16 所示。因为 *k*-means 算法是有监督的学习算法，所以首先需要对簇中心点进行初始化。图 7.16 中的 3 个点（每行一个点，共 3 个点）是在 150 个点中随机选择的，此时还未进行距离计算和分类，因此每个簇中心点所代表的类中为 0 个数据。第一列数据表示簇 ID，第二列数据表示簇中心点的个数，第三列到第六列表示簇中心点的属性值（花萼长度、花萼宽度、花瓣长度、花瓣宽度），最后一列表示所属的类别。

```
hdfs://localhost:9000/user/hadoop/KMeans_out/cluster-0/clusters
1,0,4.7,3.2,1.6,0.2,Iris-setosa
2,0,7.0,3.2,4.7,1.4,Iris-versicolor
3,0,6.3,3.4,5.6,2.4,Iris-virginica
```

图 7.16　cluster-0 初始化簇中心点

cluster-1/2/3 分别是经过一次、两次、三次迭代后的簇中心点，其结果如图 7.17、图 7.18、图 7.19 所示。这三个输出结果的最后一列没有赋予类别，原因是迭代过程中的重点在于簇中心点的确定，而非类别。最后经过三次迭代后的簇类别以及各个簇中所包含的数据，如图 7.20 所示。

```
hdfs://localhost:9000/user/hadoop/KMeans_out/cluster-1/part-r-00000
1,56,5.026785714285714,3.3053571428571433,1.6696428571428574,0.3267857142857141,null
2,31,5.987096774193548,2.748387096774194,4.235483870967742,1.2935483870967739,null
3,63,6.498412698412697,2.980952380952381,5.380952380952382,1.9269841269841266,null
```

图 7.17　cluster-1 一次迭代后的簇中心点

```
hdfs://localhost:9000/user/hadoop/KMeans_out/cluster-2/part-r-00000
1,53,5.005660377358491,3.360377358490566,1.5622641509433965,0.2886792452830187,null
2,28,5.671428571428571,2.667857142857143,4.082142857142857,1.2571428571428573,null
3,69,6.556521739130433,2.9753623188405807,5.314492753623191,1.8739130434782603,null
```

图 7.18　cluster-2 二次迭代后的簇中心点

```
hdfs://localhost:9000/user/hadoop/KMeans_out/cluster-3/part-r-00000
1,50,5.005999999999999,3.418,1.4639999999999995,0.24399999999999988,null
2,28,5.532142857142858,2.6357142857142852,3.960714285714286,1.2285714285714284,null
3,72,6.545833333333333,2.963888888888889,5.273611111111111,1.8500000000000003,null
```

图 7.19　cluster-3 三次迭代后的簇中心点

```
hdfs://localhost:9000/user/hado
簇1中共有50个对象:
5.1,3.7,1.5,0.4,Iris-setosa
5.4,3.4,1.7,0.2,Iris-setosa
5.1,3.8,1.5,0.3,Iris-setosa
5.7,3.8,1.7,0.3,Iris-setosa
5.1,3.5,1.4,0.3,Iris-setosa
5.4,3.9,1.3,0.4,Iris-setosa
5.7,4.4,1.5,0.4,Iris-setosa
5.8,4.0,1.2,0.2,Iris-setosa
4.3,3.0,1.1,0.1,Iris-setosa
4.8,3.0,1.4,0.1,Iris-setosa
```

```
hdfs://localhost:9000/user/hadoop/
簇2中共有28个对象:
6.1,2.8,4.0,1.3,Iris-versicolor
5.6,3.0,4.1,1.3,Iris-versicolor
5.6,2.5,3.9,1.1,Iris-versicolor
5.1,2.5,3.0,1.1,Iris-versicolor
5.8,2.7,4.1,1.0,Iris-versicolor
5.6,3.0,4.5,1.5,Iris-versicolor
4.9,2.5,4.5,1.7,Iris-virginica
5.6,2.9,3.6,1.3,Iris-versicolor
5.7,2.9,4.2,1.3,Iris-versicolor
6.0,2.2,4.0,1.0,Iris-versicolor
```

```
hdfs://localhost:9000/user/hadoop/
簇3中共有72个对象:
5.9,3.0,5.1,1.8,Iris-virginica
6.2,3.4,5.4,2.3,Iris-virginica
6.5,3.0,5.2,2.0,Iris-virginica
6.3,2.5,5.0,1.9,Iris-virginica
6.7,3.0,5.2,2.3,Iris-virginica
6.7,3.3,5.7,2.5,Iris-virginica
6.8,3.2,5.9,2.3,Iris-virginica
5.8,2.7,5.1,1.9,Iris-virginica
6.9,3.1,5.1,2.3,Iris-virginica
6.7,3.1,5.6,2.4,Iris-virginica
```

图 7.20　三次迭代后的分类结果

从最后的分类结果可看出，此次 *k*-means 算法将鸢尾花分为了 3 类，第一类是 Iris-setosa，共有 50 个对象；第二类是 Iris-versicolor，共有 28 个对象；第三类是 Iris-virginica，共有 72 个对象。初始数据集中鸢尾花各个类别中都有 50 个对象，因此，可以看出 *k*-means 算法的分类效果并不是完美的，它和初始中心点的选择以及迭代次数有关。本节中，为了运行速度，将迭代次数只设为了 3 次，对分类结果会有一定的影响。

此次关于 *k*-means 算法的实现运行就到这里，大家如果对此感兴趣的话，可以采用一些量化指标对该算法进行评价，计算出它的分类正确率，或者将算法进行优化，以提高分类效率。

## 7.5　习题与思考

（1）简述聚类分析的基本思想和基本步骤。

（2）层次聚类法的基本思想是什么？

（3）简述 *k*-means 算法的基本思想和聚类过程。

（4）在数据处理时，为什么通常要进行标准化处理？

（5）简述一个好的聚类算法应具有哪些特征。

（6）简述 *k*-means 聚类法与层次聚类法的异同。

# 第 8 章　基于大数据的分类分析

分类和聚类是两个容易混淆的概念，它们的区别是：在分类中，为了建立分类模型而分析的数据对象的类别是已知的，在聚类时处理的所有数据对象的类别都是未知的。因此，分类是有监督的数据对象划分过程，而聚类是无监督的数据对象划分过程。

事实上，与聚类一样，我们可以基于数据对象的属性进行分类，但是本章主要陈述的是机器学习的分类过程，即在类别已知的情况下，通过分析数据对象组成的训练集，形成分类模型（分类器），分类模型中包含一些分类函数，这些分类函数可以帮助我们进行和训练集类似的未分类数据对象（测试集）的分类任务。因此，分类的目的就是利用分类模型预测未知类别数据对象的所属类别。

分类在数据分析领域应用十分广泛，如在医疗诊断、信用分级、市场调查等方面。通过分析已知类别的数据对象组成的训练数据集，建立描述并区分数据对象类别的分类函数或分类模型是分类的任务。利用大数据技术进行分类，可以达到在海量数据集中进行高效分类的目的。

## 8.1　分类问题概述

分类首先通过分析由已知类别数据对象组成的训练数据集，建立描述并区分数据对象类别的分类模型，当分类模型学习好后，再利用模型预测未知类别数据对象的所属类别。因此，分类过程分为以下两个阶段：学习阶段与分类阶段，如图 8.1 所示。

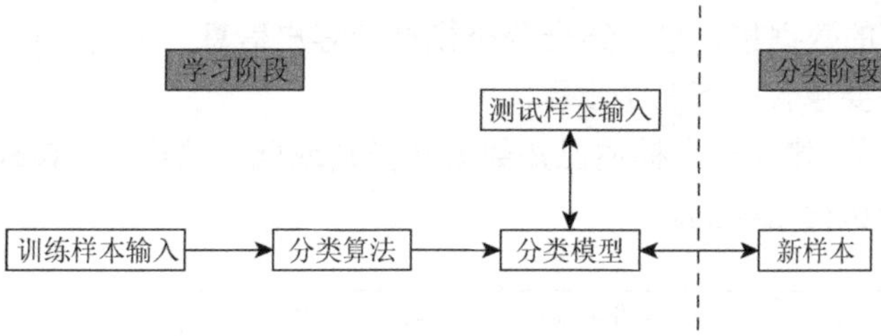


图 8.1　分类过程

### 8.1.1　学习阶段

学习阶段得到的分类模型不仅要很好地描述或拟合训练样本，还要正确地预测或分类新样本，因此需要利用测试样本评估分类模型的准确率，只有分类模型的准确率满足要求，才能利用该分类模型对新样本进行分类。

下面通过分类算法分析训练数据集建立分类模型。训练数据集 $S$ 中的元组或记录称为训练样本，每个训练样本有 $m+1$ 个属性，其中有且仅有一个属性称为类别属性，表示训练样本所属的类别。属性集合可用矢量 $X=(A_1,\cdots,A_m,C)$ 表示，其中 $A_i$（$1\leqslant i\leqslant m$）对应描述属性，可

以具有不同的值域。当一个属性的值域为连续域时，该属性称为数值属性（numerical attribute），否则称为离散属性（discrete attribute）；$C$ 表示类别属性，$C=(c_1,c_2,\cdots,c_k)$，即训练数据集有 $k$ 个不同的类别。那么，$S$ 就隐含地确定了一个从描述属性矢量（$X-|C|$）到类别属性 $C$ 的映射函数 $H:(X-|C|)\to C$。建立分类模型就是通过分类算法将隐含函数 $H$ 表示出来。

分类算法有决策树分类算法、神经网络分类算法、贝叶斯分类算法、$k$-最近邻分类算法、遗传分类算法、粗糙集分类算法、模糊集分类算法等。

分类算法可以根据下列标准进行比较和评估。

（1）准确率。涉及分类模型正确地预测新样本所属类别的能力。

（2）速度。涉及建立和使用分类模型的计算开销。

（3）强壮性。涉及给定噪声数据或具有空缺值的数据，分类模型正确地预测的能力。

（4）可伸缩性。涉及给定大量数据有效地建立分类模型的能力。

（5）可解释性。涉及分类模型提供的理解和洞察的层次。

分类模型有分类规则、判定树等多种形式。例如，分类规则以 IF-THEN 的形式表示，类似条件语句，规则前件（IF 部分）表示某些特征判断，规则后件（THEN 部分）表示当规则前件为真时样本所属的类别。例如，“IF 收入=‘高’ THEN 信誉=‘优’”表示当顾客的收入高时，他的信誉为优。

### 8.1.2　分类阶段

分类阶段就是利用分类模型对未知类别的新样本进行分类。数值预测过程与数据分类过程相似。首先通过分析由预测属性取值已知的数据对象组成的训练数据集，建立描述数据对象特征与预测属性之间的相关关系的预测模型，然后利用预测模型对预测属性取值未知的数据对象进行预测。目前，数值预测技术主要采用回归统计技术，如一元线性回归、多元线性回归、非线性回归等。多元线性回归是一元线性回归的推广。在实际中，许多问题可以用线性回归解决，许多非线性问题也可以通过变换后用线性回归解决。

例如，通过已有的数据集信息，结合分类模型和客户信息，判别银行是否会是流失客户。判别数据分类过程主要包含以下两个步骤。

（1）如图 8.2 所示，建立一个描述已知数据集类别或概念的模型。该模型是通过对数据库中各数据行内容的分析而获得的。

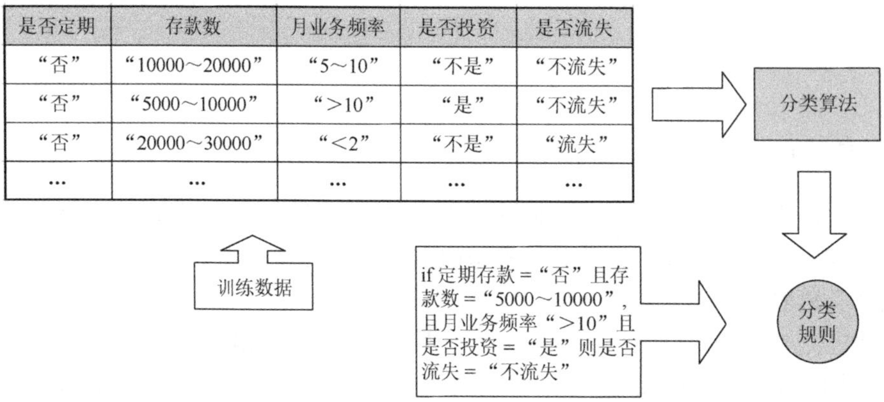


图 8.2　数据分类过程中的第一步：学习建模

（2）如图 8.3 所示，用所获得的模型进行分类操作，对模型分类准确率及逆行估计，若模型的准确率可以接受，则可以采用模型对新数据进行预测。

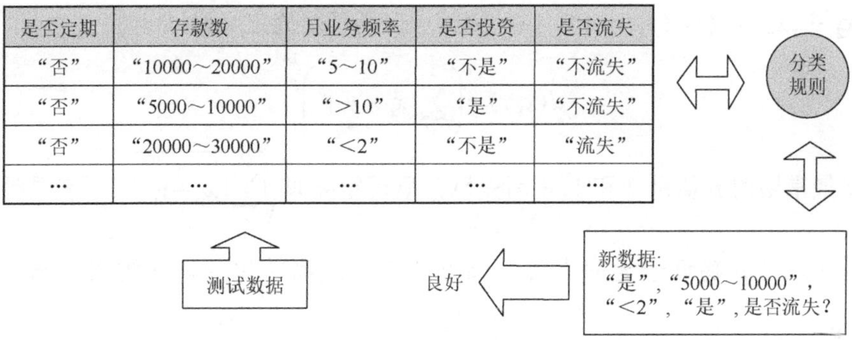


图 8.3　数据分类过程中的第二步：分类测试

# 8.2　*k*-最近邻算法

## 8.2.1　KNN 算法原理

*k*-最近邻（*k*-nearest neighbor，KNN）算法是一个理论上比较成熟的方法，也是最简单的机器学习算法之一，该算法最初由 Cover 和 Hart 于 1968 年提出，它根据距离函数计算待分类样本 $X$ 和每个训练样本间的距离（作为相似度），选择与待分类样本距离最小的 $K$ 个样本作为 $X$ 的 $K$ 个最近邻，最后以 $X$ 的 $K$ 个最近邻中的大多数样本所属的类别作为 $X$ 的类别。

KNN 算法所选择的邻居都是已经正确分类的对象。该方法在定类决策上只依据最邻近的一个或者几个样本的类别来决定待分样本所属的类别。KNN 算法虽然从原理上也依赖于极限定理，但在类别决策时，只与极少量的相邻样本有关。由于 KNN 算法主要靠周围有限的邻近的样本，而不是靠判别类域的方法确定所属类别的，所以对于类域的交叉或重叠较多的待分类样本来说，KNN 算法较其他算法更为适合。

KNN 算法大致包括以下三个步骤。

（1）算距离：给定测试对象，计算它与训练集中的每个对象的距离。

（2）找邻居：圈定距离最近的 $k$ 个训练对象，作为测试对象的近邻。

（3）做分类：根据这 $k$ 个近邻归属的主要类别，对测试对象进行分类。

因此，最为关键的就是距离的计算。一般而言，定义一个距离函数 $d(x,y)$，需要满足以下几个准则。

（1）$d(x,x)=0$。

（2）$d(x,y)\geqslant 0$。

（3）$d(x,y)=d(y,x)$。

（4）$d(x,k)+d(k,y)\geqslant d(x,y)$。

计算距离有很多方法，大致分为连续型特征值计算方法和离散型特征值计算方法两大类。

**1. 连续型数据的相似度度量方法**

1）闵可夫斯基距离

闵可夫斯基距离是衡量数值点之间距离的一种常见的方法，假设数值点 $P$ 和 $Q$ 坐标分别为 $P=(x_1,x_2,\cdots,x_n)$ 和 $Q=(y_1,y_2,\cdots,y_n)$，则闵可夫斯基距离定义为

$$d(x,y)=\left(\sum_{i=1}^{n}|x_i-y_i|^p\right)^{\frac{1}{p}} \tag{8.1}$$

该距离最常用的 $p$ 值是 2 和 1，前者是欧几里得距离即 $\sqrt{\sum_{i=1}^{n}|x_i-y_i|^2}$。后者是曼哈顿距离，即 $\sum_{i=1}^{n}|x_i-y_i|$，当 $p$ 趋近于无穷大时，闵可夫斯基距离转化为切比雪夫距离（Chebyshev distance），即

$$d(x,y)\left(\sum_{i=1}^{n}|x_i-y_i|^p\right)^{\frac{1}{p}}=\max_i|x_i-y_i| \tag{8.2}$$

2）余弦相似度

为了解释余弦相似度，先介绍一下向量内积的概念。向量内积定义如下：

$$\text{Inner}(x,y)=\langle x,y\rangle=\sum\nolimits_i x_i y_i \tag{8.3}$$

向量内积的结果是没有界限的，一种解决方法是除以长度之后再求内积，这就是应用广泛的余弦相似度：

$$\text{Cosim}(x,y)=\frac{\sum_i x_i y_i}{\sqrt{\sum_i x_i^2}\sqrt{\sum_i y_i^2}}=\frac{\langle x,y\rangle}{\|x\|y\|} \tag{8.4}$$

余弦相似度与向量的幅值无关，只与向量的方向相关。需要说明的是，余弦相似度受到向量的平移影响，式（8.4）中如果将 $x$ 平移到 $x+1$，那么余弦值就会改变。怎样才能实现这种平移不变性？这就是下面提到的皮尔逊相关系数（Pearson correlation coefficient），或简称为相关系数。

3）皮尔逊相关系数

$$\text{Corr}(x,y)=\frac{\sum_i(x_i-\bar{x})(y_i-\bar{y})}{\sqrt{\sum_i(x_i-\bar{x})^2}\sqrt{\sum_i(y_i-\bar{y})^2}}=\frac{\langle x-\bar{x},y-\bar{y}\rangle}{\|x-\bar{x}\|y-\bar{y}\|}=\text{CosSim}(x-\bar{x},y-\bar{y}) \tag{8.5}$$

皮尔逊相关系数具有平移不变性和尺度不变性的特点，它计算出了两个向量的相关性，$\bar{x}$、$\bar{y}$ 分别表示 $x$、$y$ 的平均值。

**2. 离散型数据的相似度度量方法**

1）汉明距离（Hamming distance）

两个等长字符串 $s_1$ 和 $s_2$ 之间的汉明距离定义为将其中一个变为另外一个所需要做的最小替换次数。例如，1011101 与 1001001 之间的汉明距离是 2，2143896 与 2233796 之间的汉明距离是 3，toned 与 roses 之间的汉明距离是 3。

在一些情况下，某些特定的值相等并不能代表什么。例如，用 1 表示用户看过该电影，用 0 表示用户没有看过该电影，那么用户看电影的信息就可以用 0、1 表示成一个序列。考虑到电影基数非常庞大，用户看过的电影只占其中非常小的一部分，如果两个用户都没有看过某一部电影（两个都是 0），并不能说明两者相似。反之，如果两个用户都看过某一部电影（序

列中都是 1)，那么说明用户有很大的相似度。在这个例子中，序列中等于 1 所占的权重应该远远大于 0 的权重，这就引出下面要说的雅卡尔相似系数（Jaccard similarity coefficient)。

2）雅卡尔相似系数

在上面的例子中，用 $M_{11}$ 表示两个用户都看过的电影数目，$M_{10}$ 表示用户 $A$ 看过而用户 $B$ 没有看过的电影数目，$M_{01}$ 表示用户 $A$ 没看过而用户 $B$ 看过的电影数目，$M_{00}$ 表示两个用户都没有看过的电影数目。雅卡尔相似系数可以表示如下：

$$J=\frac{M_{11}}{M_{01}+M_{10}+M_{11}} \tag{8.6}$$

**3. 实现 KNN 算法的步骤**

（1）初始化距离为最大值。

（2）计算测试样本和每个训练样本的距离 dist。

（3）得到目前 $k$ 个最近邻样本中的最大距离 maxdist。

（4）如果 dist 小于 maxdist，那么将该训练样本作为 $k$ 最近邻样本。

（5）重复步骤（2）～步骤（4)，直到测试样本和所有训练样本的距离都计算完毕。

（6）统计 $k$ 个最近邻样本中每个类别出现的次数。

（7）选择出现频率最高的类别作为测试样本的类别。

**【例 8.1】** KNN 算法。以表 8.1 所示的人员信息表作为样本数据，假设 $k=5$，并只用“身高”属性作为距离计算属性。采用 $k$ - 最近邻算法对<张三，男，1.60>进行分类。

**表 8.1　人员信息表**

| 姓名 | 性别 | 身高/m | 类别 | 姓名 | 性别 | 身高/m | 类别 |
|---|---|---|---|---|---|---|---|
| 小红 | 女 | 1.60 | 矮 | 张峰 | 男 | 1.93 | 高 |
| 小明 | 男 | 1.82 | 高 | 王东 | 男 | 1.85 | 高 |
| 小花 | 女 | 1.90 | 高 | 邓菲 | 女 | 1.80 | 中等 |
| 赵芳 | 女 | 1.83 | 高 | 小刘 | 男 | 1.82 | 高 |
| 张倩 | 女 | 1.70 | 矮 | 祝晓 | 女 | 1.90 | 高 |
| 王刚 | 男 | 1.85 | 高 | 杨青 | 女 | 1.78 | 中等 |
| 李兰 | 女 | 1.60 | 矮 | 吴诗 | 女 | 1.75 | 中等 |
| 小涛 | 男 | 1.70 | 矮 | | | | |

这里 $t$ =<张三，男，1.60>，以“身高”属性作为距离计算属性，求出 $t$ 与样本数据集中所有样本 $t_i$（$1 \leqslant i \leqslant 15$）的距离，即距离 dist=$|t_i$.身高 $-t$.身高$|$，按距离递增排序，取前 5 个样本构成样本集合 $N$，见表 8.2，其中 4 个属于矮、一个属于中等，最终认为张三为矮。

**表 8.2　前 5 个样本集合**

| 姓名 | 性别 | 身高/m | 类别 |
|---|---|---|---|
| 小红 | 女 | 1.60 | 矮 |
| 李兰 | 女 | 1.60 | 矮 |
| 小涛 | 男 | 1.70 | 矮 |
| 张倩 | 女 | 1.70 | 矮 |
| 吴诗 | 女 | 1.75 | 中等 |

### 8.2.2 KNN 算法的特点及改进

**1. KNN 算法的特点**

（1）算法思路较为简单、易于实现。

（2）当有新样本要加入训练集中时，无须重新训练（即重新训练的代价低）。

（3）计算时间和空间线性于训练集的规模，对某些问题而言是可行的。

**2. KNN 算法的缺点**

（1）分类速度慢。KNN 算法的时间复杂度和空间复杂度会随着训练集规模和特征维数的增大而快速增加，因此每次新的待分类样本都必须与所有训练集一同计算比较相似度，以便取出靠前的 $k$ 个已分类样本，KNN 算法的时间复杂度为 $O(kmn)$，这里 $m$ 是特征个数，$n$ 是训练集样本的个数。

（2）各属性的权重相同，影响准确率。当样本不均衡时，如一个类的样本容量很大，而其他类的样本容量很小时，有可能导致当输入一个新样本时，该样本的 $k$ 个邻居中大容量类的样本占多数。该算法只计算“最近的”邻居样本，如果某一类的样本数量很大，那么有可能目标样本并不接近这类样本，却会将目标样本分到该类下，从而影响分类准确率。

（3）样本库容量依赖性较强。

（4）$k$ 值不好确定。$k$ 值选择过小，会导致近邻数目过少，降低分类精度，同时也会放大噪声数据的干扰；$k$ 值选择过大，如果待分类样本属于训练集中包含数据较少的类，那么在选择 $k$ 个近邻时，实际上并不相似的数据也会被包含进来，从而造成噪声增加而使分类效果降低。

**3. KNN 算法的改进策略**

1）从降低计算复杂度的角度

当样本容量较大以及特征属性较多时，KNN 算法分类的效率就将大大地降低，可以采用的改进方法如下。

（1）进行特征选择。使用 KNN 算法之前对特征属性进行约简，删除那些对分类结果影响较小（或不重要）的特征，可以加快 KNN 算法的分类速度。

（2）缩小训练样本集的大小。在原有训练集中删除与分类相关性不大的样本。

（3）通过聚类，将聚类所产生的中心点作为新的训练样本。

2）从优化相似度度量方法的角度

很多 KNN 算法基于欧几里得距离来计算样本的相似度，但这种方法对噪声特征非常敏感。为了改变传统 KNN 算法中特征作用相同的缺点，可以在度量相似度距离公式中给特征赋予不同权重，特征的权重一般根据各个特征在分类中的作用而设定，计算权重的方法有很多，如信息增益的方法。另外，还可以针对不同的特征类型，采用不同的相似度度量公式，更好地反映样本间的相似性。

3）从优化判决策略的角度

传统的 KNN 算法的决策规则存在的缺点是：当样本分布不均匀（训练样本各类别之间数目不均衡，或者即使基本数目接近，但其所占区域大小不同）时，只按照前 $k$ 个近邻顺序而不考虑它们的距离，会造成分类不准确。解决的方法也有很多，如可以采用均匀化样本分布密度的方法加以改进。

4）从选取恰当 $k$ 值的角度

由于 KNN 算法中的大部分计算都发生在分类阶段，而且分类效果在很大程度上依赖于 $k$ 值的选取，到目前为止，没有成熟的方法和理论指导 $k$ 值的选择，大多数情况下需要通过反复试验来调整 $k$ 值的选择。

## 8.3　决策树分类方法

### 8.3.1　决策树概述

**1. 决策树的基本概念**

决策树（decision tree）是一种树形结构，包括决策节点（内部节点）、分支和叶节点三个部分。

决策节点代表某个测试，通常对应于待分类对象的某个属性，在该属性上的不同测试结果对应一个分支。

叶节点存放某个类标号值，表示一种可能的分类结果。分支表示某个决策节点的不同取值。

如图 8.4 所示，在根节点处，使用体温这个属性把冷血脊椎动物和恒温脊椎动物区别开来。因为所有的冷血脊椎动物都是非哺乳动物，所以用一个类称号为非哺乳动物的叶节点作为根节点的右子女。如果脊椎动物的体温是恒温的，那么接下来用胎生这个属性来区分哺乳动物与其他恒温动物（主要是鸟类）。

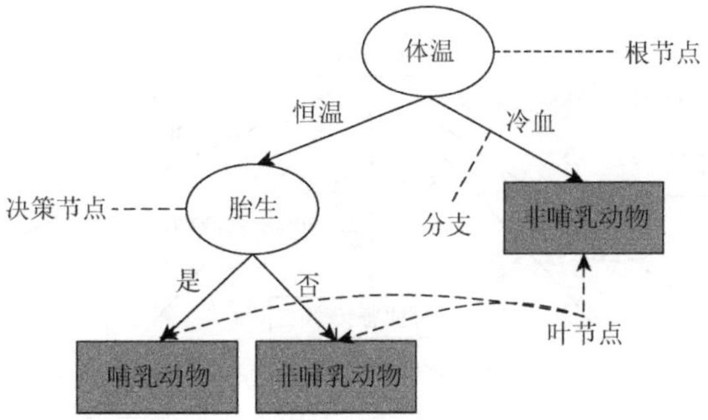


图 8.4　树形结构

决策树可以用来对未知样本进行分类，分类过程如下：从决策树的根节点开始，从上往下沿着某个分支向下搜索，直到叶节点，以叶节点的类标号值作为该未知样本所属的类标号。

图 8.4、图 8.5 显示了应用决策树预测火烈鸟的类标号所经过的路径，路径终止于类称号为非哺乳动物的叶节点。虚线表示在未标记的脊椎动物上使用各种属性测试条件的结果。该脊椎动物最终被指派到非哺乳动物类。

决策树分类例题演示如下。

**【例 8.2】**决策树分类。某银行训练数据见表 8.3，请利用决策树分类方法预测类标号未知的新样本{“是”“5000～10000”“<2”“是”？}，其类标号属性为流失或不流失。

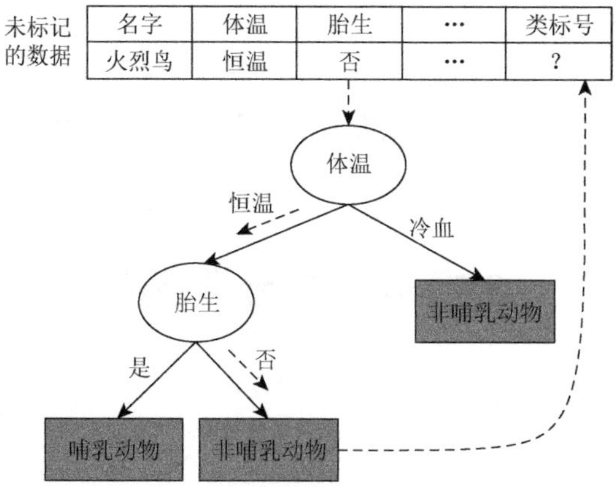


图 8.5 决策树进行预测示例

**表 8.3 某银行训练数据**

| 是否定期 | 存款数 | 月业务频率 | 是否投资 | 是否流失 |
|---|---|---|---|---|
| "否" | "10000～20000" | "5～10" | "不是" | "不流失" |
| "否" | "5000～10000" | "＞ 10" | "是" | "不流失" |
| "否" | "20000～30000" | "＜2" | "不是" | "流失" |
| "是" | "10000～20000" | "2～5" | "是" | "不流失" |
| ⋮ | ⋮ | ⋮ | ⋮ | ⋮ |

首先，根据训练数据集建立决策树，如图 8.6 所示。

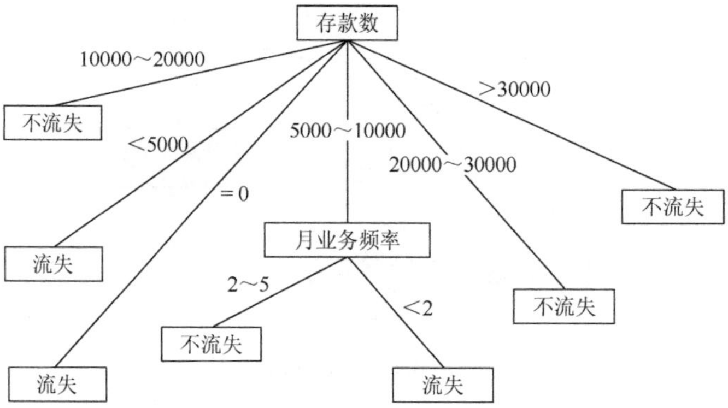


图 8.6 建立的决策树

然后，使用决策树对未知样本进行分类，即将未知样本各属性值与决策树对照，按照未知样本预测属性的值进行分类。未知样本分类属性预测如图 8.7 所示。

通过决策树对未知新样本的分类预测，能够得到样本的预测属性值为流失。

**2. 决策树的构造**

使用决策树方法对未知属性进行分类预测的关键在于决策树的构造，决策树在构建过程中需重点解决以下两个问题。

（1）如何选择合适的属性作为决策树的节点去划分训练样本。

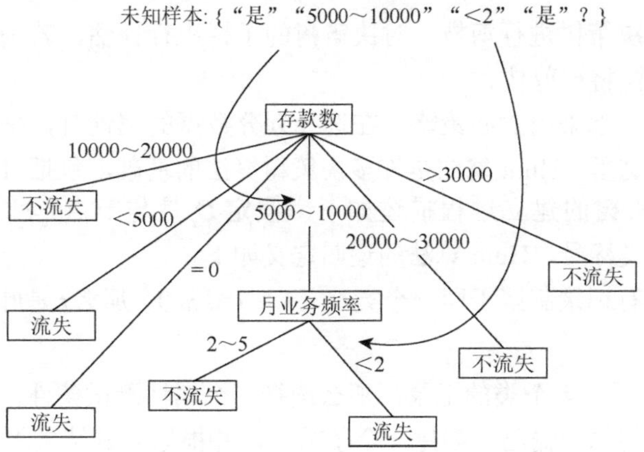


图 8.7　未知样本分类属性预测

（2）如何在适当位置停止划分过程，从而得到大小合适的决策树。

决策树的工作原理流程如图 8.8 所示。决策树学习的目的是希望生成能够揭示数据集结构并且预测能力强的一棵树，在树完全生长的时候有可能预测能力反而降低，为此通常需要获得大小合适的树。

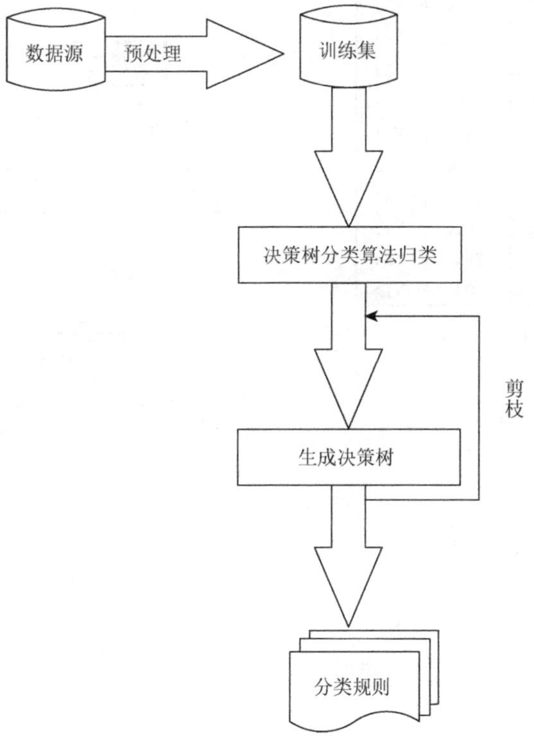


图 8.8　决策树的工作原理流程

一般来说有以下两种获取方法。

（1）定义树的停止生长条件，常见条件包括最小划分实例数、划分阈值、最大树深度等。

（2）对完全生长决策树进行剪枝，对决策树的子树进行评估，若去掉该子树后整个决策树表现更好，则该子树将被剪枝。

决策树的构建通常都采用贪心策略，在选择划分数据的属性时，采取一系列局部最优决策来构造决策树。在这里，Hunt 算法是许多决策树算法的基础，包括 ID3、C4.5 和 CART。

Hunt 算法对决策树的建立过程描述如下，假定 $D_t$ 是与节点 $t$ 相关联的训练记录集，$C=\{C_1,C_2,\cdots,C_m\}$ 是类标号，Hunt 算法的递归定义如下。

（1）如果 $D_t$ 中所有记录都属于同一个类 $C_i$（$1\leqslant i\leqslant m$），那么 $t$ 是叶节点，用类标号 $C_i$ 进行标记。

（2）如果 $D_t$ 包含属于多个类的记录，那么选择一个属性测试条件，将记录划分为更小的子集。对于测试条件的每个输出，创建一个子节点，并根据测试结果将 $D_t$ 中的记录分布到子节点中，然后对每个子节点递归调用该算法。

图 8.9 是使用 Hunt 算法构建决策树的过程。图 8.9（a）为每条记录都包含贷款者的个人信息，以及贷款者是否拖欠贷款的类标号。通过已有的信息数据对未知样本中的拖欠贷款进行分类预测，预测贷款申请者是会按时归还贷款，还是会拖欠贷款。

| 序号 | 有房者 | 婚姻状况 | 年收入 | 拖欠贷款 |
|---|---|---|---|---|
| 1 | Yes | 未婚 | 125 K | NO |
| 2 | No | 已婚 | 100 K | NO |
| 3 | No | 未婚 | 70 K | NO |
| 4 | Yes | 已婚 | 120 K | NO |
| 5 | No | 离异 | 95 K | YES |
| 6 | No | 已婚 | 60 K | NO |
| 7 | Yes | 离异 | 220 K | NO |
| 8 | No | 未婚 | 85 K | YES |
| 9 | No | 已婚 | 75 K | NO |
| 10 | No | 未婚 | 90 K | YES |

(a)

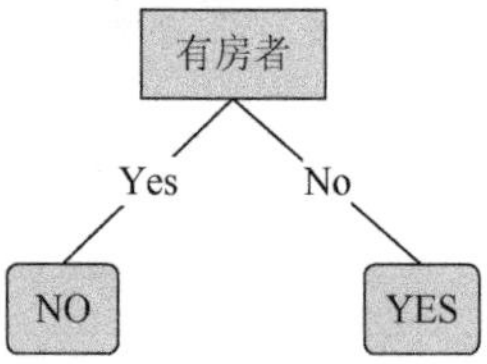


(b)

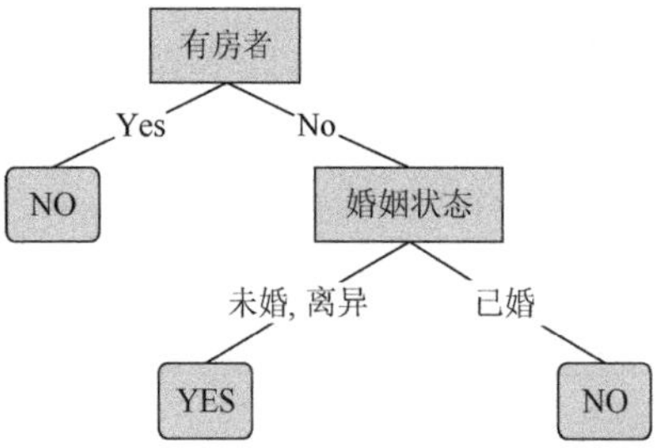


(c)

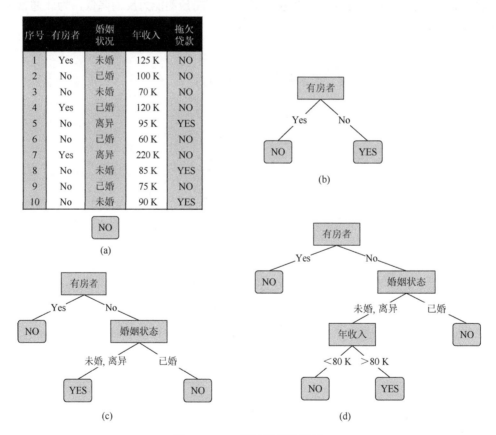

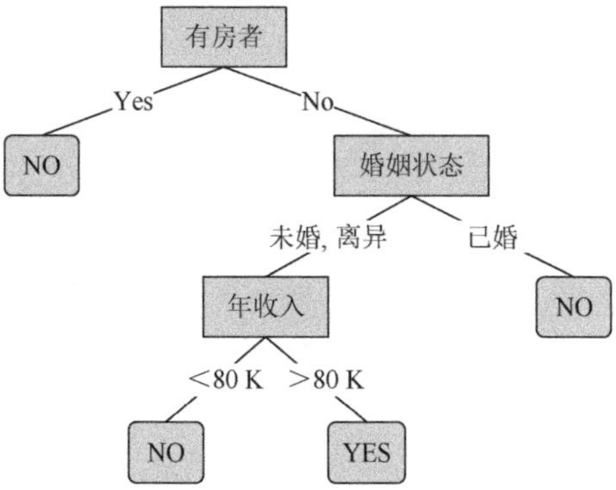


(d)

图 8.9　Hunt 算法构建决策树

该分类问题的初始决策树只有一个节点，类标号为“NO”，如图 8.9（a）所示，意味着大多数贷款者都按时归还贷款。然而，该树需要进一步细化，因为根节点包含两个类的记录。

根据“有房者”测试条件，这些记录被划分为较小的子集，如图 8.9（b）所示。选取属性测试条件的理由稍后讨论，假定此处这样选是划分数据的最优标准。接下来，对根节点的每个子女递归地调用 Hunt 算法。从给出的训练数据集可以看出，有房的贷款者都按时偿还了贷款，因此根节点的左子女为叶节点，标记为“NO”，如图 8.9（b）所示。对于右子女，需要继续递归调用 Hunt 算法，直到所有的记录都属于同一个类为止。每次递归调用所形成的决策树显示在图 8.9（c）和图 8.9（d）中。

如果属性值的每种组合都在训练数据中出现，并且每种组合都具有唯一的类标号，那么 Hunt 算法是有效的。但是对于大多数实际情况，这些假设太苛刻了。

虽然可以采用任何一个属性对数据集进行划分，但选择不同的属性最后形成的决策树差异很大。属性选择是决策树算法中重要的步骤。常见的属性选择标准包括信息增益（information gain）和基尼系数（gini coefficient）。

（1）信息增益是决策树常用的分枝准则，在树的每个节点上选择具有最高信息增益的属性作为当前节点的划分属性。

（2）基尼系数是一种不纯度函数，用来度量数据集的数据关于类的纯度。

信息增益和基尼系数是信息论中的概念，下面介绍信息论中的相关概念。

## 8.3.2　信息论

**1. 信息熵**

熵（entropy），也称信息熵，用来度量一个属性的信息量。

假定 $S$ 为训练集，$S$ 的目标属性 $C$ 具有 $m$ 个可能的类标号值，$C=\{C_1,C_2,\cdots,C_m\}$，假定在训练集 $S$ 中，$C_i$ 在所有样本中出现的频率为 $p_i(i=1,2,\cdots,m)$，则该训练集 $S$ 所包含的信息熵定义为

$$\text{Entropy}(S)=\text{Entropy}(p_1,p_2,\cdots,p_m)=-\sum_{i=1}^{m}p_i\log_2 p_i \tag{8.7}$$

熵越小表示样本对目标属性的分布越纯，反之，熵越大则表示样本对目标属性的分布越混乱。

**【例 8.3】**信息熵。考虑数据集 weather，见表 8.4。求 weather 数据集关于目标属性 play ball 的熵。

**表 8.4　weather 数据集**

| outlook | temperature | humidity | wind | play ball |
|---|---|---|---|---|
| sunny | hot | high | weak | no |
| sunny | hot | high | strong | no |
| overcast | hot | high | weak | yes |
| rain | mild | high | weak | yes |
| rain | cool | normal | weak | yes |
| rain | cool | normal | strong | no |
| overcast | cool | normal | strong | yes |
| sunny | mild | high | weak | no |
| sunny | cool | normal | weak | yes |

续表

| outlook | temperature | humidity | wind | play ball |
|---|---|---|---|---|
| rain | mild | normal | weak | yes |
| sunny | mild | normal | strong | yes |
| overcast | mild | high | strong | yes |
| overcast | hot | normal | weak | yes |
| rain | mild | high | strong | no |

令 weather 数据集为$S$，其中有 14 个样本。目标属性 play ball 有两个值$\{C_1=\text{yes}, C_2=\text{no}\}$。14 个样本的分布如下：9 个样本的类标号取值为 yes，5 个样本的类标号取值为 no。$C_1=\text{yes}$在所有样本$S$中出现的概率为 9/14，$C_2=\text{no}$在所有样本$S$中出现的概率为 5/14。

因此数据集$S$的熵为

$$\text{Entropy}(S)=\text{Entropy}\left(\frac{9}{14},\frac{5}{14}\right)=-\frac{9}{14}\log_2\frac{9}{14}-\frac{5}{14}\log_2\frac{5}{14}=0.94$$

**2. 信息增益**

信息增益是划分前样本数据集的不纯程度（熵）和划分后样本数据集的不纯程度（熵）的差值。

假设划分前样本数据集为$S$，并用属性$A$来划分样本集$S$，则按属性$A$划分$S$的信息增益$\text{Gain}(S,A)$为样本集$S$的熵减去按属性$A$划分$S$后的样本子集的熵：

$$\text{Gain}(S,A)=\text{Entropy}(S)-\text{Entropy}_A(S) \tag{8.8}$$

按属性$A$划分$S$后的样本子集的熵定义如下：假定属性$A$有$k$个不同的取值，从而将$S$划分为$k$个样本子集$\{S_1,S_2,\cdots,S_k\}$，则按属性$A$划分$S$后的样本子集的信息熵为

$$\text{Entropy}_A(S)=\sum_{i=1}^{k}\frac{|S_i|}{|S|}\text{Entropy}(S_i) \tag{8.9}$$

式中：$|S_i|\ (i=1,2,\cdots,k)$为样本子集$S_i$中包含的样本数；$|S|$为样本集$S$中包含的样本数。信息增益越大，说明使用属性$A$划分后的样本子集越纯，越有利于分类。

**【例 8.4】** 信息增益。同样以数据集 weather 为例，设该数据集为$S$，假定用属性 wind 来划分$S$，求$S$对属性 wind 的信息增益。

（1）首先由前例计算得到数据集$S$的熵值为 0.94。

（2）属性 wind 有两个可能的取值{weak，strong}，它将$S$划分为两个子集：$\{S_1,S_2\}$，$S_1$为 wind 属性取值为 weak 的样本子集，共有 8 个样本；$S_2$为 wind 属性取值为 strong 的样本子集，共有 6 个样本。下面分别计算样本子集$S_1$和$S_2$的熵。

对样本子集$S_1$，play ball = yes 的有 6 个样本，play ball = no 的有 2 个样本，则有

$$\text{Entropy}(S_1)=-\frac{6}{8}\log_2\frac{6}{8}-\frac{2}{8}\log_2\frac{2}{8}=0.811$$

对样本子集$S_2$，play ball = yes 的有 3 个样本，play ball = no 的有 3 个样本，则有

$$\text{Entropy}(S_2)=-\frac{3}{6}\log_2\frac{3}{6}-\frac{3}{6}\log_2\frac{3}{6}=1$$

利用属性 wind 划分$S$后的熵为

$$\begin{aligned}\text{Entropy}_{\text{wind}}(S) &= \sum_{i=1}^{k}\frac{|S_i|}{|S|}\text{Entropy}(S_i) = \frac{|S_1|}{|S|}\text{Entropy}(S_1) + \frac{|S_2|}{|S|}\text{Entropy}(S_2) \\ &= \frac{8}{14}\text{Entropy}(S_1) + \frac{6}{14}\text{Entropy}(S_2) \\ &= 0.571\times 0.811 + 0.429\times 1 \\ &= 0.892\end{aligned}$$

按属性 wind 划分数据集 $S$ 所得的信息增益值为

$$\text{Gain}(S,\text{wind}) = \text{Entropy}(S) - \text{Entropy}_{\text{wind}}(S) = 0.94 - 0.892 = 0.048$$

### 8.3.3　ID3 算法

**1. ID3 算法代码**

ID3 算法伪代码如图 8.10 所示。

```
函数：DT(S,F)
输入：训练数据集 S，训练集数据属性集合 F
输出：ID3 决策树
方法：
if 样本 S 全部属于同一个类别 C then
    创建一个叶节点，并标记类标号为 C
return
else
    计算属性集 F 中每一个属性的信息增益，假定增益值最大的属性为 A
    创建节点，取属性 A 为该节点的决策属性
    for 节点属性 A 的每个可能的取值 V  do
        为该节点添加一个新的分支，假设 S_V 为属性 A 取值为 V 的样本子集
        if 样本 S_V 全部属于同一个类别 C then
            为该分支添加一个叶节点，并标记类标号为 C
      else
            递归调用 DT(S_V,F-|A|)，为该分支创建子树
      end if
   end for
end if
```

图 8.10　ID3 算法过程

下面以例 8.5 为例讲解 ID3 算法的建立过程。

**【例 8.5】** 同样以 weather 数据集为例，见表 8.4，使用 ID3 算法实现决策树的构建。

分析：数据集具有属性 outlook、temperature、humidity、wind。

outlook={sunny，overcast，rain}

temperature={hot，mild，cool}

humidity={high，normal}

wind={weak，strong}

首先计算总数据集 $S$ 对所有属性的信息增益，寻找根节点的最佳分裂属性：

Gain( $S$，outlook ) = 0.246

Gain( $S$，temperature ) = 0.029

Gain( $S$，humidity ) = 0.152

$\text{Gain}(S, \text{wind}) = 0.049$

显然，这里 outlook 属性具有最高的信息增益值，因此将它选为根节点。

以 outlook 作为根节点，根据 outlook 的可能取值建立分支，对每个分支递归建立子树。因为 outlook 有 3 个可能值，所以对根节点建立 3 个分支{sunny，overcast，rain}。以 outlook 为根节点建立决策树如图 8.11 所示。

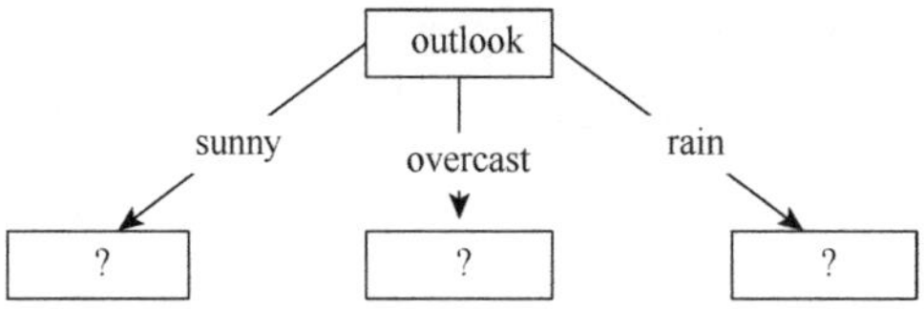


图 8.11　以 outlook 为根节点建立决策树

哪个属性用来最佳划分根节点的 sunny 分支、overcast 分支、rain 分支？

首先对 outlook 的 sunny 分支建立子树。

找出数据集中 outlook = sunny 的样本子集 $S_{\text{outlook=sunny}}$，然后依次计算剩下 3 个属性对该样本子集 $S_{\text{sunny}}$ 划分后的信息增益：

$\text{Gain}(S_{\text{sunny}}, \text{humidity}) = 0.971$

$\text{Gain}(S_{\text{sunny}}, \text{temperature}) = 0.571$

$\text{Gain}(S_{\text{sunny}}, \text{wind}) = 0.371$

显然 humidity 具有最高的信息增益值，因此它被选为 outlook 节点下 sunny 分支下的决策节点，如图 8.12 所示。

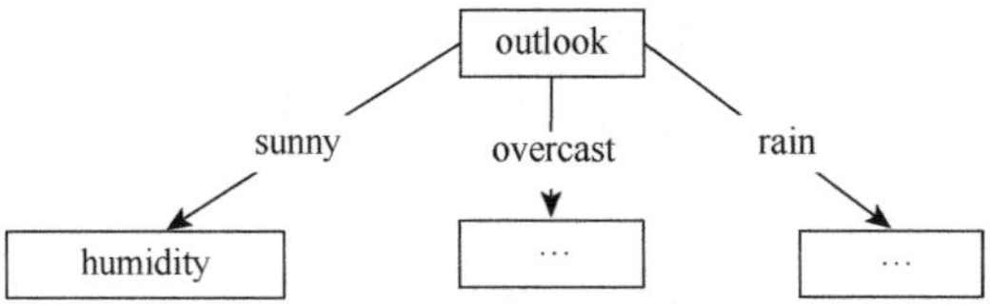


图 8.12　在 outlook 节点下 sunny 分支的情况

采用同样的方法，依次对 outlook 的 overcast 分支、rain 分支建立子树，最后得到一棵可以预测类标号未知的样本的决策树，如图 8.13 所示。

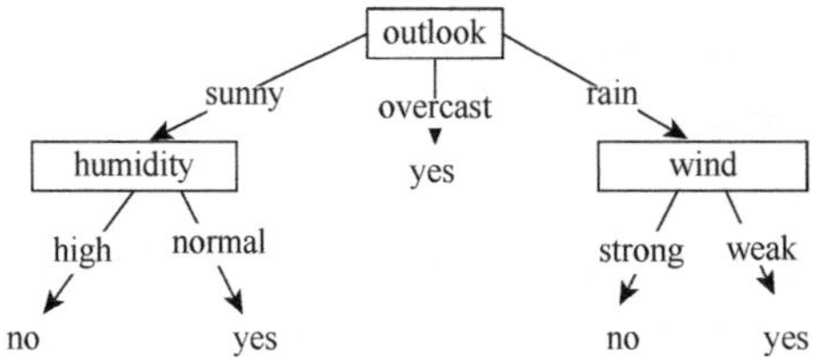


图 8.13　完整的决策树

完整的决策树建立后，可以对未知样本进行预测。下面利用决策树类标号未知的样本 $X$ 进行预测：$X = \{\text{rain，hot，normal，weak，？}\}$。

根据图 8.13 中完整的决策树对未知样本进行预测，使用未知样本中各决策节点的值对树进行遍历，最后叶子节点值是 yes，因此“？”应为 yes。

**【例 8.6】** ID3 算法 2。表 8.5 是关于动物的数据集，根据现有数据集判断样本是否会生蛋。以 ID3 算法构建决策树。

**表 8.5　动物的数据集**

| 样本数据 | warm_blooded | feathers | fur | swims | lays_eggs |
|---|---|---|---|---|---|
| 1 | 1 | 1 | 0 | 0 | 1 |
| 2 | 0 | 0 | 0 | 1 | 1 |
| 3 | 1 | 1 | 0 | 0 | 1 |
| 4 | 1 | 1 | 0 | 0 | 1 |
| 5 | 1 | 0 | 0 | 1 | 0 |
| 6 | 1 | 0 | 1 | 0 | 0 |

假设目标分类属性是 lays_eggs，计算 $E(\text{lays\_eggs})$：

$$E(\text{lays\_eggs}) = E(4,2) = -\frac{4}{6}\log_2\frac{4}{6} - \frac{2}{6}\log_2\frac{2}{6} = 0.918$$

以 warm_blooded 属性为例：$S_1$ 为 warm_blooded = 1 的样本子集，共有 5 个样本；$S_2$ 为 warm_blooded = 0 的样本子集，共有 1 个样本。分别计算样本子集 $S_1$ 和 $S_2$ 的熵。

$$E(S_1) = -\frac{2}{5}\log_2\frac{2}{5} - \frac{3}{5}\log_2\frac{3}{5} = 0.971，\quad E(S_2) = 0$$

$$E_{\text{warm\_blooded}}(\text{lays\_eggs}) = \frac{5}{6}E(S_1) + \frac{1}{6}E(S_2) = 0.809$$

$$\text{Gain}(\text{lays\_eggs,warm\_blooded}) = E(\text{lays\_eggs}) - E_{\text{warm\_blooded}}(\text{lays\_eggs}) = 0.109$$

类似地，有

$\text{Gain}(\text{lays\_eggs,feathers}) = 0.459$

$\text{Gain}(\text{lays\_eggs,fur}) = 0.316$

$\text{Gain}(\text{lays\_eggs,swims}) = 0.044$

由于 feathers 在属性中具有最高的信息增益，所以它首先被选作测试属性，并以此创建一个节点，数据集被划分成两个子集，如图 8.14 所示。

对于 feathers=1 的左子树中的所有元组，类别标记均为 1，因此得到一个叶子节点，类别标记为 lays_eggs=1。

对于 feathers = 0 的右子树中的所有元组，计算其他 3 个属性的信息增益：

$\text{Gain}(\text{feathers=0,warm\_blooded}) = 0.918$

$\text{Gain}(\text{feathers=0,fur}) = 0.318$

$\text{Gain}(\text{feathers=0,swims}) = 0.318$

因此，对于右子树，可以把 warm_blooded 作为决策属性。对于 warm_blooded = 0 的左子树中的所有元组，其类别标记均为 1，所以得到一个叶子节点，类别标记为 lays_eggs = 1。右子树同理，最后得到决策树如图 8.15 所示。

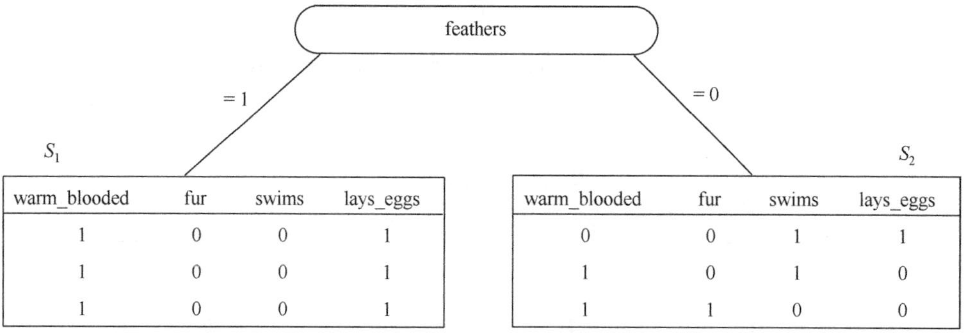


图 8.14　以 feathers 作为决策根节点

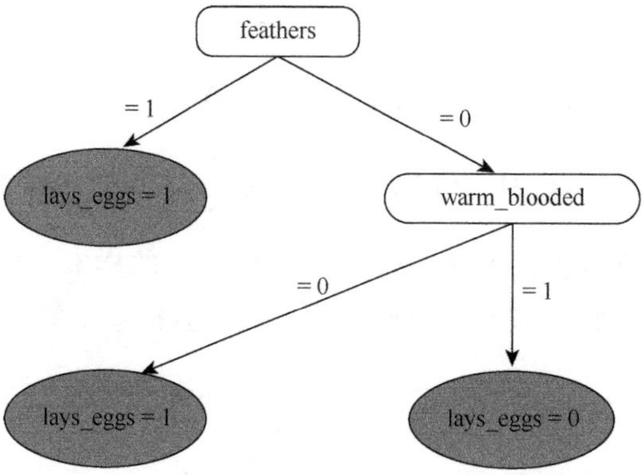


图 8.15　判断动物样本是否会生蛋的决策树

**2. ID3 算法小结**

ID3 算法是所有可能的决策树空间中一种自顶向下、贪婪的搜索方法。ID3 搜索的假设空间是可能的决策树的集合，搜索目的是构造与训练数据一致的一棵决策树，搜索策略是爬山法，在构造决策树时从简单到复杂，用信息增益作为爬山法的评价函数。

ID3 算法的核心是在决策树各级节点上选择属性，用信息增益作为属性选择的标准，使每个非叶节点进行测试时能获得关于被测数据最大的类别信息，使该属性将数据集分成子集后，系统的熵值最小。

ID3 算法的优点是理论清晰、方法简单、学习能力较强。ID3 算法的缺点如下。

（1）算法只能处理分类属性数据，无法处理连续型数据。

（2）算法对测试属性的每个取值相应产生一个分支，且划分相应的数据样本集，这样的划分会导致产生许多小的子集。随着子集被划分得越来越小，划分过程将会由于子集规模过小所造成的统计特征不充分而停止。

（3）算法中使用信息增益作为决策树节点属性选择的标准，由于信息增益在类别值多的属性上的计算结果大于类别值少的属性上的计算结果，这将导致决策树算法偏向选择具有较多分支的属性，因而可能导致过度拟合。在极端的情况下，如果某个属性对于训练集中的每个元组都有唯一的一个值，那么认为该属性是最好的，这是因为对于每个划分都只有一个元组（因此也是一类）。

以一个极端的情况为例，如果有一个属性为日期，那么将有大量取值，太多的属性值把训练样本分割成非常小的空间。单独的日期就可能完全预测训练数据的目标属性，因此这个属性可能会有非常高的信息增益，这个属性可能会被选作树的根节点的决策属性，并形成一棵深度为 1 级，但却非常宽的树。

当然，这棵决策树对测试数据的分类性能的影响可能会相当差，因为它过分完美地分割了训练数据，不是一个好的分类器。

避免出现这种不足的方法是在选择决策树节点时不用信息增益来判别。一个可以选择的度量标准是增益率，增益率将在 C4.5 算法中进行介绍。

### 8.3.4　算法改进：C4.5 算法

改进的决策树分类算法 C4.5 继承了 ID3 算法的优点，并在以下几个方面对 ID3 算法进行了改进。

（1）能够处理连续型属性数据和离散型属性数据。

（2）能够处理具有缺失值的数据。

（3）使用信息增益率作为决策树的属性选择标准。

（4）对生成的树进行剪枝处理，以获取简略的决策树。

**1. C4.5 算法的概念描述**

假定 $S$ 为训练集，目标属性 $C$ 具有 $m$ 个可能的取值，$C=\{C_1,C_2,\cdots,C_m\}$，即训练集 $S$ 的目标属性具有 $m$ 个类标号值 $C_1$，$C_2$，…，$C_m$。C4.5 算法所涉及的概念描述如下。

（1）假定训练集 $S$ 中，$C_i$ 在所有样本中出现的频率为 $P_i(i=1,2,\cdots,m)$，则该集合 $S$ 所包含的信息熵为

$$\mathrm{Entropy}(S)=-\sum_{i=1}^{m}p_i\log_2 p_i$$

（2）设用属性 $A$ 来划分 $S$ 中的样本，属性 $A$ 对集合 $S$ 的划分熵值 $\mathrm{Entropy}_A(S)$ 定义如下。

若属性 $A$ 为离散型数据，并具有 $k$ 个不同的取值，则属性 $A$ 依据这 $k$ 个不同取值将 $S$ 划分为 $k$ 个子集 $\{S_1,S_2,\cdots,S_k\}$，属性 $A$ 划分 $S$ 的信息熵为

$$\mathrm{Entropy}_A(S)=\sum_{i=1}^{k}\frac{|S_i|}{|S|}\mathrm{Entropy}(S_i)$$

式中，$|S_i|$ 和 $|S|$ 分别是 $S_i$ 和 $S$ 中包含的样本个数。

如果属性 $A$ 为连续型数据，那么按属性 $A$ 的取值递增排序，将每对相邻值的中点看作可能的分裂点，对每个可能的分裂点计算：

$$\mathrm{Entropy}_A(S)=\frac{|S_{\mathrm{L}}|}{|S|}\mathrm{Entropy}(S_{\mathrm{L}})+\frac{|S_{\mathrm{R}}|}{|S|}\mathrm{Entropy}(S_{\mathrm{R}})$$

式中，$S_{\mathrm{L}}$ 和 $S_{\mathrm{R}}$ 分别对应该分裂点划分的左、右两部分子集，选择 $\mathrm{Entropy}_A(S)$ 值最小的分裂点作为属性 $A$ 的最佳分裂点。

**【例 8.7】**连续型数据的处理。客户贷款资料信息见表 8.6，对连续型数据——年收入进行处理，如图 8.16 所示。

**表 8.6　客户贷款资料信息**

| 序号 | 有房者 | 婚姻状况 | 年收入/千元 | 拖欠贷款 |
|---|---|---|---|---|
| 1 | Yes | 未婚 | 125 | No |
| 2 | No | 已婚 | 100 | No |
| 3 | No | 未婚 | 70 | No |
| 4 | Yes | 已婚 | 120 | No |
| 5 | No | 离异 | 95 | Yes |
| 6 | No | 已婚 | 60 | No |
| 7 | Yes | 离异 | 220 | No |
| 8 | No | 未婚 | 85 | Yes |
| 9 | No | 已婚 | 75 | No |
| 10 | No | 未婚 | 90 | Yes |

| 类 | No | No | No | Yes | Yes | Yes | No | No | No | No |
|---|---|---|---|---|---|---|---|---|---|---|
| 年收入 排序后的值 → | 60 | 70 | 75 | 85 | 90 | 95 | 100 | 120 | 125 | 220 |

| 划分点 → | 55 | | 65 | | 72 | | 80 | | 87 | | 92 | | 97 | | 110 | | 122 | | 172 | | 230 | |
|---|---|---|---|---|---|---|---|---|---|---|---|---|---|---|---|---|---|---|---|---|---|---|
| | ≤ | > | ≤ | > | ≤ | > | ≤ | > | ≤ | > | ≤ | > | ≤ | > | ≤ | > | ≤ | > | ≤ | > | ≤ | > |
| Yes | 0 | 3 | 0 | 3 | 0 | 3 | 0 | 3 | 1 | 2 | 2 | 1 | 3 | 0 | 3 | 0 | 3 | 0 | 3 | 0 | 3 | 0 |
| No | 0 | 7 | 1 | 6 | 2 | 5 | 3 | 4 | 3 | 4 | 3 | 4 | 3 | 4 | 4 | 3 | 5 | 2 | 6 | 1 | 7 | 0 |

图 8.16　对“年收入”这一连续属性的处理

对第一个候选分裂点 $v=55$，没有年收入小于 55 千元的记录；另一方面，年收入大于 55 千元的样本记录数目分别为 3（类 Yes）和 7（类 No）。计算 55 作为分裂点的 $\text{Entropy}_A(S)$ 值。后面分别计算 65、72、…、230 作为分裂点的熵值。选择 $\text{Entropy}_A(S)$ 值最小的分裂点作为“年收入”属性的最佳分裂点。

（3）C4.5 以信息增益率作为选择标准，不仅考虑信息增益的大小程度，还兼顾为获得信息增益所付出的“代价”。

C4.5 通过引入属性的分裂信息来调节信息增益，分裂信息定义为

$$\text{SplitE}(A)=-\sum_{i=1}^{k}\frac{|S_i|}{|S|}\log_2\frac{|S_i|}{|S|} \tag{8.10}$$

信息增益率定义为

$$\text{GainRatio}(A)=\frac{\text{Gain}(A)}{\text{SplitE}(A)} \tag{8.11}$$

如果某个属性有较多的分类取值，那么它的信息熵会偏大，但信息增益率由于考虑了分裂信息而降低，进而消除了属性取值数目所带来的影响。

**2. C4.5 算法决策树的建立**

C4.5 算法决策树的建立可以分为以下两个过程。

（1）使用训练集数据依据 C4.5 算法构建一棵完全生长的决策树。

（2）对树进行剪枝，最后得到一棵最优决策树。

C4.5 决策树的生长阶段算法伪代码如图 8.17 所示。

```
函数名：CDT(S,F)
输入：训练数据集 S ，训练集数据属性集合 F
输出：一棵未剪枝的 C4.5 决策树
方法：
if 样本 S 全部属于同一个类别 C then
    创建一个叶节点，并标记类标号为 C
return
else
    计算属性集 F 中每一个属性的信息增益率，假定增益率值最大的属性为 A
    创建节点，取属性 A 为该节点的决策属性
    for 节点属性 A 的每个可能的取值 V   do
        为该节点添加一个新的分支，假设 S_V 为属性 A 取值为 V 的样本子集
        if 样本 S_V 全部属于同一个类别 C
         then
           为该分支添加一个叶节点，并标记类标号为 C
         else
           递归调用 CDT(S_V, F-{A})，为该分支创建子树
        end if
    end for
end if
```

图 8.17　C4.5 决策树的生长阶段算法伪代码

C4.5 决策树的剪枝处理阶段算法伪代码如图 8.18 所示。

```
函数名：Prune(node)
输入：待剪枝子树 node
输出：剪枝后的子树
方法：
计算待剪枝子树 node 中叶节点的加权估计误差 leafError
if 待剪枝子树 node 是一个叶节点 then
return 叶节点误差
else
        计算 node 的子树误差 subtreeError
        计算 node 的分支误差 branchError，此为该节点中频率最大一个分支误差
        if leafError 小于 branchError 和 subtreeError
        then
            剪枝，设置该节点为叶节点
          error=leafError;
      else if branchError 小于 leafError 和 subtreeError
          then
          剪枝，以该节点中频率最大那个分支替换该节点
          error=branchError
    else
          不剪枝
          error=subtreeError
          return error
    end if
end if
```

图 8.18　C4.5 决策树的剪枝处理阶段算法伪代码

**【例 8.8】** C4.5 算法。以 weather 数据集为例，见表 8.4，演示 C4.5 算法对该数据集进行训练，建立一棵决策树的过程，对未知样本进行预测。

（1）计算所有属性划分数据集 $S$ 所得的信息增益分别为（与 ID3 算法的例题一致）

$$\text{Gain}(S,\text{outlook}) = 0.246$$

$$\text{Gain}(S,\text{temperature}) = 0.029$$

$$\text{Gain}(S,\text{humidity}) = 0.152$$

$$\text{Gain}(S,\text{wind}) = 0.049$$

（2）计算各个属性的分裂信息和信息增益率。以 outlook 属性为例，取值为 overcast 的样本有 4 个，取值为 rain 的样本有 5 个，取值为 sunny 的样本有 5 个：

$$\text{SplitE}_{\text{outlook}} = -\frac{5}{14}\log_2\frac{5}{14} - \frac{4}{14}\log_2\frac{4}{14} - \frac{5}{14}\log_2\frac{5}{14} = 1.577$$

$$\text{GainRatio}_{\text{outlook}} = \frac{\text{Gain}_{\text{outlook}}}{\text{SplitE}_{\text{outlook}}} = 0.156$$

同理，依次计算其他属性的信息增益率分别如下：

$$\text{GainRatio}_{\text{temperature}} = \frac{\text{Gain}_{\text{temperature}}}{\text{SplitE}_{\text{temperature}}} = \frac{0.029}{1.556} = 0.019$$

$$\text{GainRatio}_{\text{humidity}} = \frac{\text{Gain}_{\text{humidity}}}{\text{SplitE}_{\text{humidity}}} = \frac{0.152}{1} = 0.152$$

$$\text{GainRatio}_{\text{wind}} = \frac{\text{Gain}_{\text{wind}}}{\text{SplitE}_{\text{wind}}} = \frac{0.049}{0.985} = 0.0497$$

（3）取信息增益率值最大的那个属性作为分裂节点，因此最初选择 outlook 属性作为决策树的根节点，产生 3 个分支，如图 8.19 所示。

（4）对根节点的不同取值的分支，递归调用以上方法求子树，最后通过 C4.5 算法获得的决策树如图 8.20 所示。

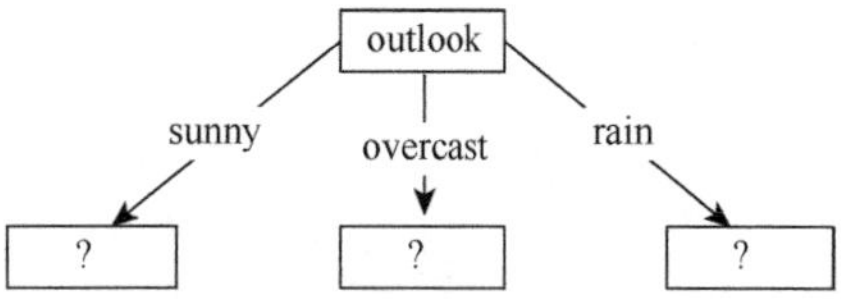


图 8.19　选取 outlook 作为根结点

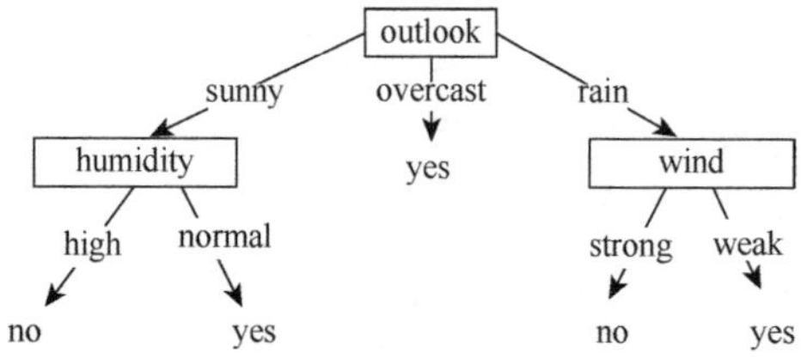


图 8.20　构建形成的决策树

决策树的剪枝处理：在决策树创建时，由于数据中的噪声和离群点，许多分支反映的是训练数据中的异常。剪枝方法用来处理这种过分拟合数据的问题。通常剪枝方法都是使用统计度量，剪去最不可靠的分支。

在先剪枝（prepruning）方法中，通过提前停止树的构建（如通过决定在给定的节点不再分裂，或划分训练元组的子集）而对树“剪枝”。一旦停止，节点就成为树叶。该树叶可以持有子集元组中最频繁的类或这些元组的概率分布。

更常用的方法是后剪枝（postpruning），它由“完全生长”的树减去子树。后剪枝的两种不同的操作为子树置换（subtree replacement）、子树提升（subtree raising）。在每个节点，学习方案可以决定是应该进行子树置换、子树提升，还是保留子树不剪枝。

子树置换与子树提升分别如图 8.21（a）、（b）所示。

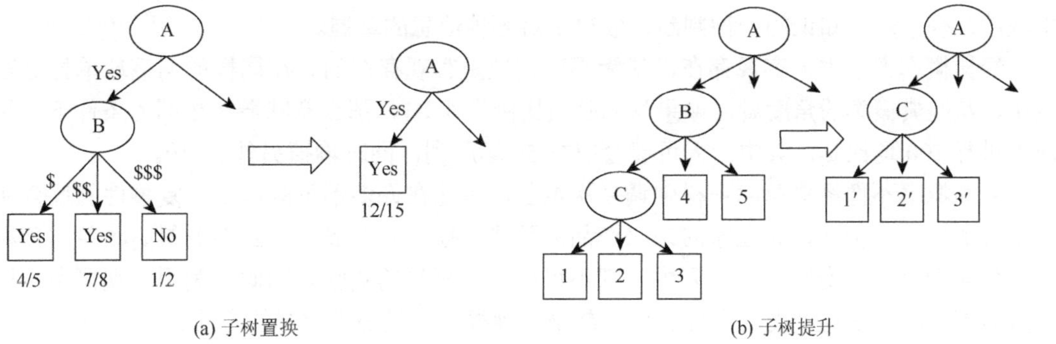


图 8.21　决策树的子树置换与子树提升

另外，还有一种方法——错误率降低剪枝（reduced-error pruning，REP）。该剪枝方法考虑将树上的每个节点作为修剪的候选对象，决定是否修剪这个节点，具体步骤如下。

（1）删除以此节点为根的子树。

（2）使其成为叶子节点。

（3）赋予该节点关联的训练数据的最常见分类。

（4）当修剪后的树对验证集合的性能影响不会比原来的树差时，才真正删除该节点。

与其他分类算法相比：C4.5 算法的优点是产生的分类规则易于理解、准确率较高；其缺点是在构造树的过程中，需要对数据集进行多次顺序扫描和排序，因而算法的效率低。

此外，C4.5 只适用于能够驻留于内存的数据集，当训练集大得无法在内存中容纳时，程序将无法运行。为了适应大规模数据集，在 C4.5 后出现了 SLIQ、SPRINT 等算法。

## 8.4　贝叶斯分类方法

贝叶斯方法是一种研究不确定性的推理方法。不确定性常用贝叶斯概率表示，它是一种主观概率。通常的经典概率代表事件的物理特性，是不随人的意识变化的客观存在。而贝叶斯概率则是人的认识，是个人主观的估计，随个人主观认识的变化而变化。例如，事件的贝叶斯概率只指个人对该事件的置信程度，因此是一种主观概率。

投掷硬币可能出现正、反面两种情形，经典概率代表硬币正面朝上的概率，这是一个客观存在；而贝叶斯概率则指个人相信硬币会正面朝上的程度。

同样的例子还有，一个企业家认为“一项新产品在未来市场上销售”的概率是 0.8，这里的 0.8 是根据他多年的经验和当时的一些市场信息综合而成的个人信念。

贝叶斯概率是主观的，对其估计取决于先验知识的正确性和后验知识的丰富度和准确度。因此，贝叶斯概率常常可能随个人掌握信息的不同而发生变化。

例如，对即将进行的羽毛球单打比赛的结果进行预测，不同的人对胜负的主观预测都不同。如果对两人的情况和各种现场的分析一无所知，就会认为两者的胜负比例为 1∶1；如果知道其中一人为本届奥运会羽毛球单打冠军，而另一人只是某省队的新队员，那么可能给出的概率是奥运会冠军和省队队员的胜负比例为 3∶1；如果进一步知道奥运冠军刚好在前一场比赛中受过伤，那么对他们胜负比例的主观预测可能会下调为 2∶1。所有的预测、推断都是主观的，基于后验知识的一种判断，取决于对各种信息的掌握。

经典概率方法强调客观存在，认为不确定性是客观存在的。在同样的羽毛球单打比赛预测中，从经典概率的角度看，如果认为胜负比例为 1∶1，那么意味着在相同的条件下，如果两人进行 100 场比赛，其中一人可能会取得 50 场胜利，同时输掉另外 50 场。

主观概率不像经典概率那样强调多次重复，因此在许多不可能出现重复事件的场合能得到很好的应用。例如，企业家对未来产品的预测、投资者对股票是否能取得高收益的预测以及人们对羽毛球比赛胜负的预测中，都不可能进行重复的实验。因此，利用主观概率，按照个人对事件的相信程度而对事件做出推断是一种很合理且易于解释的方法。

### 8.4.1　贝叶斯定理

**1. 基础知识**

（1）已知事件 $A$ 发生的条件下，事件 $B$ 发生的概率，叫作事件 $B$ 在事件 $A$ 发生的条件概率，记为 $P(B|A)$，其中 $P(A)$ 叫作先验概率，$P(B|A)$ 叫作后验概率，计算条件概率的公式为

$$P(B|A)=\frac{P(A\cap B)}{P(A)} \tag{8.12}$$

条件概率公式通过变形得到乘法公式为

$$P(A\cap B)=P(B|A)P(A) \tag{8.13}$$

（2）设 $A$、$B$ 为两个随机事件，若有 $P(AB)=P(A)P(B)$ 成立，则称事件 $A$ 和 $B$ 相互独立。此时有 $P(A|B)=P(A)$，$P(AB)=P(A)P(B)$ 成立。

设 $A_1,A_2,\cdots,A_n$ 为 $n$ 个随机事件，如果对其中任意 $m$ $(2\leqslant m\leqslant n)$ 个事件 $A_{k_1},A_{k_2},\cdots,A_{k_m}$，都有

$$P(A_{k_1},A_{k_2},\cdots,A_{k_m})=P(A_{k_1})P(A_{k_2})\cdots P(A_{k_m}) \tag{8.14}$$

成立，则称事件 $A_1,A_2,\cdots,A_n$ 相互独立。

（3）设 $B_1,B_2,\cdots,B_n$ 为互不相容事件，$P(B_i)>0$，$i=1,2,\cdots,n$，且 $\bigcup_{i=1}^{n}B_i=\Omega$，对任意事件 $A\in\bigcup_{i=1}^{n}B_i$，计算事件 $A$ 概率的公式为

$$P(A)=\sum_{i=1}^{n}P(B_i)P(A|B_i) \tag{8.15}$$

设 $B_1,B_2,\cdots,B_n$ 为互不相容事件，$P(B_i)>0$，$i=1,2,\cdots,n$，$P(A)>0$，则在事件 $A$ 发生的条件下，事件 $B_i$ 发生的概率为

$$P(B_i|A)=\frac{P(B_iA)}{P(A)}=\frac{P(B_i)P(A|B_i)}{\sum_{i=1}^{n}P(B_i)P(A|B_i)} \tag{8.16}$$

称该公式为贝叶斯公式。

**2. 贝叶斯决策准则**

假设 $\Omega=\{C_1,C_2,\cdots,C_m\}$ 是有 $m$ 个不同类别的集合，特征向量 $X$ 是 $d$ 维向量，$P(X\,|\,C_i)$ 是特征向量 $X$ 在类别 $C_i$ 状态下的条件概率，$P(C_i)$ 为类别 $C_i$ 的先验概率。根据前面所述的贝叶斯公式，后验概率 $P(C_i\,|\,X)$ 的计算公式为

$$P(C_i\,|\,X)=\frac{P(X\,|\,C_i)P(C_i)}{P(X)} \tag{8.17}$$

式中，$P(X)=\sum_{j=1}^{m}P(X\,|\,C_j)P(C_j)$。

贝叶斯决策准则：若对于任意 $i\neq j$，都有 $P(C_i\,|\,X)>P(C_j\,|\,X)$ 成立，则样本模式 $X$ 被判定为类别 $C_i$。

**3. 极大后验假设**

根据贝叶斯公式可得到一种计算后验概率的方法：在一定假设的条件下，根据先验概率和统计样本数据得到的概率，可以得到后验概率。

令 $P(c)$ 是假设 $c$ 的先验概率，它表示 $c$ 是正确假设的概率，$P(X)$ 表示的是训练样本 $X$ 的先验概率，$P(X\,|\,c)$ 表示在假设 $c$ 正确的条件下样本 $X$ 发生或出现的概率，根据贝叶斯公式可以得到后验概率的计算公式为

$$P(c\,|\,X)=\frac{P(X\,|\,c)P(c)}{P(X)} \tag{8.18}$$

设 $C$ 为类别集合，也就是待选假设集合，在给定未知类别标号样本 $X$ 时，通过计算找到可能性最大的假设 $c\in C$，具有最大可能性的假设或类别被称为最大后验（maximum a posteriori，MAP）概率，记作 $c_{\text{map}}$。

$$c_{\text{map}}=\arg\max_{c\in C}P(X\,|\,c)P(c)=\arg\max_{c\in C}\frac{P(X\,|\,c)P(c)}{P(X)} \tag{8.19}$$

因 $P(X)$ 与假设 $c$ 无关，故式（8.19）可变为

$$c_{\text{map}}=\arg\max_{c\in C}P(X\,|\,c)P(c) \tag{8.20}$$

在没有给定类别概率的情形下，可做一个简单的假定。假设 $C$ 中每个假设都有相等的先验概率，也就是对于任意的 $c_i$、$c_j\in C(i\neq j)$，都有 $P(c_i)=P(c_j)$，再做进一步简化，只需计算 $P(X\,|\,c)$ 找到使之达到最大的假设。$P(X\,|\,c)$ 称为极大似然法（maximum likelihood method），记为 $C_{\text{ml}}$。

$$c_{\text{ml}}=\arg\max_{c\in C}P(X\,|\,c) \tag{8.21}$$

### 8.4.2　朴素贝叶斯分类器

在贝叶斯分类器诸多算法中，朴素贝叶斯分类模型是最早的。它的算法逻辑简单，构造的朴素贝叶斯分类模型结构也比较简单，运算速度比同类算法快很多，分类所需的时间也比较短，并且大多数情况下分类精度也比较高，因而在实际中得到了广泛的应用。该分类器有一个朴素的假定：以属性的类条件独立性假设为前提，即在给定类别状态的条件下，属性之间是相互独立的。朴素贝叶斯分类器的结构示意图如图 8.22 所示。

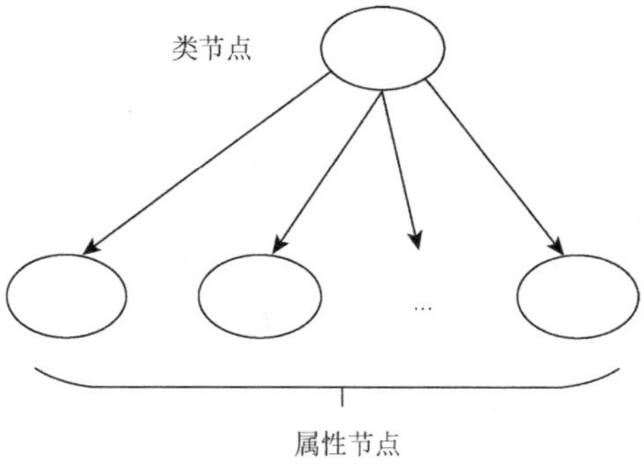


图 8.22　朴素贝叶斯分类器的结构示意图

假设样本空间有 $m$ 个类别 $\{C_1, C_2, \cdots, C_m\}$，数据集有 $n$ 个属性 $A_1, A_2, \cdots, A_n$，给定一个未知类别的样本 $X = (x_1, x_2, \cdots, x_n)$，其中 $x_i$ 表示第 $i$ 个属性的取值，即 $x_i \in A_i$，则可用贝叶斯公式计算样本 $X = (x_1, x_2, \cdots, x_n)$ 属于类别 $C_k$ $(1 \leqslant k \leqslant m)$ 的概率。由贝叶斯公式，有

$$P(C_k \mid X) = \frac{P(C_k)P(X \mid C_k)}{P(X)}$$

要得到 $P(C_k \mid X)$ 的值，关键是要计算 $P(X \mid C_k)$ 和 $P(C_k)$。

令 $C(X)$ 为 $X$ 所属的类别标签，由贝叶斯分类准则可知，若对于任意 $i \neq j$ 都有 $P(C_i \mid X) > P(C_j \mid X)$ 成立，则把未知类别的样本 $X$ 指派给类别 $C_i$，贝叶斯分类器的计算模型为

$$V(X) = \arg\max P(C_i)P(X \mid C_i) \tag{8.22}$$

由朴素贝叶斯分类器的属性独立性，假设各属性 $x_i$ $(i = 1, 2, \cdots, n)$ 间相互类条件独立，则

$$P(X \mid C_i) = \prod_{k=1}^{n} P(x_k \mid C_i) \tag{8.23}$$

于是式（8.22）被修改为

$$V(X) = \arg\max P(C_i)\prod_{k=1}^{n} P(x_k \mid C_i) \tag{8.24}$$

式中：$P(C_i)$ 为先验概率，可通过 $P(C_i) = d_i / d$ 计算得到，其中，$d_i$ 是属于类别 $C_i$ 的训练样本的个数，$d$ 是训练样本的总数。若属性 $A_k$ 是离散的，则概率可由 $P(x_k \mid C_i) = d_{ik} / d_i$ 计算得到，其中，$d_{ik}$ 是训练样本集合中属于类 $C_i$ 并且属性 $A_k$ 取值为 $x_k$ 的样本个数，$d_i$ 是属于类 $C_i$ 的训练样本个数。

**【例 8.9】** 朴素贝叶斯分类。训练样本见表 8.7，新样本为 $X =$ (“31～40”“中”“否”“优”)，应用朴素贝叶斯分类对新样本进行分类。

**表 8.7　顾客数据表**

| 年龄 | 收入 | 学生 | 信誉 | 购买计算机 |
|---|---|---|---|---|
| ≤30 | 高 | 否 | 中 | 否 |
| ≤30 | 高 | 否 | 优 | 否 |
| 31～40 | 高 | 否 | 中 | 是 |
| ≥41 | 中 | 否 | 中 | 是 |
| ≥41 | 低 | 是 | 中 | 是 |

续表

| 年龄 | 收入 | 学生 | 信誉 | 购买计算机 |
|---|---|---|---|---|
| ≥41 | 低 | 是 | 优 | 否 |
| 31～40 | 低 | 是 | 优 | 是 |
| ≤30 | 中 | 否 | 中 | 否 |
| ≤30 | 低 | 是 | 中 | 是 |
| ≥41 | 中 | 是 | 中 | 是 |
| ≤30 | 中 | 是 | 优 | 是 |
| 31～40 | 中 | 否 | 优 | 是 |
| 31～40 | 高 | 是 | 中 | 是 |
| ≥41 | 中 | 否 | 优 | 否 |

朴素贝叶斯分类的贝叶斯网络结构如图 8.23 所示。

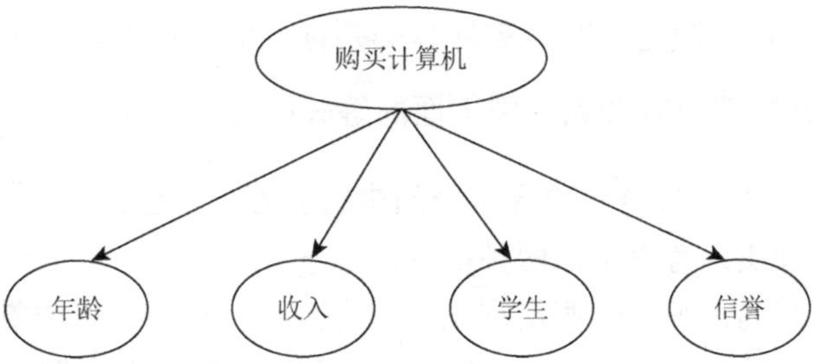


图 8.23　例 8.9 的贝叶斯网络

*P*（购买计算机=‘是’）=9/14

*P*（年龄=‘31～40’|购买计算机=‘是’）=4/9

*P*（收入=‘中’|购买计算机=‘是’）=4/9

*P*（学生=‘否’|购买计算机=‘是’）=3/9

*P*（信誉=‘优’|购买计算机=‘是’）=3/9

*P*（购买计算机=‘是’|*X*）=*P*（购买计算机=‘是’）×*P*（年龄=‘31～40’|购买计算机=‘是’）×*P*（收入=‘中’|购买计算机=‘是’）×*P*（学生=‘否’|购买计算机=‘是’）×*P*（信誉=‘优’|购买计算机=‘是’）=9/14×4/9×4/9×3/9×3/9=8/567

*P*（购买计算机=‘否’）=5/14

*P*（年龄=‘31～40’|购买计算机=‘否’）=0

*P*（收入=‘中’|购买计算机=‘否’）=2/5

*P*（学生=‘否’|购买计算机=‘否’）=4/5

*P*（信誉=‘优’|购买计算机=‘否’）=3/5

*P*（购买计算机=‘否’|*X*）=*P*（购买计算机=‘否’）×*P*（年龄=‘31～40’|购买计算机=‘否’）×*P*（收入=‘中’|购买计算机=‘否’）×*P*（学生=‘否’|购买计算机=‘否’）×*P*（信誉=‘优’|购买计算机=‘否’）=5/14×0×2/5×4/5×3/5=0

由于 $P$（购买计算机= ‘是’ |$X$）$>P$（购买计算机= ‘否’ |$X$），所以新样本的类别是“是”。

朴素贝叶斯分类的工作过程如下。

（1）用一个 $n$ 维特征向量 $X=(x_1,x_2,\cdots,x_n)$ 来表示数据样本，描述样本 $X$ 对 $n$ 个属性 $A_1,A_2,\cdots,A_n$ 的量度。

（2）假定样本空间有 $m$ 个类别状态 $C_1,C_2,\cdots,C_m$，对于给定的一个未知类别标号的数据样本 $X$，分类算法将 $X$ 判定为具有最高后验概率的类别，也就是说，朴素贝叶斯分类算法将未知类别的样本 $X$ 分配给类别 $C_i$，当且仅当对于任意的 $j$，始终有 $P(C_i\,|\,X)>P(C_j\,|\,X)$ 成立（$l\leqslant i\leqslant m$，$l\leqslant j\leqslant m$，$j\neq i$）。使 $P(C_i\,|\,X)$ 取得最大值的类别 $C_i$ 被称为最大后验假定。

（3）由于 $P(X)$ 不依赖类别状态，对于所有类别都是常数，所以根据贝叶斯定理，最大化 $P(C_i\,|\,X)$ 只需要最大化 $P(X\,|\,C_i)P(C_i)$ 即可。若类的先验概率未知，则通常假设这些类别的概率是相等的，即 $P(C_1)=P(C_2)=\cdots=P(C_m)$，因此只需要最大化 $P(X\,|\,C_i)$ 即可，否则就要最大化 $P(X\,|\,C_i)P(C_i)$。其中，可用频率 $S_i/S$ 对 $P(C_i)$ 进行估计计算，$S_i$ 是给定类别 $C_i$ 中训练样本的个数，$S$ 是训练样本（实例空间）的总数。

（4）当实例空间中训练样本的属性较多时，计算 $P(X\,|\,C_i)$ 可能会比较费时，开销较大，此时可以做类条件独立性的假定；在给定样本类别标号的条件下，假定属性值是相互条件独立的，属性之间不存在任何依赖关系，则下面的等式成立：$P(X\,|\,C_i)=\prod\limits_{k=1}^{n}P(x_k\,|\,C_i)$。其中概率 $P(x_1\,|\,C_1),P(x_2\,|\,C_2),\cdots,P(x_n\,|\,C_i)$ 可由样本空间中的训练样本进行估计。实际问题中根据样本属性 $A_k$ 的离散或连续性质，考虑下面两种情形。

①若属性 $A_k$ 是连续的，则一般假定它服从正态分布，从而计算类条件概率。

②若属性 $A_k$ 是离散的，则 $P(x_k\,|\,C_i)=S_{ik}/S_i$，其中，$S_{ik}$ 是在实例空间中类别为 $C_i$ 的样本中属性 $A_k$ 上取值为 $x_k$ 的训练样本个数，而 $S_i$ 是属于类别 $C_i$ 的训练样本个数。

（5）对于未知类别的样本 $X$，对每个类别 $C_i$ 分别计算 $P(X\,|\,C_i)P(C_i)$。样本 $X$ 被认为属于类别 $C_i$，当且仅当 $P(X\,|\,C_i)P(C_i)>P(X\,|\,C_j)P(C_j)$，$l\leqslant i\leqslant m, l\leqslant j\leqslant m, j\neq i$ 时，也就是说，样本 $X$ 被指派到使 $P(X\,|\,C_i)P(C_i)$ 取得最大值的类别 $C_i$。

朴素贝叶斯分类模型的算法描述如下。

（1）对训练样本数据集和测试样本数据集进行离散化处理和缺失值处理。

（2）扫描训练样本数据集，分别统计训练集中类别 $C_i$ 的个数 $d_i$ 和属于类别 $C_i$ 的样本中属性 $A_k$ 取值为 $x_k$ 的实例样本个数 $d_{ik}$，构成统计表。

（3）计算先验概率 $P(C_i)=d_i/d$ 和条件概率 $P(A_k=x_k\,|\,C_i)=d_{ik}/d_i$，构成概率表。

（4）构建分类模型 $V(X)=\arg\max_i P(C_i)P(X\,|\,C_i)$。

（5）扫描待分类的样本数据集，调用已得到的统计表、概率表以及构建好的分类准则，得出分类结果。

### 8.4.3　朴素贝叶斯分类方法的改进

朴素贝叶斯分类器的条件独立假设似乎太严格了，特别是对那些属性之间有一定相关性的分类问题。下面介绍一种更灵活的类条件概率 $P(X\,|\,Y)$ 的建模方法。该方法不要求给定类的所有属性条件独立，而是允许指定哪些属性条件独立。

**1. 模型表示**

贝叶斯网络（Bayesian network），用图形表示一组随机变量的概率关系。贝叶斯网络有以下两个主要成分。

（1）一个有向无环图（directed acyclic graph，DAG），表示变量之间的依赖关系。

（2）一个概率表，把各节点和它的直接父节点关联起来。

考虑 3 个随机变量 $A$、$B$ 和 $C$，其中 $A$ 和 $B$ 相互独立，并且都直接影响第三个变量 $C$。3 个变量之间的关系可以用图 8.24（a）中的有向无环图概括。图中每个节点表示一个变量，每条弧表示变量之间的依赖关系。若从 $X$ 到 $Y$ 有一条有向弧，则 $X$ 是 $Y$ 的父母，$Y$ 是 $X$ 的子女。另外，若网络中存在一条从 $X$ 到 $Z$ 的有向路径，则 $X$ 是 $Z$ 的祖先，而 $Z$ 是 $X$ 的后代。例如，在图 8.24（b）中，$A$ 是 $D$ 的后代，$D$ 是 $B$ 的祖先，而且 $B$ 和 $D$ 都不是 $A$ 的后代节点。贝叶斯网络的重要性质是：贝叶斯网络中的一个节点，若它的父母节点已知，则它条件独立于它所有的非后代节点。图 8.24（b）中给定 $C$，$A$ 独立于 $B$ 和 $D$，因为 $B$ 和 $D$ 都是 $A$ 的非后代节点。朴素贝叶斯分类器中的条件独立假设也可以用贝叶斯网络来表示。如图 8.24（c）所示，其中 $Y$ 是目标类，$\{X_1,X_2,\cdots,X_5\}$ 是属性集。

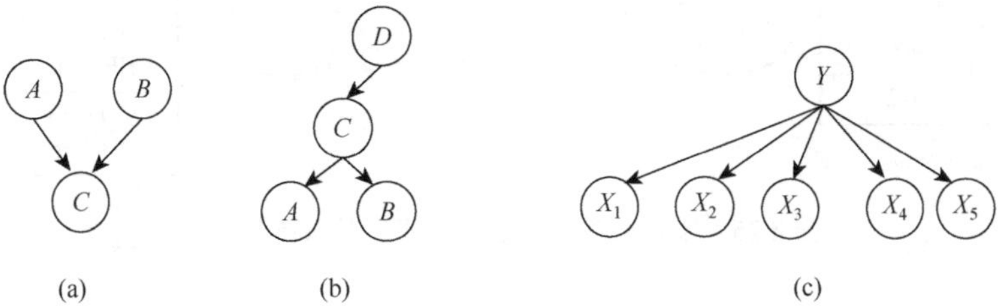


图 8.24　贝叶斯信念网络

在贝叶斯网络中，除了网络拓扑结构要求的条件独立性外，每个节点还关联一个概率表。若节点 $X$ 没有父母节点，则表中只包含先验概率 $P(X)$。若节点 $X$ 只有一个父母节点 $Y$，则表中包含条件概率 $P(X|Y)$。若节点 $X$ 有多个父母节点 $\{Y_1,Y_2,\cdots,Y_k\}$，则表中包含条件概率 $P(X|Y_1,Y_2,\cdots,Y_k)$。

图 8.25 所示是使用贝叶斯网络对心脏病或心口痛患者建模的一个例子。假设图中每个变量都是二值的。心脏病节点（HD）的父母节点对应于影响该疾病的危险因素，如锻炼（$E$）和饮食（$D$）等。心脏病节点的子节点对应于该病的症状，如胸痛（CP）和高血压（BP）等。如图 8.25 所示，心口痛（HB）可能源于不健康的饮食，同时又可能导致胸痛。

影响疾病的危险因素对应的节点只包含先验概率，而心脏病、心口痛以及它们的相应症状所对应的节点都包含条件概率。为了节省空间，图 8.25 中省略了一些概率。注意，$P(X=\overline{x})=1-P(X=x)$，$P(X=\overline{x}|Y)=1-P(X=x|Y)$，其中 $\overline{x}$ 表示与 $x$ 相反的结果。因此，省略的概率可以很容易求得。

例如，条件概率 $P$(心脏病 = no|锻炼 = no，饮食 = 健康) = 1−$P$(心脏病 = yes|锻炼 = no，饮食 = 健康) = 1 − 0.55 = 0.45。

**2. 模型建立**

贝叶斯网络的建模包括以下两个步骤：创建网络结构以及估计每一个节点的概率表中的

概率值。网络拓扑结构可以通过对主观的领域专家知识编码获得，贝叶斯网络拓扑结构的生成算法归纳了构建贝叶斯网络的一个系统过程。

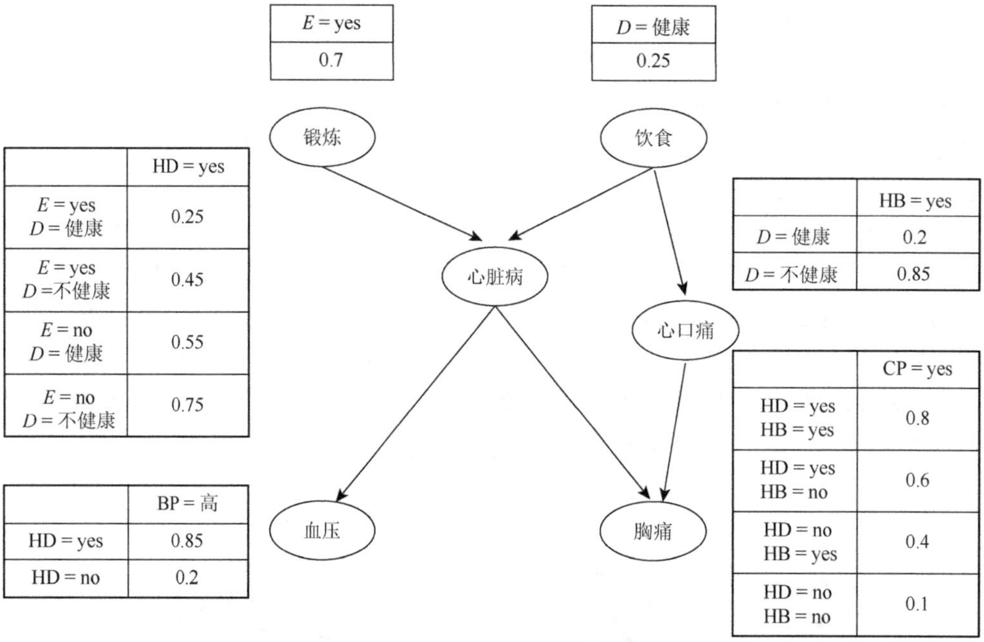


图 8.25　发现心脏病和心口痛患者的贝叶斯网络

贝叶斯网络拓扑结构的生成算法步骤如下。

（1）设 $T=(X_1,X_2,\cdots,X_d)$ 表示变量的一个总体次序。

（2）FOR $j=1$ to $d$ do

（3）令 $X_T(j)$ 表示 $T$ 中第 $j$ 个次序最高的变量。

（4）令 $\pi(X_T(j))=\{X_1,X_2,\cdots,X_T(j-1)\}$ 表示排在 $X_T(j)$ 前面的变量的集合。

（5）从 $\pi(X_T(j))$ 中去掉对 $X_j$ 没有影响的变量（使用先验知识）。

（6）在 $X_T(j)$ 和 $\pi(X_T(j))$ 中剩余的变量之间画弧。

（7）END FOR

以图 8.25 为例解释上述步骤，执行步骤（1）后，设变量次序为 $(E,D,\mathrm{HD},\mathrm{HB},\mathrm{CP},\mathrm{BP})$，从变量 $D$ 开始，经过步骤（2）～步骤（7），得到以下条件概率。

$P(D|E)$ 化简为 $P(D)$。

$P(\mathrm{HD}|E,D)$ 不能化简。

$P(\mathrm{HB}|\mathrm{HD},E,D)$ 化简为 $P(\mathrm{HB}|D)$。

$P(\mathrm{CP}|\mathrm{HB},\mathrm{HD},E,D)$ 化简为 $P(\mathrm{CP}|\mathrm{HB},\mathrm{HD})$。

$P(\mathrm{BP}|\mathrm{CP},\mathrm{HB},\mathrm{HD},E,D)$ 化简为 $P(\mathrm{BP}|\mathrm{HD})$。

基于以上条件概率，创建节点之间的弧 $(E,\mathrm{HD})$、$(D,\mathrm{HD})$、$(D,\mathrm{HB})$、$(\mathrm{HD},\mathrm{CP})$、$(\mathrm{HB},\mathrm{CP})$ 和 $(\mathrm{HD},\mathrm{BP})$。这些弧构成了如图 8.26 所示的网络结构。

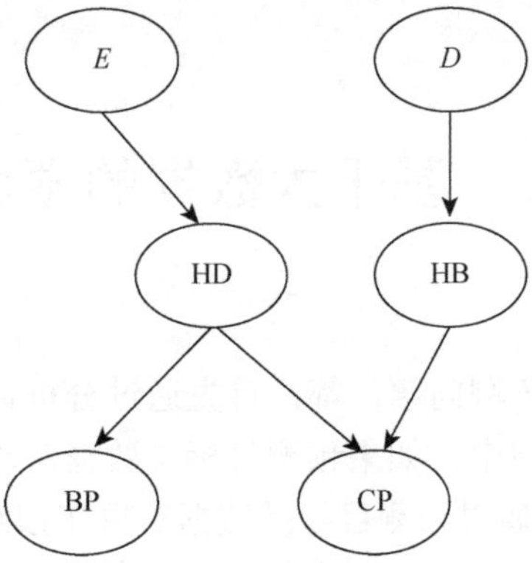


图 8.26　贝叶斯网络拓扑结构

贝叶斯网络拓扑结构的生成算法保证生成的拓扑结构不包括环。这一点的证明也很简单，如果存在环，那么至少有一条弧从低序节点指向高序节点，并且至少存在另一条弧从高序节点指向低序节点。在算法中，不允许从低序节点到高序节点的弧存在，因此拓扑结构中不存在环。

如果对变量采用不同的排序方案，那么得到的网络拓扑结构可能会有变化。某些拓扑结构可能质量很差，因为它在不同的节点对之间产生了很多条弧。从理论上讲，可能需要检查所有 $d!$ 种可能的排序才能确定最佳的拓扑结构，这是一项计算很烦琐的任务。一种替代的方法是把变量分为原因变量和结果变量，然后从各原因变量向其对应的结果变量画弧。这种方法简化了贝叶斯网络结构的建立。一旦找到了合适的拓扑结构，与各节点关联的概率表就确定了。对这些概率的估计比较容易，与朴素贝叶斯分类器中所用的方法类似。

## 8.5　习题与思考

（1）简述数据分类的过程。

（2）大数据分类分析方法相比于传统的分类方法有哪几个方面的优势？

（3）简述 KNN 分类算法和 *k*-means 聚类有什么区别？

（4）简述 KNN 算法的优缺点。

（5）简述决策树出现过拟合的原因及其解决办法。

（6）简述 ID3 算法、C4.5 算法的原理，比较它们的优缺点。

（7）设计决策树算法时，其核心是什么？请简要描述。

（8）为什么朴素贝叶斯分类称为“朴素”的？简述朴素贝叶斯分类的主要思想。

# 第 9 章　基于大数据的预测分析

数据分类与数值预测均是预测问题，都是首先通过分析训练数据集建立模型，然后利用模型预测数据对象。在数据挖掘中，如果预测目标是数据对象在类别属性（离散属性）上的取值（类别），那么称为分类；如果预测目标是数据对象在预测属性（连续属性）上的取值或取值区间，那么称为预测。例如，对 100 名男女进行体检，测量了身高和体重，但是事后发现，a 和 b 两人忘了填写性别，c 和 d 两人漏了记录体重。现在根据其他人的情况，推断 a 和 b 两人的性别是分类，而估计 c 和 d 两人的体重则是预测。

大数据预测是大数据应用中非常重要的一个领域。通过对大量已知数据的分析与描述，再运用某种预测模型计算出预测结果，能够为决策者提供科学、合理的决策依据。本章从传统的预测开始，阐述大数据时代下数据预测的变化，并结合案例介绍几种最常用的预测方法。

## 9.1　大数据预测方法概述

### 9.1.1　预测的定义

预测就是对事物未来的发展所做出的估计与推测。按照汉语的解释：预指预先或者事先；测指测量或估计，也可以指推测、猜度、料想。而在英语中，预测（forecast 或 forecasting）是指预见预知、预告预言等意思。现代预测科学所使用的预测概念，比上述各种解释具有更丰富的内容。下面我们给出预测的一般定义：预测是人们利用已经掌握的知识和手段，预先推知和判断事物未来或未知状况的结果。

预测科学作为一门新兴的学科虽然只有短短的历史，但它已具有广泛应用的价值。在社会各个领域中，无论政府决策还是企业决策，都希望所决定的政策、措施和方案能够尽量符合客观实际，且要求这些政策、措施和方案在实施过程中能够产生预期效果。但是卓越的效果取决于英明的决策，而英明的决策则依赖于高质量的预测。预测不是为了好奇，而是为了决策；对未来进行科学的预测和估计是做出正确的决策的前提。

预测与决策都和未来有关，预测要说明的问题是未来发展将是什么样的。决策要解决的问题则是如何使未来的发展更符合决策者的目的和要求。因此，在决策时需要由预测提供有关未来的信息，以便通过可控因素对未来发展施加影响。预测能使决策者对未来的无知或少知的状况降低到最小限度，使决策增加确定性，减少不确定性，对可能发生的意外情况更有准备。一句话，预测会提高决策者在决策过程中的自觉性，并能帮助其克服盲目性。很多实践证明，预测工作做得越好，决策的正确性才能越高。

### 9.1.2　预测方法的划分

传统的预测方法可分为定量预测和定性预测两种。

**1. 定量预测**

定量预测是使用历史数据或因素变量来预测需求的数学模型。根据已掌握的比较完备的历史统计数据，运用一定的数学方法进行科学的加工整理，借以揭示有关变量之间的规律性联系，用于预测和推测未来发展变化情况的一类预测方法。定量预测主要采取模型法，模型法是一种科学的分析方法。目前，主要采用的定量预测方法有回归分析预测法、时间序列分析预测法、灰色系统理论预测法、人工神经网络法和组合预测法。

1）回归分析预测法

回归分析预测法是根据历史数据的变化规律，寻找自变量与因变量之间的回归方程式，确定模型参数，据此做出预测的方法。依据相关关系中自变量的个数不同，回归分析预测法可分为一元回归分析预测法和多元回归分析预测法，依据自变量和因变量之间的相关关系不同，可分为线性回归预测和非线性回归预测。回归分析预测法一般适用于中期预测。通常情况下，回归分析预测法需要满足三个假设条件。

（1）方差齐性：对应于不同自变量的待预测变量（因变量）的取值有相同的方差。

（2）独立性：因变量取值的分布是相互独立的，即预测误差是相互独立的。

（3）正态分布：对应于任意自变量的因变量的取值是正态分布，即对应于任意自变量的预测误差是正态分布。

回归分析预测法的主要特点如下。

（1）技术比较成熟，预测过程简单。

（2）将预测对象的影响因素分解，考察各因素的变化情况，从而估计、预测对象未来的数量状态。

（3）回归模型误差较大，外推特性差。当影响因素错综复杂或相关因素数据资料无法得到时，即使增加计算量和复杂程度，也无法修正回归模型的误差。

2）时间序列分析预测法

所谓时间序列分析预测法，就是把预测对象的历史数据按一定的时间间隔进行排列，构成一个随时间变化的统计序列，建立相应的数据随时间变化的变化模型，并将该模型外推到未来进行预测，如指数平滑法、移动平均法等。也可以根据已知的历史数据来拟合一条曲线，使这条曲线能反映预测对象随时间变化的趋势，然后按照这个变化趋势曲线，对于要求的未来某一时刻，从曲线上估计出该时刻的预测值。此方法有效的前提是过去的发展模式会延续到未来，因而这种方法对短期预测效果比较好，但不适合做中长期预测。

博克斯-詹金斯（Box-Jeknins）方法是时间序列分析方法中较为常用的一种方法，该方法假设各变量之间是一种线性关系（或拟线性关系）。但在处理一些复杂曲线问题时，这种局限性使其在实际应用过程中很难准确地进行分析和预测。为了解决这个问题，在过去的十多年中，一些学者提出了适用于非线性时间序列的分析、预测方法，如门限自回归模型等，即首先辨识出各数据间的关系，然后再估计模型参数。

一般来说：若影响预测对象变化的各因素不发生突变，则利用时间序列分析方法能得到较好的预测结果；若这些因素发生突变，则时间序列法的预测结果将受到一定的影响。

3）灰色系统理论预测法

灰色系统理论是邓聚龙教授在20世纪80年代初提出的一种用来解决信息不完备系统的数学方法，后经刘思峰教授等学者推广成为一类具有代表意义的信息处理方法。这种方法把每一个随机变量看成一个在给定范围内变化的灰色变量，且不用统计的方法来处理灰色变量，直接处理原始数据，来寻找内在的变化规律。由于在经济、社会科学、工程等诸多领域大量存在着灰色系统，这种预测方法得到了广泛的应用。灰色系统理论预测方法的基本思想是：首先对原始时间序列进行一次累加操作，生成新的时间序列；然后根据灰色系统理论，假设新的时间序列具有指数变化规律，建立相应的微分方程进行拟合，进而利用差分对方程进行离散化得到一个线性方程组；最后利用最小二乘法对未知参数进行估计，最终得到该预测模型。

GM（1, 1）灰色系统理论预测模型是具有偏差的指数模型。自灰色系统理论预测法建立以来，为了适应各应用领域的特点，GM（1, 1）灰色系统理论预测模型在初始条件选取、背景值重构、参数估计方法改进等多个方面都得到了很大改进。

利用 GM（1, 1）灰色系统理论预测模型进行预测虽然有许多成功的案例，但是与其他预测方法一样，它也存在一定的局限性。通过灰色系统理论预测模型的分析可以看出，灰色系统理论实质上是一种曲线拟合过程，它仅仅能够描述一个随时间按指数规律变化的过程。对于任意一个时间序列，如果在不了解其变化规律的情况下就采用这种拟合方法，必然会存在预测不准确的问题。因此，基于灰色系统理论的预测方法还有待进一步改进。

4）人工神经网络法

人工神经网络具有表示任意非线性关系和自学习的能力，为解决很多具有复杂的不确定性和时变性的实际问题提供了新思想和新方法。人工神经网络有直接预测（时间序列预测）和间接预测（组合预测）两种方式。时间序列往往包含线性部分和非线性部分，反映了确定性趋势和随机变化趋势，用时间序列分析预测法和灰色系统理论预测法只是模拟了线性部分，容易忽视非线性部分，分别对线性和非线性部分建模，可以提高整体预测的效果。

5）组合预测法

组合预测法是对同一个问题，采用两种以上不同预测方法的预测。它既可是几种定量方法的组合，也可是几种定性方法的组合，但实践中更多的则是定性方法与定量方法的组合。组合的主要目的是综合利用各种方法所提供的信息，尽可能地提高预测精度。例如，在经济转轨时期，很难有一个单项预测模型能将宏观经济频繁波动的现实拟合得非常紧密，并对其变动的原因做出稳定、一致的解释。理论和实践研究都表明，在诸种单项预测模型各异且数据来源不同的情况下，组合预测模型可能得出一个比任何一个独立预测值更好的预测值，组合预测模型能减少预测的系统误差，显著改进预测效果。

组合预测法的核心是构建组合预测模型，组合预测模型的构建模式大致可分为五种，即线性组合模型、最优线性组合模型、贝叶斯组合模型、转换函数组合模型和计量经济与系统动力学组合模型。组合预测法的关键在于如何确定组合权系数，对权重的选择应使误差越小越好。

针对组合权系数的确定，出现了大量的算法，主要可以分为两类：一是依据某种最优准则构造目标函数，在约束条件下极小化目标函数求得组合模型的加权系数，但是每种最优准则均有其优缺点，至于选择何种最优准则，则需要依靠预测人员的经验，往往带有主观因素，同时对于负权重合理与否，现在仍尚无定论；二是变权重组合预测，将权系数看成随时间变化的函数，它显然比不变权重更接近实际，但是变权系数的求解难度比较大，这也是影响变权组合预测方法应用的主要因素。

**2. 定性预测**

定性预测是指预测者依靠熟悉业务知识、具有丰富经验和综合分析能力的人员和专家，根据已掌握的历史资料和直观材料，运用个人的经验和分析判断能力，对事物的未来发展做出性质和程度上的判断，再通过一定形式综合各方面的意见，作为预测未来的主要依据。即定性预测是对事物的某种特性或某种倾向可能出现，也可能不出现的一种事前推测。目前，我们主要采用的定性预测方法有专家会议法、德尔菲法、主观概率法和情景预测法。

1）专家会议法

专家会议法是指根据规定的原则选定一定数量的专家，按照一定的方式组织专家会议，发挥专家集体的智能结构效应，对预测对象未来的发展趋势及状况做出判断的方法。头脑风暴法是专家会议法的具体运用。专家会议法有助于专家交换意见，通过互相启发，可以弥补个人意见的不足；通过内外信息的交流与反馈，产生“思维共振”，进而将产生的创造性思维活动集中于预测对象，在较短时间内得到富有成效的创造性成果，为决策提供预测依据。但是，专家会议法也有不足之处，如有时受心理因素影响较大、易屈服于权威或大多数人意见、易受劝说性意见的影响、不愿意轻易改变自己已经发表过的意见等。

2）德尔菲法

德尔菲法（Delphi method）是根据有专门知识的人的直接经验，对研究的问题进行判断、预测的一种方法，也称专家调查法。该方法依据系统的程序，采用匿名发表意见的方式，即专家之间不得互相讨论，不发生横向联系，只能与调查人员发生关系，通过多轮次调查专家对问卷所提问题的看法，经过反复征询、归纳、修改，最后汇总成专家基本一致的看法，作为预测的结果。这种方法具有广泛的代表性，较为可靠。德尔菲法具有反馈性、匿名性和统计性特点，选择合适的专家是做好德尔菲预测的关键环节，能避免专家会议法的缺陷，但具有处理过程比较复杂、花费时间较长等缺点。

3）主观概率法

主观概率法是分析者对市场中事件趋势发生的概率（即可能性大小）做出主观估计，或者说对事件变化动态的一种心理评价，然后计算它的平均值，以此作为市场趋势分析事件的结论的一种定性市场趋势分析方法。主观概率法一般和其他经验判断法结合运用。主观概率法虽然是凭主观经验估测的结果，但在市场趋势分析中它仍有一定的实用价值，它为市场趋势分析者提出明确的市场趋势分析目标，提供尽量详细的背景材料，使用简明易懂的概念和方法，以帮助市场趋势分析者分析和判断。

4）情景预测法

情景预测法是在假定某种现象或某种趋势将持续到未来的前提下，对预测对象可能出现的情况或引起的后果做出预测的方法。它通常用来对预测对象的未来发展做出种种设想或预计，是一种直观的定性预测方法。它不受任何条件限制，应用起来灵活，能充分调动预测人员的想象力，考虑较全面，有利于决策者更客观地进行决策，而在应用过程中一定要注意具体问题具体分析，同一个预测主题，所处环境不同时，最终的情景可能会有很大的差异。

### 9.1.3　预测的基本步骤

预测步骤是指在具体进行预测时，先做什么，后做什么，或者说，预测工作的全部过程包括哪几个基本环节。搞清楚预测的步骤，对顺利开展预测活动、提高预测质量有着重要意义。

虽然大数据时代下科学预测所涉及的范围非常广泛，预测对象千差万别，相关因素错综复杂，对于不同的预测对象，其预测步骤也不尽相同，但是把各种预测活动的全过程加以考察和归纳，我们可以总结出预测工作应具有以下几个步骤。

（1）确定预测的目的。确定预测的目的、明确预测目标是任何现代预测活动所必不可少的前提条件。它们关系到观测的时间范围、预测的期限和情报资料的收集；同时还关系到“预测的作用，对预测结果有什么具体要求”等性质和任务问题。例如，《某省未来 10 年经济发展预测》，它所要达到的目的是了解未来十年全省经济发展的趋势，判断是否达到经济增长率、实现经济增长等。

（2）搜集和整理资料。搜集和整理资料是根据预测的目的进行的。有什么样的预测目的，就应该搜集什么样的资料。搜集和整理资料主要是搜集那些能对预测对象的未来发展起重大影响的背景材料以及与预测对象的历史和现在的发展状况有关的材料，以便找出规律性的东西。

（3）建立预测模型，进行预测运算。建立预测模型是预测过程中的一个重要环节。在搜集和整理资料以及征询专家意见的基础上，经过对比、检验、修正，建立符合预测对象和预测需要的预测模型（包括建立相应的数学模型）。

供预测运算使用的预测模型主要有探索性预测模型和规范性预测模型两种。建立探索性预测模型的目的，在于进行探索性预测时，做出与预测对象的未来发展有关的各种可能性的预测，其最终目标是弄清未来需要解决哪些问题，即做出“问题树”的解答。规范性预测模型，是根据最优标准和其他限制条件，经过征询专家的意见之后确定的。它用于从事规范性的预测，即做出与预测对象的未来发展有关的“目的树”式的解答，其最终目的是了解达到解决的问题的最佳解决途径是什么。

有了预测模型（包括数学模型），就可以进行预测运算，包括对数学模型的求解，如果数学模型比较复杂，那么可用计算机进行计算。在具体进行预测运算的过程中，需要根据预测对象的特点和目的要求，选择合适的预测技术方法，如有的应用时间序列外推法，有的应用相关分析法，有的则宜采用专家综合评定法等。但是，在大多数情况下，为了尽量降低预测误差，求得比较符合未来实际情况的预测结果，也可以对同一预测对象的同一预测要求同时采用两种或两种以上不同的预测技术方法，甚至利用同一材料采用不同的技术方法进行不同的预测运算，以便将运算结果进行综合、对比、平衡，取其最优解。

（4）确定预测值。选择适当的预测技术方法，对预测模型进行预测运算所得到的预测结果，或利用其他方法提出的预测结果，不能简单地作为最后预测值，应参照当前已经出现的各种可能性，利用正在形成的各种趋势、征兆、苗头，进行综合对比，判断推理，对预测初值进行必要的调整。由于上一步预测运算所得到的结果是根据预测对象的历史条件和发展变动的历史因素得出的，随着时间的推移，这些影响因素的影响程度可能会发生变化，也可能产生一些新的影响因素，以致事物今后可能出现新的发展趋势和发展速度。例如，国家进行新的政策调整、突发的自然灾害等。因此，要及时参照新情况进行综合判断，最后确定预测值。

（5）调整预测方法和预测值。在整个预测过程中，还要经常利用预测本身的实践经验，利用预测值与实际情况之间的差距去调整预测的组织方式、技术方法等问题。如果预测工作实践证明，某种预测组织方式和技术方法在人力、物力和财力消耗方面是过大的、不经济的，在时间上是不及时的，预测结果与实际情况之间的误差是超过所能允许的范围的，那么要在尽可能的条件下及时调整这种组织方式和技术方法，力求在经济、节约和及时的条件下取得较为可靠的预测结果。

最后，将经过上述步骤逐步形成的预测结果提供给决策机构（或部门），作为他们决策的参考依据。

## 9.2　回归分析预测

### 9.2.1　回归分析概述

回归研究一组随机变量（$Y_1, Y_2, \cdots, Y_i$）和另一组变量（$X_1, X_2, \cdots, X_i$）之间的关系，通常前者是因变量，后者是自变量。所谓回归分析法，就是指在掌握大量实验和观察数据的基础上，利用数理统计方法建立因变量和自变量之间的回归模型的一种预测方法。当因变量和自变量为线性关系时，它是一种特殊的线性回归模型。最简单的情形是一元线性回归，由大体上有线性关系的一个自变量和一个因变量组成；模型是$Y = a + bX + e$（$X$是自变量，$Y$是因变量，$a$，$b$是常量，$e$是随机误差）。若进一步假定随机误差遵从正态分布，则可叫作正态线性模型。

一般地，若有$k$个自变量和 1 个因变量，则因变量的值分为两部分：一部分由自变量影响，即表示为它的函数，函数形式已知且含有未知参数；另一部分由其他未考虑因素和随机性影响，即随机误差。当函数为参数未知的线性函数时，称为线性回归分析模型；当函数为参数未知的非线性函数时，称为非线性回归分析模型。当自变量个数大于 1 时称为多元回归，当因变量个数大于 1 时称为多重回归。回归主要的种类有线性回归、曲线回归、二元逻辑回归及多元逻辑回归。

在实际工作中，运用回归分析法进行预测，主要包含以下五个步骤。

（1）确定影响预测目标变化的主要因素。

（2）选择合理的预测模型，确定模型参数。

（3）统计假设检验。

（4）应用模型进行实际预测。

（5）检验预测结果的可靠性。

### 9.2.2　线性回归

线性回归（linear regression）是利用称为线性回归方程的最小平方函数对一个或多个自变量和因变量之间关系进行建模的一种回归分析。这种函数是一个或多个称为回归系数的模型参数的线性组合。在回归分析中，若只包括一个自变量和一个因变量，且二者的关系可用一条直线近似表示，则这种回归分析称为一元线性回归分析。若回归分析中包括两个或两个以上的自变量，且因变量和自变量之间是线性关系，则称为多元线性回归分析。

**1. 回归模型的选择**

一元线性回归模型有一个自变量$x$，自变量$x$与因变量$y$之间存在直线关系，其模型为

$$y = \beta_0 + \beta_1 x + \varepsilon \tag{9.1}$$

式中：截距$\beta_0$与斜率$\beta_1$为未知参数；$\varepsilon$为随机误差项，假设误差项的均值为 0，且方差$\sigma^2$未知。此外通常假设误差是不相关的，不相关意味着一个误差的值不取决于其他误差的值。

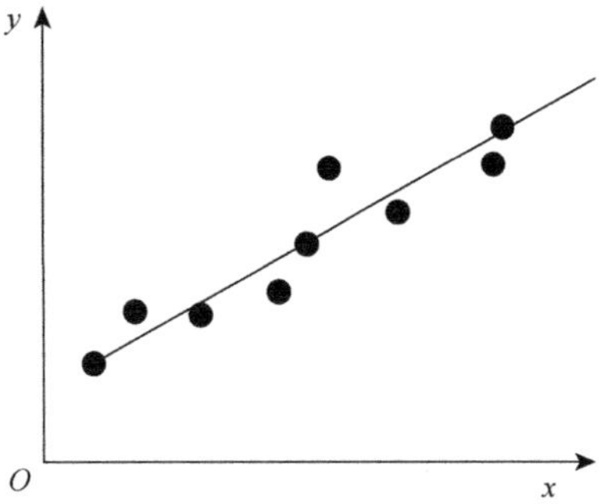


图 9.1　线性回归模型

如图 9.1 所示，一般情况下，响应变量（因变量）$y$ 和 $n$ 个回归变量（自变量）相关，如果有两个或两个以上的自变量，就称为多元线性回归，其模型为

$$y = \beta_0 + \beta_1 x_1 + \beta_2 x_2 + \cdots + \beta_n x_n + \varepsilon \tag{9.2}$$

称为 $n$ 个回归变量的多元线性回归模型，参数 $\beta_j$（$j$=0, 1, ⋯, $n$）称为回归系数，这一模型描述了回归变量 $x$ 组成的 $n$ 维空间的一个超平面，参数 $\beta_j$ 表示当其他回归变量 $x_i\,(i \neq j)$保持不变时，$x_i$ 每变化一单位，响应变量 $y$ 均值的变化期望值。

对于拥有 $n$ 个特征值、$p$ 个数据样本的数据，可以用一个 $p \times (n+1)$ 的矩阵形式表示，其中矩阵的每一行为一个数据样本，每一列代表一个特征值，$x_{ij}$ 代表第 $i$ 个数据样本中第 $j$ 个特征值，使用矩阵记号表示为

$$y = X\beta + \varepsilon \tag{9.3}$$

式中：$y = \begin{bmatrix} y_1 \\ y_2 \\ \vdots \\ y_p \end{bmatrix}$；$X = \begin{bmatrix} 1 & x_{11} & \cdots & x_{1n} \\ \vdots & \vdots & & \vdots \\ 1 & x_{p1} & \cdots & x_{pn} \end{bmatrix}$；$\beta = \begin{bmatrix} \beta_0 \\ \beta_1 \\ \vdots \\ \beta_n \end{bmatrix}$；$\varepsilon = \begin{bmatrix} \varepsilon_0 \\ \varepsilon_1 \\ \vdots \\ \varepsilon_p \end{bmatrix}$。

**2. 回归系数估计**

在大多数问题中，回归系数（参数）的值和误差的方差是未知的，必须通过样本数据进行估计回归方程即回归模型拟合，一般用于预测响应变量 $y$ 的未来观测值或估计响应 $y$ 在特定水平下的均值。在通常情况下会使用最小二乘估计（least square estimation）法来估计回归方程中的回归系数。

最小二乘估计法是一种通过使因变量的观察值和估计值之间的误差平方和达到最小来求得回归系数值的方法。它能够通过最大限度地减小误差平方和，使模型表示的直线最好地拟合给定的数据，也就是说，用最小二乘估计法拟合出的直线来表示 $x$ 和 $y$ 之间的关系与实际数据的误差比其他任何一条直线都小。这些误差（残差）的产生是因为观测点与模型表示的直线之间存在偏差。这一偏差在回归分析中称为残差。

残差平方和的公式为

$$\text{RSS} = \sum_{i=1}^{n}(y_i - \hat{y}_i)^2 = \sum_{i=1}^{n}(y_i - \hat{\beta}_0 - \hat{\beta}_1 x_i)^2 \tag{9.4}$$

式中：$\hat{\beta}_0$、$\hat{\beta}_1$ 是回归模型的拟合参数；$x_i$、$y_i$ 分别为第 $i$ 期的 $x$ 和 $y$ 值。为使平方和最低，对 $\hat{\beta}_0$、$\hat{\beta}_1$ 求偏导后得到模型参数的求解公式：

$$\begin{cases} \hat{\beta}_1 = \dfrac{\sum(x_i - \overline{x})(y_i - \overline{y})}{\sum(x_i - \overline{x})^2} \\ \hat{\beta}_0 = \overline{y} - \hat{b}\overline{x} \end{cases} \tag{9.5}$$

假如要在以下数据点的基础上构建一个回归模型：

（$x$，$y$）=（3，5），（4，6），（8，9），（3，6），（4，7）

我们在两个未知参数 $\beta_0$ 和 $\beta_0$ 的帮助下形成给定数据点的线性回归模型：

$$5=\beta_0+\beta_1\times 3$$
$$6=\beta_0+\beta_1\times 4$$
$$9=\beta_0+\beta_1\times 8$$
$$6=\beta_0+\beta_1\times 3$$
$$7=\beta_0+\beta_1\times 4$$

使用最小二乘公式，可以得到如下等式：

$$\begin{aligned}\text{RSS}&=[5-(\beta_0+\beta_1\times 3)]^2+[6-(\beta_0+\beta_1\times 4)]^2+[9-(\beta_0+\beta_1\times 8)]^2\\&\quad+[6-(\beta_0+\beta_1\times 3)]^2+[7-(\beta_0+\beta_1\times 4)]^2\\&=5\beta_0^2+114\beta_1^2+44\beta_0\beta_1-66\beta_0-314\beta_1+227\end{aligned}$$

为了求得 $\beta_0$ 和 $\beta_1$ 系数值，分别取上式关于 $\beta_0$ 和 $\beta_1$ 的偏导数，使结果公式等于 0，可以得到如下等式：

$$10\beta_0+44\beta_1=66$$
$$44\beta_0+228\beta_1=314$$

解上述方程，可以得到如下结果：

$$\beta_0=3.581,\quad \beta_1=0.686$$

代入参数值，可以得到给定数据点的最佳拟合回归线为

$$y=3.581+0.686x$$

那么最小的残差平方和 RSS = 1.1046。该值可以用于推算响应变量 $y$ 的实际值和估计值之间的差值。这一误差平方和可以当作回归模型的一般误差项处理。

**3. 相关分析——判定系数 $R^2$**

回归模型用于预测时，为了得到正确的预测结果，在得到回归模型后，首先应该检查模型的适当性，即回归模型的拟合程度。统计学家一般使用 $R^2$ 计算回归模型的适当性。在回归分析中，$R^2$ 称作判定系数，它规定如何通过给定数据绘制一条线，如图 9.2 所示。$R^2$ 解释了该模型计算的预测值的总偏差。高的 $R^2$ 表示响应变量和自变量之间存在强相关，如果 $R^2$ 很低，可能意味着开发的回归模型不适合所需的预测。换言之，可以说当数据中的方差很大时，$R^2$ 将会很小，当数据中的方差很小时，$R^2$ 将会很大。

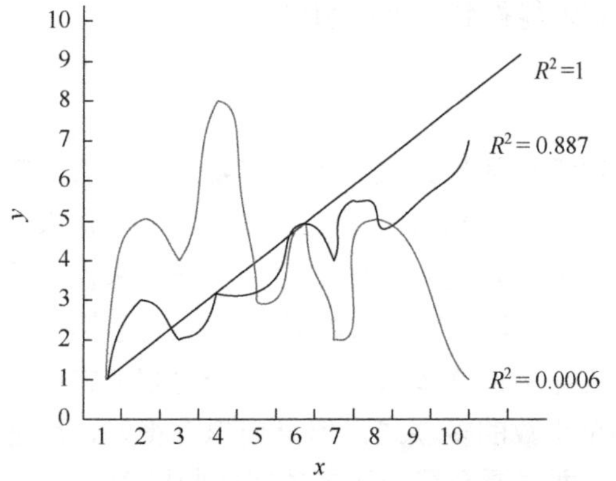


图 9.2　3 个 $R^2$ 值

*x*，*y* 表示样本的二维坐标

从统计学上讲，$R^2$ 的范围为 0～1，0 表示样本数据中没有相关性，1 表示准确的线性关系。若 $R^2$ 越趋近于 1，则说明回归方程拟合得越好；若 $R^2$ 越趋近于 0，则说明回归模型拟合得越差。

$R^2$ 可以用如下公式计算：

$$R^2 = \frac{\text{ESS}}{\text{TSS}} = 1 - \frac{\text{RSS}}{\text{TSS}} \tag{9.6}$$

式中：RSS 是残差平方和；ESS 是回归平方和；TSS 是总平方和。三者的关系如下：

$$\text{TSS} = \text{RSS} + \text{ESS}$$

$$\begin{aligned} \text{TSS} &= \sum_{i=1}^{n}(y_i - \overline{y})^2 \\ \text{RSS} &= \sum_{i=1}^{n}(y_i - \hat{y}_i)^2 \\ \text{ESS} &= \sum_{i=1}^{n}(\hat{y}_i - \overline{y})^2 \end{aligned} \tag{9.7}$$

式中：$y_i$ 是 $y$ 变量的第 $i$ 个观测值；$\hat{y}_i$ 是回归方程第 $i$ 期的预测值；$\overline{y}$ 是 $y$ 的均值。

**4. 模型检验和修改**

计算出参数估计值后，回归模型就已初步确定了，在将模型正式投入预测使用之前，还需要对回归模型进行检验。模型检验一般包括经济意义检验和统计检验。统计检验通常是对回归方程的显著性检验，以及回归系数的显著性检验，还有拟合优度的检验等。

在经济问题回归模型中，往往还会遇到回归模型通过了一系列统计检验，可就是得不到合理的经济解释的情况。这个回归模型就没有意义，也就谈不上进一步应用了。可见回归模型经济意义的检验同样是非常重要的。

如果一个回归模型没有通过某种统计检验，或者通过了统计检验而没有合理的经济意义，就需要对回归模型进行修改。模型的修改有时要从设置变量是否合理开始，如是不是忘记了考虑某些重要的变量、变量间是否具有很强的依赖性、样本量是不是太少、理论模型是否合适。例如，某个问题本应用曲线方程拟合，而我们误用直线方程拟合，当然通不过检验。这就要重新构造理论模型。模型的建立往往要经过反复几次修改，特别是建立一个实际经济问题的回归模型，要反复修正才能得到一个理想模型。

### 9.2.3　多项式回归

有时线性回归并不适用于全部的数据，我们需要曲线来适应数据，如二次模型、三次模型等。通常情况下，回归函数是未知的，即使回归函数已知也未必可以用一个简单的函数变换转化为线性模型，常用的做法是使用多项式回归。一般来说，需要先观察数据，再决定使用什么样的模型来处理问题。例如：如果从数据的散点图观察到有一个“弯”，就可以考虑用二次多项式；有两个弯则考虑用三次多项式；有三个弯则考虑用四次多项式，以此类推。真实的回归函数不一定是某个次数的多项式，但只要拟合得好，用适当的多项式来近似模拟真实的回归函数是可行的。下面主要介绍一元多项式回归模型。

与线性回归类似，一元多项式回归模型可以表示成如下形式：

$$y = \beta_0 + \beta_1 x + \cdots + \beta_n x^n + \varepsilon = X\beta + \varepsilon \tag{9.8}$$

式中：$y=\begin{bmatrix} y_1 \\ y_2 \\ \vdots \\ y_p \end{bmatrix}$；$X=\begin{bmatrix} 1 & x_1 & \cdots & x_1^n \\ \vdots & \vdots & & \vdots \\ 1 & x_p & \cdots & x_p^n \end{bmatrix}$；$\beta=\begin{bmatrix} \beta_0 \\ \beta_1 \\ \vdots \\ \beta_n \end{bmatrix}$；$\varepsilon=\begin{bmatrix} \varepsilon_0 \\ \varepsilon_1 \\ \vdots \\ \varepsilon_p \end{bmatrix}$。

令 $x_1 = x$，$x_2 = x^2$，$x_3 = x^3$，$x_4 = x^4$，原方程改写为 $y = \beta_0 + \beta_1 x_1 + \beta_2 x_2 + \beta_3 x_3 + \beta_4 x_4$。那么有关线性回归的方法就都可以使用了。由一元多项式回归模型公式可以看出，只有一个自变量 $x$，但 $x$ 的级数不同。

### 9.2.4　逻辑斯谛回归

线性回归用于近似连续型响应变量与预测变量集之间的关系。然而，对于多数数据应用来说，响应变量往往是范畴型的，不是连续型的，线性回归并不适用于这类情况。此时，逻辑斯谛回归（logistical regression）就可以很好地解决这个问题。逻辑斯谛回归与线性回归类似，但不同于线性回归，它是一种描述范畴型因变量与自变量之间关系的方法。逻辑斯谛回归虽然有“回归”二字，但是它是一个分类算法。逻辑斯谛回归是由统计学家 David Cox 于 1958 年提出的。一般来说，逻辑斯谛回归问题中涉及的因变量本质上是二元变量，也就是说，这些变量的值只有两种可能，称为二元逻辑斯谛回归。当可能取值集合超过两个时，就称为多项式逻辑斯谛回归。二元逻辑斯谛回归模型用于估计一个或多个预测变量的二元响应概率，用于估计某种事物的可能性。逻辑斯谛回归与多元线性回归虽然有很多相同之处，但是它们最大的区别在于因变量不同，正因为如此，这两种回归同属于一个家族，即广义线性模型（generalized linear model）。

如果将线性回归用于二分类问题，会采用下面这种形式，$P$ 是属于类别的概率：

$$P = \beta_0 + \beta_1 x_1 + \beta_2 x_2 + \cdots + \beta_n x_n \tag{9.9}$$

这时存在的问题就是，等式两边的取值范围不同，右边是（$-\infty,+\infty$），左边是[0, 1]，因此这个分类模型存在问题。此外，在很多应用中，当 $x$ 很小或者很大时，对因变量 $P$ 的影响很小，而当 $x$ 达到中间某个阈值时，对因变量 $P$ 的影响变得很大，即概率 $P$ 与自变量并不是线性关系。

因此，上面这个分类模型需要修改，一种方法是通过 logit 变换对因变量加以变换，具体如下：

$$\operatorname{logit}(P) = \beta_0 + \beta_1 x_1 + \beta_2 x_2 + \cdots + \beta_n x_n = X\beta \tag{9.10}$$

$$\operatorname{logit}(P) = \log_2 \frac{P}{1-P} \tag{9.11}$$

式中：$P = \dfrac{e^{X\beta}}{1+e^{X\beta}}$；$1-P = \dfrac{1}{1+e^{X\beta}}$。

假设用 $h_\beta(X)$ 代替上述解决办法中的 $P$，即 $h_\beta(X)$ 表示因变量 $y=1$ 的概率，$1-h_\beta(X)$ 表示因变量 $y=0$ 的概率：

$$h_\beta(X) = P(y=1 \mid X;\beta) = \frac{e^{X\beta}}{1+e^{X\beta}} \tag{9.12}$$

如果令 $y = X\beta$，那么上述公式可以改写成

$$g(y) = h_\beta(X) = P(y=1 \mid X;\beta) = \frac{e^{X\beta}}{1+e^{X\beta}} = \frac{1}{1+e^{-y}} \tag{9.13}$$

这就是逻辑斯谛回归模型。

逻辑斯谛回归本质上是线性回归，只是在特征到结果的映射中加入了一层函数映射，即先将特征线性求和得到 $y$，然后使用图 9.3 所示的 sigmoid 函数 $g$（$y$）来预测，二者之间的关系如图 9.4 所示。

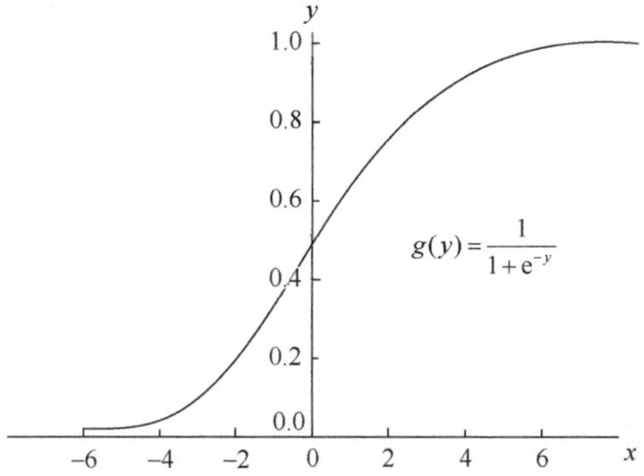


图 9.3　sigmoid 函数

$x$，$y$ 表示样本的二维坐标

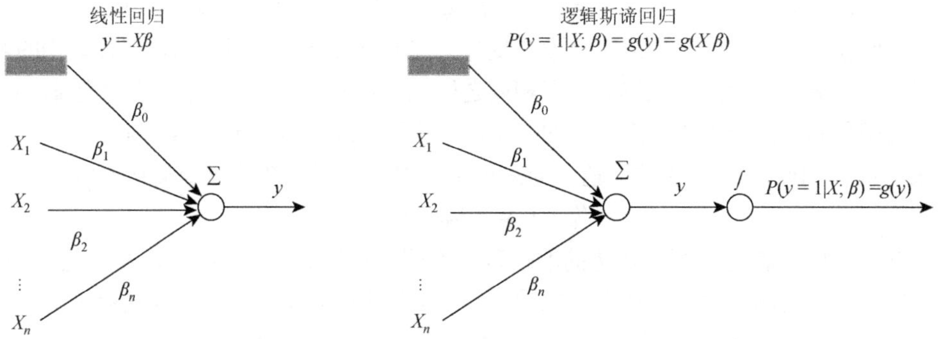


图 9.4　逻辑斯谛回归和线性回归的联系

假设样本是 {$x$，$y$}，$y$ 是 0 或者 1，表示“正类”或者“负类”，$x$ 是 $n$ 维样本特征向量，那么这个样本 $x$ 属于正类，也就是 $y=1$ 的概率可以通过下面的逻辑函数来表示：

$$P(y=1\mid X;\beta)=g(y)=g(X\beta) \tag{9.14}$$

如图 9.3 所示，$X\beta=0$ 就相当于 1 类和 0 类的决策边界：当 $X\beta<0$ 时，则有 $g(y)<0.5$；当 $X\beta>0$ 时，则有 $g(y)>0.5$。对于二分类来说，如果样本 $x$ 属于正类的概率大于 0.5，那么就判定它是正类，否则就是负类。

由此可见，在线性回归中 $X\beta$ 为预测值的拟合函数，而在逻辑斯谛回归中 $X\beta=0$ 为决策边界。直接用线性回归做分类，因为考虑到所有样本点到分类决策面的距离，所以当两类数据分布不均匀时，将导致非常大的误差，而逻辑斯谛回归则克服了这个缺点，它将所有数据采用 sigmoid 函数进行了非线性映射，使远离分类决策面的数据作用减弱。

线性回归最具有吸引力的特征之一是能够获得回归系数最优值的封闭形式解集，这也是最小二乘法的优点。遗憾的是，在估计逻辑斯谛回归时，这样的封闭形式解并不存在。为此，必须利用最大似然估计（maximum likelihood estimate，MLE）方法来获得参数估计，以使观察到的观察数据的似然性最大化。最大似然估计方法是利用总体的分布密度或概率分布的表达式及其样本所提供的信息建立起求未知参数估计量的一种方法。它与用于估计线性回归模型参数的最小二乘估计法形成对比。最小二乘估计法通过使样本观测数据的残差平方和最小来选择参数，而最大似然估计是通过最大化对数似然值来估计参数的。

如果设 $y$ 是 0-1 型变量，$x_1,x_2,\cdots,x_k$ 是与 $y$ 相关的自变量，$n$ 组观测数据为 $(x_{i1},x_{i2},\cdots,x_{ik};y_i)$ $(i=1,2,\cdots,n)$。那么 $y_1,y_2,\cdots,y_n$ 的似然函数为

$$L=\prod_{i=1}^{n}P(y_i)=\prod_{i=1}^{n}p(x_i)^{y_i}[1-p(x_i)]^{1-y_i} \tag{9.15}$$

对数似然函数为

$$\ln L=\sum_{i=1}^{n}[y_i(\beta_0+\beta_1x_{i1}+\beta_2x_{i2}+\cdots+\beta_kx_{ik})-\ln(1+\mathrm{e}^{\beta_0+\beta_1x_{i1}+\beta_2x_{i2}+\cdots+\beta_kx_{ik}})] \tag{9.16}$$

最大似然估计就是选取 $\beta_0,\beta_1,\beta_2,\cdots,\beta_k$ 的估计值 $\hat{\beta}_0,\hat{\beta}_1,\hat{\beta}_2,\cdots,\hat{\beta}_k$，使似然函数最大化。

**【例 9.1】**用逻辑斯谛回归分析顾客是否购买人造黄油与人造黄油的可涂抹性 $X_1$ 和保质期 $X_2$ 的关系，并依据所得模型，判定性质为 $X_1=3$，$X_2=1$ 的人造黄油是否为顾客所要购买的黄油。该数据如表 9.1 所示。

**表 9.1　是否购买与可涂抹性之间的关系**

| 顾客 | 可涂抹性 $X_1$ | 保质期 $X_2$ | 是否购买黄油 $y$ |
|---|---|---|---|
| 1 | 2 | 3 | 1 |
| 2 | 3 | 4 | 1 |
| 3 | 6 | 5 | 1 |
| 4 | 4 | 4 | 1 |
| 5 | 3 | 2 | 1 |
| 6 | 4 | 7 | 1 |
| 7 | 3 | 5 | 1 |
| 8 | 2 | 4 | 1 |
| 9 | 5 | 6 | 1 |
| 10 | 3 | 6 | 1 |
| 11 | 3 | 3 | 1 |
| 12 | 4 | 5 | 1 |
| 13 | 5 | 4 | 0 |
| 14 | 4 | 3 | 0 |
| 15 | 7 | 5 | 0 |
| 16 | 3 | 3 | 0 |
| 17 | 4 | 4 | 0 |
| 18 | 5 | 2 | 0 |
| 19 | 4 | 2 | 0 |
| 20 | 5 | 5 | 0 |
| 21 | 6 | 7 | 0 |
| 22 | 5 | 3 | 0 |
| 23 | 6 | 4 | 0 |
| 24 | 6 | 6 | 0 |

解：设逻辑斯谛回归模型为

$$\begin{cases} z = b_0 + b_1 x_1 + b_2 x_2 \\ p(y=1) = \dfrac{e^z}{1+e^z} \end{cases}$$

所以，似然函数为

$$L = \prod_{i=1}^{24} \left( \frac{e^{z_i}}{1+e^{z_i}} \right)^{y_i} \left( 1 - \frac{e^{z_i}}{1+e^{z_i}} \right)^{1-y_i} = \prod_{i=1}^{24} \left( \frac{e^{b_0+b_1x_{1i}+b_2x_{2i}}}{1+e^{b_0+b_1x_{1i}+b_2x_{2i}}} \right) y^i \left( 1 - \frac{e^{b_0+b_1x_{1i}+b_2x_{2i}}}{1+e^{b_0+b_1x_{1i}+b_2x_{2i}}} \right)^{1-y_i}$$

式中，$y_i$、$x_{1i}$、$x_{2i}$ 分别表示第 $i$ 个顾客对应的可涂抹性 $X_1$、保质期 $X_2$。

求解 $\max\limits_{b_0,b_1,b_2} L$，可得

$$\begin{cases} b_0 = 3.528 \\ b_1 = 1.943 \\ b_2 = 1.119 \end{cases}$$

则逻辑斯谛回归模型为

$$\begin{cases} z = 3.528 - 1.943x_1 + 1.119x_2 \\ p(y=1) = \dfrac{e^z}{1+e^z} \end{cases}$$

该模型用于预测的混淆矩阵见表 9.2。

**表 9.2　混淆矩阵**

| | 预测购买 | 预测不购买 |
|---|---|---|
| 实际购买 | 10 | 2 |
| 实际不购买 | 2 | 10 |

当 $X_1$=3，$X_2$=1 时，$p(y=1) = \dfrac{e^z}{1+e^z} = \dfrac{e^{3.528-1.943\times3+1.119\times1}}{1+e^{3.528-1.943\times3+1.119\times1}} = 0.7653 > 0.5$，则可认为该人造黄油是顾客所要购买的黄油。

## 9.3　时间序列预测

回归分析法是从研究客观事实的关系入手，建立单一回归模型进行预测的方法。但有时影响预测对象的因素错综复杂或有关影响因素的数据资料无法得到，回归分析法无能为力，而采用时间序列分析法，却能达到预测的目的。

### 9.3.1　时间序列概述

**1. 时间序列的概念及特征**

时间序列由两个基本要素构成：一个是研究对象所属的时间；另一个是所属时间上的观

察值。时间序列又称动态序列。时间序列所反映的客观现象的发展变化，是各种不同因素共同作用的结果，因而不同的时间序列，其变化规律也就不同，表现出的特征也不同。通常，影响时间序列的诸多因素难以一一分析，但就其引起的变动来看，大致可以分为四种：趋势变动，用 $T$ 表示；季节变动，用 $S$ 表示；循环变动或周期变动，用 $C$ 表示；不规则变动，用 $I$ 表示。其变动结果可以用以下模型表示：

$$Y = T \cdot S \cdot C \cdot I$$

$$\text{或} Y = T + S + C + I$$

综上，一个时间序列可划分为以下四种变化特征。

（1）趋势性特征。时间序列的趋势性特征是指，某变量由于受到某些因素的影响，表现出持续上升、下降或不变的发展变化趋势。这种趋势可能是线性的，也可能是非线性的。例如：我国的钢产量自中华人民共和国成立以来，呈连续上升趋势；计算机自问世以来，其功能和计算速度按指数规律逐年上升，而价格却按指数规律逐年下降等。

（2）季节性特征。如果时间序列以年为周期，随季节呈现出某种有规律的变化趋势，那么称该序列具有季节性特征。例如：我国的电视收视率每年春节都出现一个高峰期；很多季节性商品，如西瓜、衬衣、羽绒服等的产销量都会随着季节的变化出现周期性变化。虽然同一季节的产销量不会完全相同，但它们随着季节的变化呈现出规律性变化，称这样的序列具有季节性特征。

（3）周期性特征。与季节性特征不同，周期性特征不是以年为变化周期的，它的变化周期可以是日、月、季或数年、数月、整日等。在同一季节中，气温是以日为周期发生变化的，白天气温高，夜间气温低。

（4）不规则性特征。不规则性特征可分为突然性变动和随机性变动两种。一般来说：突然性变动是由目前难以预料的因素引起的，其规律性和概率性尚难把握。随机性变动又称概率性变动，是指可用概率统计方法进行描述的变动。换句话说，如果一个时间序列的未来值能用过去数据的概率分布进行推测，那么称它为随机性时间序列。

一个时间序列，可能具有以上特征之一，也可能同时兼具几个特征。我们研究时间序列是想找出时间序列发展变化的规律，并对未来进行预测。而时间序列的不同特征要用不同的方法才能反映出来，也就是说，对于不同的时间序列要用不同的方法进行未来值的预测，因此，在预测前应首先确定时间序列的特征，根据不同的特征选择不同的预测方法。

**2. 时间序列分析法**

时间序列分析法是依据预测对象过去的统计数据，找到其随时间变化的规律，建立时间序列模型，以推断未来的预测方法。其基本设想是：过去的变化规律会持续到未来，即未来是过去的延伸。

若事物的发展过程具有某种确定的形式，随时间变化的规律可以用时间 $t$ 的某种确定函数关系加以描述，则称为确定型时序，以时间 $t$ 为自变量建立的函数模型为确定型时序模型。若事物的发展过程是一个随机过程，无法用时间 $t$ 的确定函数关系加以描述，则称为随机型时序，建立的与随机过程相适应的模型为随机型时序模型。时间序列平滑法、趋势外推法、季节变动预测法被视为确定型时间序列的预测方法；马尔可夫预测法、博克思–詹金斯预测法为随机型时间序列的预测方法。

### 9.3.2　时间序列平滑法

时间序列平滑法是利用时间序列资料进行短期预测的一种方法。其基本思想在于：除一些不规则变动外，过去的时序数据存在着某种基本形态，假设这种形态在短期内不会改变，则可以作为下一期预测的基础。平滑的主要目的在于消除时序数据的极端值，以某些比较平滑的中间值作为预测的根据。

**1. 移动平均法**

时间序列虽然或多或少地会受到不规则变动的影响，但若其未来的发展情况能与过去一段时期的平均状况大致相同，则可以采用历史数据的平均值进行预测。建立在平均基础上的预测方法适用于基本在水平方向波动而没有明显趋势的序列。

1）简单平均法

给出时间序列 $n$ 期的资料 $Y_1, Y_2, \cdots, Y_n$，选择前 $T$ 期作为试验数据，计算平均值用以测定 $T$+1 期的数值，即

$$\bar{Y} = \sum_{i=1}^{T} Y_i / T = F_{T+1} \tag{9.17}$$

式中：$\bar{Y}$ 为前 $T$ 期的平均值；$F_{T+1}$ 为第 $T$+1 期的估计值，也就是预测值。简单平均法是利用式（9.17）中计算 $T$ 期的平均值作为下一期即 $T$+1 期预测值的方法。其预测的误差为

$$e_{T+1} = Y_{T+1} - F_{T+1}$$

若预测第 $T$+2 期，则

$$F_{T+2} = \bar{Y} = \sum_{i=1}^{T+1} Y_i / (T+1) \tag{9.18}$$

若 $Y_{T+2}$ 为已知，则其预测误差为

$$e_{T+2} = Y_{T+2} - F_{T+2}$$

以此类推，就能够得到以后各期的预测值。可以看出，简单平均法需要存储全部历史数据。但在求出前 $T$ 期平均值后，有前一期的估计值和实际观察值，就能对下一期进行预测。实际上，它是利用前一期观察值对平均值进行修正的一种预测方法，这种方法虽然实用价值不大，但它是其他平滑法的基础。

2）简单移动平均法

用简单平均法预测时，其平均期数随预测期的增大而增大。事实上，当我们加进一个新数据时，远离现在的第一个数据作用已不大，不必再考虑。移动平均法就是这样一种改进了的预测方法。它保持平均的期数不变，总是为 $T$ 期，而使所求的平均值随时间变化而不断移动，其公式为

$$F_{T+1} = \frac{Y_1 + Y_2 + \cdots + Y_T}{T} = \frac{1}{T}\sum_{i=1}^{T} Y_i \tag{9.19}$$

若预测第 $T$+2 期，则

$$F_{T+2} = \frac{Y_2 + Y_3 + \cdots + Y_{T+1}}{T} = \frac{1}{T}\sum_{i=2}^{T+1} Y_i \tag{9.20}$$

简单移动平均法是利用时序前 $T$ 期的平均值作为下一期预测值的方法，其数据存储量比简单平均法少，只需一组 $T$ 个数据。应用的关键在于平均期数或称移动步长 $T$ 的选择，一般

通过试验比较加以选定。但是这种方法存在滞后问题，即实际序列已经发生大的波动时，预测结果不能立即反应。

3）加权移动平均法

简单移动平均法是将被平均的各期数值对预测值的作用同等看待，但实际上，往往是近期的数值影响较大，而远离预测期的数值作用会小些。加权移动平均法正是基于这一思想对不同的时期给予不同的权数来进行预测的。其公式为

$$F_{T+1}=\frac{a_1'Y_1+a_2'Y_2+\cdots+a_T'Y_T}{\sum_{i=1}^{T}a_1'} \tag{9.21}$$

式中，$a_1',a_2',\cdots,a_T'$ 为权数。式（9.21）还可以写成下面的形式：

$$F_{T+1}=a_1Y_1+a_2Y_2+\cdots+a_TY_T \tag{9.22}$$

式中，$a_1\leqslant a_2\leqslant\cdots\leqslant a_T, a_1+a_2+\cdots+a_T=1$。

采用加权移动平均法的关键是权数的选择和确定。当然，可以先选择不同组的权数，然后通过试预测进行比较分析，选择预测误差小者作为最终的权数。如果移动步长不是很大，由于平均期数不多，权重数目不多，那么可以通过不同组合进行测试；如果移动步长很大，可选择的权重组合过多，那么很难一一进行测试，这为实际应用带来了困难。

**2. 指数平滑法**

当移动平均间隔中出现非线性趋势时，给近期观察值赋予较大权重，给远期观察值赋予较小权重，进行加权移动平均，预测效果较好。但要为各个时期分配适当的权重是一件很麻烦的事，需要花费大量时间、精力寻找适宜的权重，若只为预测最近的一期数值，则是极不经济的。指数平滑法通过对权数加以改进，使其在处理时甚为经济，并能提供良好的短期预测精度，因而，其实际应用较为广泛。

1）一次指数平滑法

（1）预测模型。一次指数平滑也称作单指数平滑（simple exponential smoothing，SES）。其公式可以由简单移动平均公式推导出，即

$$F_{t+1}=F_t+\frac{1}{N}(Y_t-Y_{t-N}) \tag{9.23}$$

式中：$N$ 为移动步长；$t$ 为任意时刻。将其写成一般式，为

$$F_{t+1}=F_t+\frac{1}{N}(Y_t-F_t) \tag{9.24}$$

$$F_{t+1}=\frac{1}{N}Y_t+\left(1-\frac{1}{N}\right)F_t \tag{9.25}$$

令 $\alpha=\frac{1}{N}$，显然，$0<\alpha<1$，那么式（9.25）就成为

$$F_{t+1}=\alpha Y_t+(1-\alpha)F_t \tag{9.26}$$

式（9.26）是一次指数平滑公式，也就是预测模型。式中：$\alpha$ 是平滑常数；$F_t$ 是 $t$ 时刻的一次指数平滑值。平滑值常记作 $S_t$，因此式（9.26）也写成 $S_{t+1}=\alpha Y_t+(1-\alpha)S_t$。一次指数平滑法预测以第 $t$+1 期的平滑值作为当期的预测值。

（2）平滑常数 $\alpha$ 的作用和选择。由于 $S_t=\alpha Y_{t-1}+(1-\alpha)S_{t-1}$，$S_{t-1}=\alpha Y_{t-2}+(1-\alpha)S_{t-2},\cdots$，所以式（9.26）能够展开为

$$F_{t+1}=S_{t+1}=\alpha Y_t+(1-\alpha)S_t$$
$$=\alpha Y_t+\alpha(1-\alpha)Y_{t-1}+\alpha(1-\alpha)^2Y_{t-2}+\alpha(1-\alpha)^3Y_{t-3}+\cdots$$
$$+\alpha(1-\alpha)^{N-1}Y_{t-(N-1)}+(1-\alpha)^N S_{t-(N-1)} \tag{9.27}$$

式（9.27）表明，无论平滑常数$\alpha(0<\alpha<1)$的取值多大，其随时间的变化呈现为一条衰退的指数函数曲线，即随着时间向过去推移，各期实际值对预测值的影响按指数规律递减，这就是此方法冠以“指数”之名的原因。

式（9.26）还可以写成

$$S_{t+1}=S_t+\alpha(Y_t-S_t)\text{ 即 }S_{t+1}=S_t+\alpha e_t \tag{9.28}$$

式中，$e_t$是时刻 $t$ 的预测误差。从式（9.28）可知，第 $t$+1 期的指数平滑值实际上是上一期预测误差对同期指数平滑值修正的结果。若$\alpha=1$，意味着用全部误差修正 $S_t$；若$\alpha=0$意味着不用误差修正，$S_{t+1}=S_t$。若$0<\alpha<1$，则是用一个适当比例的误差修正 $S_t$，使对下一期的预测得到比较令人满意的结果。实际预测时，通常初选几个$\alpha$值，经过试预测，对所产生的误差进行分析，选取其中误差最小者。

（3）初始值的选取。从式（9.27）可知，一次指数平滑法预测模型是一个递推形式，因此需要有一个开始给定的值，这个值就是指数平滑的初始值。一般可以选取第一期的实际观测值或前几期观测值的平均值作为初始值。

一次指数平滑法也存在滞后现象。这种方法需要存储的数据大大减少，有时只要有前一期实际观察值和平滑值，以及一个给定的平滑常数$\alpha$，就可以进行预测。但由于其只能预测一期，所以实际应用较少。一次指数平滑法适用于较为平稳的序列，一般$\alpha$的取值不大于 0.5。当序列变化较为剧烈时，可取$0.3<\alpha<0.5$；当序列变化不是很剧烈时，可取$0.1<\alpha<0.3$；当序列变化较为平缓时，可取$0.05<\alpha<0.1$；当序列波动很小时，可取$\alpha<0.05$。若$\alpha$大于 0.5，平滑值才可与实际值接近，常表明序列有某种趋势。这时，不宜用一次指数平滑法预测。

2）二次指数平滑法

二次指数平滑也称作双重指数平滑（double exponential smoothing），它是对一次指数平滑值再进行一次平滑的方法。一次指数平滑法是直接利用平滑值作为预测值的一种预测方法，二次指数平滑法则不同，它是用平滑值对时序的线性趋势进行修正，建立线性平滑模型进行预测。二次指数平滑法也称为线性指数平滑法。

（1）布朗（Brown）单一参数线性指数平滑法。当序列有趋势存在时，一次和二次指数平滑值都落后于实际值。布朗单一参数线性指数平滑法比较好地解决了这一问题。其平滑公式为

$$\begin{cases}S_t^{(1)}=\alpha Y_1+(1-\alpha)S_{t-1}^{(1)}\\ S_t^{(2)}=\alpha S_t^{(1)}+(1-\alpha)S_{t-1}^{(2)}\end{cases} \tag{9.29}$$

式中：$S_t^{(1)}$为一次指数平滑值；$S_t^{(2)}$为二次指数平滑值。

由两个平滑值可以计算线性平滑模型的两个参数：

$$\begin{cases}a_t=S_t^{(1)}+\left(S_t^{(1)}-S_t^{(2)}\right)=2S_t^{(1)}-S_t^{(2)}\\ b_t=\dfrac{\alpha}{1-\alpha}\left(S_t^{(1)}-S_t^{(2)}\right)\end{cases}$$

得到线性平滑模型：

$$F_{t+m}=a_t+b_t m \tag{9.30}$$

式中，$m$ 为预测的超前期数。式（9.30）就是布朗单一参数线性指数平滑的预测模型，通常称为线性平滑模型。

式（9.29）中，当 $t=1$ 时，$S_{t-1}^{(1)}$ 和 $S_{t-1}^{(2)}$ 都是没有数值的，与一次指数平滑一样，需要事先给定，它们是二次指数平滑的平滑初始值，分别记作 $S_0^{(1)}$ 和 $S_0^{(2)}$。$S_0^{(1)}$ 可以与 $S_0^{(2)}$ 相同，也可以不同。通常采用 $S_0^{(1)}=S_0^{(2)}=Y_1$ 或序列最初几期数据的平均值。布朗单一参数线性指数平滑法就是通常所说的二次指数平滑法。它适用于对具有线性变化趋势的时序进行短期预测。

（2）霍特（Holt）双参数指数平滑法。霍特双参数指数平滑法即 Holter-Winter 季节模型，其原理与布朗单一参数线性指数平滑法相似，但它不直接应用二次指数平滑值建立线性模型，而是分别对原序列数据和序列的趋势进行平滑。它使用两个平滑参数和三个方程式：

$$S_t=\alpha Y_t+(1-\alpha)(S_{t-1}+b_{t-1}) \tag{9.31}$$

$$b_t=\beta(S_t-S_{t-1})+(1-\beta)b_{t-1} \tag{9.32}$$

$$F_{t+m}=S_t+b_t m \tag{9.33}$$

式（9.31）是修正 $S_t$，$S_t$ 称作数据的平滑值。这个方程式是把上一期的趋势值 $b_{t-1}$ 加到 $S_{t-1}$ 上，以消除一个滞后，修正 $S_t$，使其与实际观察值 $Y_t$ 尽可能地接近。式（9.32）是修正 $b_t$。$b_t$ 是趋势的平滑值，它表示为一个差值，即相邻两项平滑值之差。如果时序数据存在趋势，那么新的观察值总是高于或低于前一期数值，又由于还会有不规则变动的影响，所以需用 $\beta$ 值来平滑 $S_t$–$S_{t-1}$ 的趋势，然后将这个值加到前一期趋势的估计值 $b_{t-1}$ 与 $1-\beta$ 的乘积上。式（9.33）用于预测，它是把修正的趋势值 $b_t$ 加到一个基础值 $S_t$ 上，$m$ 是预测的超前期数。霍特线性平滑的起始过程需要两个估计值：一个是平滑值 $S_1$；一个是倾向值 $b_1$。通常取 $S_1=Y_1$，$b_1=Y_2-Y_1$。$b_1$ 还可以取开始几期观察值两两差额的平均值，即

$$b_1=\frac{(Y_2-Y_1)+(Y_3-Y_2)+(Y_4-Y_3)}{3}$$

当数据处理得比较好时，$b_1$ 的初始值如何选取关系不大。

3）三次指数平滑法

三次指数平滑也称三重指数平滑，它与二次指数平滑一样，不是以平滑指数值直接作为预测值，而是建立预测模型。

（1）布朗三次指数平滑。布朗三次指数平滑是对二次平滑值再进行一次平滑，并用以估计二次多项式参数的一种方法，所建立的预测模型为

$$F_{t+m}=a_t+b_t m+\frac{1}{2}c_t m^2 \tag{9.34}$$

这是一个非线性平滑模型，它类似于一个二项多项式，能表现时序的一种曲线变化趋势，所以常用于非线性变化时序的短期预测。布朗三次指数平滑也称作布朗单一参数二次多项式指数平滑。式（9.34）中参数的计算公式为

$$a_1=3S_t^{(1)}-3S_t^{(2)}+S_t^{(3)} \tag{9.35}$$

$$b_t=\frac{\alpha}{2(1-\alpha)^2}\left[(6-5\alpha)S_t^{(1)}-(10-8\alpha)S_t^{(2)}+(4-3\alpha)S_t^{(3)}\right] \tag{9.36}$$

$$c_t=\frac{\alpha^2}{(1-\alpha)^2}\left(S_t^{(1)}-2S_t^{(2)}+S_t^{(3)}\right) \tag{9.37}$$

各次指数平滑值分别为

$$\begin{cases} S_t^{(1)} = \alpha Y_t + (1-\alpha) S_{t-1}^{(1)} \\ S_t^{(2)} = \alpha S_t^{(1)} + (1-\alpha) S_{t-1}^{(2)} \\ S_t^{(3)} = \alpha S_t^{(2)} + (1-\alpha) S_{t-1}^{(3)} \end{cases} \tag{9.38}$$

三次指数平滑比一次、二次指数平滑复杂得多，但三者的目的一样，即修正预测值，使其跟踪时序的变化，三次指数平滑跟踪时序的非线性变化趋势。

（2）温特线性和季节性指数平滑。温特线性和季节性指数平滑模型是描述既有线性趋势又有季节变化序列的模型，有两种形式，一种是线性趋势与季节相乘形式；另一种是线性趋势与季节相加形式。

①Holter-Winter 季节模型（乘积型式）。该模型用于对既有线性趋势又有季节变动的时间序列的短期预测。

其预测模型为

$$F_{t+m} = (S_t + b_t m) I_{t-L+m} \tag{9.39}$$

式（9.39）包括时序的三种成分：平稳性（$S_t$）、趋势性（$b_t$）、季节性（$I_t$）。它与霍特法很相似，只是多一个季节性。建立在三个平滑值基础上的温特法，需要 $\alpha$、$\beta$、$\gamma$ 三个参数。其基础方程如下。

总平滑：

$$S_t = \alpha \frac{Y_t}{I_{t-L}} + (1-\alpha)(S_{t-1} + b_{t-1}), \quad 0 < \alpha < 1 \tag{9.40}$$

倾向平滑：

$$b_t = \gamma (S_t - S_{t-1}) + (1-\gamma) b_{t-1}, \quad 0 < \gamma < 1 \tag{9.41}$$

季节平滑：

$$I_t = \beta \frac{Y_t}{S_t} + (1-\beta) I_{t-L}, \quad 0 < \beta < 1 \tag{9.42}$$

式中：$L$ 为季节长度，或称季节周期的长度；$I$ 为季节调整因子。

式（9.42）可与季节指数比较。季节指数是时序的第 $t$ 期值 $Y_i$ 与同期一次指数平滑值 $S_i$ 之比。显然，若 $Y_i > S_i$，则季节指数大于 1；反之，则季节指数小于 1。这里，$S_t$ 是一个序列的平滑值，也就是一个平均值，它不包括季节性，这一点对理解季节指数及 $I_t$ 的作用很重要。时序值 $Y_t$ 既包括季节性又包括某些随机性，为平滑随机性变动。式（9.42）采用参数 $\beta$ 加权计算出的季节因子 $\left(\dfrac{Y_t}{S_t}\right)$，用 $1-\beta$ 加权前一个季节数据 $I_{t-L}$。

式（9.41）完全用来修匀趋势值，用参数 $\gamma$ 加权趋势增量 $S_t - S_{t-1}$，用 $1-\gamma$ 加权前期趋势值 $b_{t-1}$。式（9.40）是求已修匀的时序值 $S_t$。用季节调整因子 $I_{t-L}$ 去除观察值，目的是从观察值 $Y_t$ 中消除季节波动。当 $t-L$ 期的值高于季节平均值时，$I_{t-L}$ 大于 1，用大于 1 的数去除 $Y_t$，得到小于 $Y_t$ 的值，其减少的数值正好是 $t-L$ 期的 $I_t$ 高于季节平均值的差额。季节因子 $I_{t-L}$ 小于 1 时，情况相反。当式（9.40）中的 $S_t$ 已知时，才能计算出式（9.42）中的 $I_t$。因此式（9.40）中 $S_t$ 的计算用 $I_{t-L}$。

②Holter-Winter 季节模型（加法型式）。它用于对既有线性趋势又有季节变动的时间序列的短期预测：

$$F_{t+m} = (S_t + b_t m) + L_{t-L+m} \tag{9.43}$$

式中，各符号的意义及计算与 Holter-Winter 季节模型（乘积模式）相同，只是趋势与季节的变动是相加的关系。

使用温特法时，面临的一个重要问题是怎样确定 $\alpha$、$\beta$、$\gamma$ 的值。通常采用反复试验的方法，以使平均绝对比例误差（mean absolute percentage error，MAPE）最小。

## 9.4　习题与思考

（1）试述回归分析的基本思想与步骤。

（2）试述回归分析和相关分析的区别和联系。

（3）简述逻辑斯谛回归的原理。

（4）讨论线性回归和逻辑斯谛回归的区别。

（5）时间序列具有哪些特点？

# 第 10 章　大数据在搜索引擎中的应用

大数据是信息技术及其应用发展到一定阶段的“自然现象”，源于信息设备的不断廉价化以及互联网及其所带来的无处不在的延伸应用，可以说大数据应用和技术是在互联网的快速发展中产生的，互联网企业尤其是搜索引擎公司是大数据实践的先行者和领跑者。搜索引擎连接了人和信息、人和服务，其目的就是更好地理解用户的搜索需求，将信息与用户匹配起来。

本章首先介绍搜索引擎的相关概念，并简述国内外搜索引擎的应用现状；然后介绍搜索引擎的基本实现原理与过程；最后借助实例阐述大数据技术在搜索引擎中的应用。

## 10.1　应用现状概述

### 10.1.1　搜索引擎的概念

一般人们谈到的搜索引擎是指网络搜索引擎，是根据用户特定的需求（一般是以字符串表示的查询词或关键词）结合特定的算法和索引策略。它将互联网上搜集到的网页进行相关度排序并呈现给用户。因此，搜索引擎实际上是一种提供检索服务的系统，它通常会面向互联网上几十亿个网页进行搜索。从使用者的角度来看，搜索引擎提供一个包含搜索框的页面，但是其背后却是包含了诸多大数据相关技术的复杂过程。

### 10.1.2　国内外搜索引擎的应用现状

如今，搜索引擎是一个人人都知道的事物。理论界将搜索引擎分为两代：一是以雅虎为代表的第一代目录式搜索引擎；二是以谷歌为代表的第二代组合式搜索引擎，其核心是一个以网页链接为基础的索引库。

StatCounter 统计得出，在全球范围内，谷歌在全球搜索引擎市场上占据领先优势地位，而必应、雅虎、百度则分别以微弱市场份额位列第二、三、四名。而在国内的搜索引擎行业中，百度占据行业的绝对领先地位，搜狗紧随其后，神马、好搜等市场份额远低于百度。2020 年 6 月，百度市场份额为 66.15%，排名第二、三位的搜狗和好搜市场份额分别为 22.06%和 3.40%，均与百度实力相差悬殊。

尽管目前我国的搜索引擎呈现出百度“独占天下”的局面，但是也看到了很多其他搜索引擎的兴起。越来越多的公司将搜索引擎加入了自己的网站，搜索引擎的发展将逐渐壮大，同时变得更加个性化与人性化。总之，随着人们的信息需求不断加深，现有的搜索引擎也随之不断完善与进步，搜索引擎将会向一个多元化、个性化、服务化的方向发展。

同时，搜索引擎也突破了单一的服务模式，如语音搜索、图像搜索、地图搜索、导航式搜索、结果评价，以及专家推荐等。但无论如何，为用户快速、准确、方便地提供其想要的信息，一直是搜索引擎的主要发展方向。总之，搜索引擎正变得更加智能化、个性化，从而更好地满足用户的信息需求，给予用户更佳的检索体验。

### 10.1.3　大数据与搜索引擎优化

搜索引擎优化（search engine optimization，SEO）指的是一种通过一定的技术分析搜索引擎的排名规律，了解各种搜索引擎如何进行搜索、如何抓取互联网页面、如何确定特定关键词的搜索结果排名的技术。也可以理解为，搜索引擎优化就是利用搜索引擎的规则提高网站在有关搜索引擎内的自然排名，让其在行业内占据领先地位，获得品牌收益，很大程度上是网站经营者的一种商业行为，使自己或自己公司的排名前移，其目的是让网站在互联网中脱颖而出，以满足用户的信息需求。

如今，越来越多基于网络的公司正在使用大数据与用户进行更多的互动，它们发现大数据非常适合改善搜索引擎优化和用户体验。那么，大数据如何在搜索引擎优化中发挥作用呢？主要体现在四个方面：一是大数据改变网站性能的本质，即企业不仅需要了解行业的发展趋势和时尚，更重要的是要将搜索引擎优化与用户体验结合起来，这样更有利于企业业务的成功；二是大数据技术可以改善网站页面的设计和内容，从而使用户清楚地知道获取信息的途径，并吸引更多用户来浏览，为用户提供高质量的检索服务；三是大数据使网站具有可搜索性，即通过大数据技术确保企业的网页在搜索引擎中清晰可见；四是大数据使网站具有可用性，即通过大数据技术加快网站的加载速度，记住分层组织的标题，并将文本分成小段，使企业拥有良好、透明、高效的网站页面，为用户提供最好的体验，并获得更高的搜索引擎排名。

互联网上的信息浩瀚万千，且毫无秩序，搜索引擎一直在海量数据中挖掘优质信息，以提供给用户，满足用户的信息需求。由于快速找到准确的答案比找到更多的答案更重要，所以搜索引擎需要解决的问题，不再是帮助人们从海量信息中寻找结果，而是在海量结果中找到精准的答案。在大数据时代中，搜索引擎已面临新的挑战，搜索引擎经历了十几年的发展，已经在文本分析、数据挖掘、图谱构造、语义分析等方面取得了丰富的成果，结合现有的大数据技术，搜索引擎成为一个数据工厂，通过大数据技术从海量的信息中挖掘出有价值的信息，从而加速信息的流动，这有利于为用户提供个性化的精准服务，有利于搜索技术的全方面提升，有利于开辟搜索引擎的新功能。

## 10.2　基本实现原理

搜索引擎对海量的互联网信息进行抓取，对信息进行加工与处理后，最终为用户提供优质的检索服务。搜索引擎的工作原理简化图如图 10.1 所示。为了便于读者理解，这里将搜索引擎的工作原理视为三个部分：一是网页抓取，即搜索引擎蜘蛛（spider）在互联网上爬行和抓取网页信息，并存入原始网页数据库；二是处理页面，即对原始网页数据库中的信息进行提取和组织，并建立索引库；三是提供检索服务，即根据用户输入的关键词，快速找到相关文档，并对找到的结果进行排序，将查询结果返回给用户。

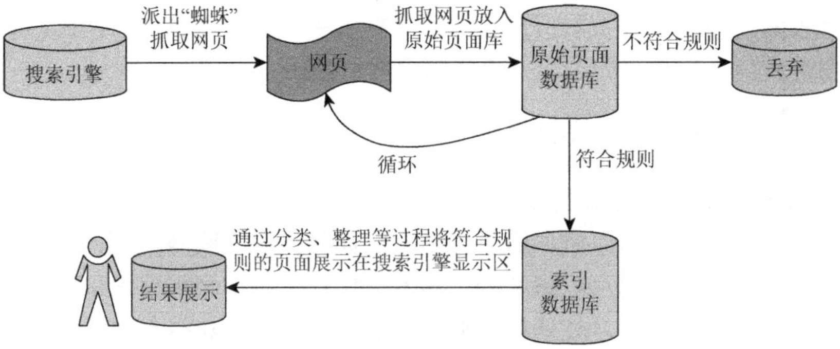


图 10.1 搜索引擎的工作原理简化图

我们知道，搜索引擎简单来讲是一种"得到与用户提供的检索词关系最强的有序网页列表"的系统。那么，什么样的机制能够反映检索词和网页之间关系的强弱呢？人们自然想到的是词频-逆文档频率（term frequency-inverse document frequency，TF-IDF）。TF-IDF 算法是信息检索与文本挖掘中的经典算法，它用来衡量一个词对于一个文档集合中的一份文档的重要程度，词的重要性与它在文档中出现的频率成正比，但同时也需要与它在文档集中出现的频率成反比。换句话说就是，如果某一个词在一篇文档中出现的频率高，并且在其他文档中很少出现，那么认为这个词或者短语具有很好的类别区分能力。将 TF-IDF 中的词与文档对应于搜索引擎中的检索词与网页列表，我们就能得到与用户提交的检索词最相近的网页列表。

但是，在搜索引擎的实际开发中却存在这样三个问题：第一，TF-IDF 算法涉及深入对网页内容进行词频统计，这样，就需要检索系统具有超大规模的存储能力，以保证能够存储每个网页的文字内容，而要存储全世界不断变化的海量网页内容是不切实际的；第二，面对海量数据，当并发查询请求增多（如 10 万次/秒）的时候，通过扫描全部数据来匹配出检索结果的工作是不可能实现的；第三，利用 TF-IDF 计算词频的方法得到的网页的确与检索词相似，但是却体现不了网页的重要性。例如，我们检索"清华大学"时，很大概率是希望第一个检索结果是清华大学的官网，但是如果只用 TF-IDF 算法，第一个检索结果很有可能是某个考研网站，也很有可能是有关清华大学的某条最近的新闻。也就是说，搜索引擎需要在与检索词相关的网页中，筛选出最有价值的网页作为检索结果提供给用户。

针对第一个问题，谷歌提出了分布式存储的思想，随后出现了 HDFS。HDFS 在存储用户数据时，通过分片技术，将数据切割成若干份，加密后，分散地存储在世界各地的服务器上，切割后的数据都会产生一个地址，在需要下载数据时，系统会根据文件地址对服务器上的数据进行检索，最终形成一份完整的文件。

针对第二个问题，为了提高检索速度，人们提出了倒排索引（inverted index）。倒排索引是受目录的启发而设计的，通过目录，人们可以很快查找到某个内容出现的位置。目录是一种<键值，存储地址>的结构，与之类似，为了快速查找某个关键字出现的位置，为每个关键字建立<关键字，存储地址>的目录，就是倒排索引，磁盘上保存倒排索引的文件就是倒排文件。在倒排索引中，以文档中的词作为"目录"的关键字，词出现的文档编号作为存储地址，即<词，文档编号>，由于一个词一般会在多个文档中出现，在某个文档中也可能出现一次或多次。因此，"目录"中的地址是一个文档编号列表，列表中每一项包含这个词在该文档中出现的所有位置信息，也就是说，倒排索引的结构是一个词到文档 ID 的映射集合，即词项-文档（term-doc）关联矩阵。其结构如图 10.2 所示。

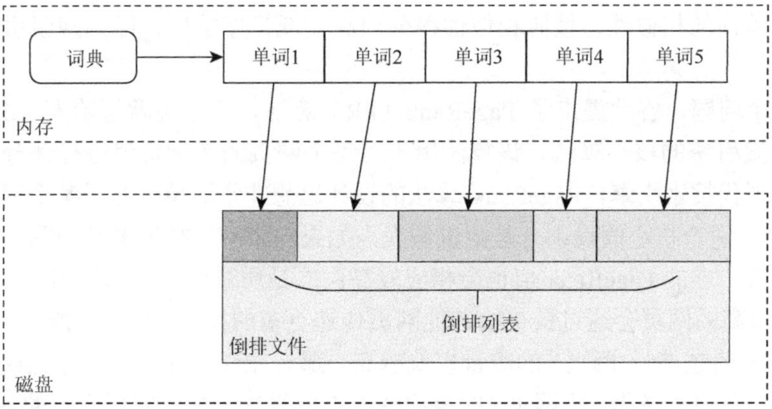


图 10.2　倒排索引结构图

下面以一个简单例子来形象地理解倒排索引的实现过程。假设现在有 3 个文档，文档内容见表 10.1。

**表 10.1　文档内容**

| 文档 Id | 文档内容 |
|---|---|
| 1 | MapReduce is simple |
| 2 | MapReduce is powerful and simple |
| 3 | Hello MapReduce bye MapReduce |

然后对该文档中的内容进行分词，便得到了带有单词频率、文档频率和出现位置信息的倒排列表，倒排索引示例见表 10.2。

**表 10.2　倒排索引示例**

| 单词 Id | 单词 | 倒排列表（文档 Id；出现频率；〈出现位置〉） |
|---|---|---|
| 1 | MapReduce | （1；1；〈1〉），（2；1；〈1〉），（3；2；〈2，4〉） |
| 2 | is | （1；1；〈2〉），（2；1；〈2〉） |
| 3 | simple | （1；1；〈3〉），（2，1；〈5〉） |
| 4 | powerful | （2；1；〈3〉） |
| 5 | and | （2；1；〈4〉） |
| 6 | Hello | （3；1；〈1〉） |
| 7 | bye | （3；1；〈3〉） |

以单词 simple 为例，其对应的倒排列表为（1；1；〈3〉），（2，1；〈5〉），因此，单词 simple 在文档 1 与文档 2 中均出现过，频率均为 1，且文档 1 中第 3 个单词、文档 2 中第 5 个单词为

simple。根据倒排索引，搜索引擎可以很方便地响应用户的查询，当用户输入某个检索词时，搜索系统便会查找倒排索引，从中读取出包含这个单词的文档，这些文档就是提供给用户的搜索结果，再利用单词频率信息、文档频率信息，就可以对这些候选检索结果进行排序，计算文档和查询单词的相似性，按照相似性得分由高到低排序输出，即为搜索引擎的核心检索过程。

针对第三个问题，谷歌提出了 PageRank（PR）算法，它是谷歌创始人 L.Page 和 S.Brin 提出的实现搜索引擎的核心算法，该算法用于对每个网页的实际价值进行评分，可以说，这个算法成就了现代搜索引擎。PageRank 算法的设计思想非常简单，对于某个网页 $i$ 来说，其 PageRank 值基于两个核心假设：一是数量假设，如果一个网页被很多其他网页链接到，说明这个网页很重要，它的 PageRank 值也会相应较高；二是质量假设，由于指向 $i$ 的网页的质量参差不齐，质量高的网页会通过链接给其他网页传递更多的权重，所以，指向 $i$ 的网页的链接越高（PageRank 值越高），网页 $i$ 的质量也就越高。那么如何给其他网页分配权重呢？这里需要给出网页权重的分配依据：将网页 $i$ 的重要性权重值平均分配给它所引用的各个网页。这里需要注意的是：假定用户在搜索网页时，最初是随机选择 Web 中的一个网页，那么用户在选择网页进行下一步浏览时，网页 $i$ 被选中的概率大小，就是网页 $i$ 的 PageRank 权重。

图 10.3 为简化的计算 PageRank 值的示意图，其中，假设网页 $a_1$、$a_2$ 的 PageRank 值分别为 100 和 9。根据质量假设中的权重分配依据可知，网页 $a_1$、$a_2$ 将其 PageRank 值平均分配给它们所指向的网页，计算得到网页 $a_3$、$a_4$ 的 PageRank 值分别为 53 和 50。

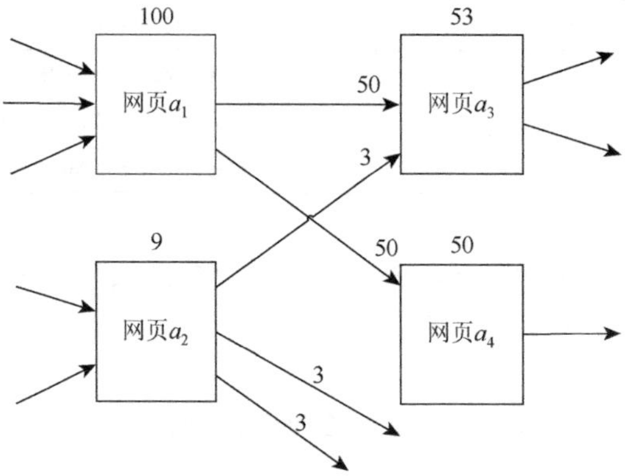


图 10.3　计算 PageRank 值的示意图

为了更好地理解 PageRank 算法的实现过程，我们将互联网转化成链接结构图，即假设对所有网页给定一个有向图 $G\langle V, A\rangle$，它是由顶点集合 $V$ 与边的集合 $A$ 组成的，则网页 $i \in G$ 的排名 PR($i$)可以由下式得到

$$\mathrm{PR}(i)=\frac{1-\alpha}{N}+\alpha\sum_{j\in M_i}\frac{\mathrm{PR}(j)}{L(j)}$$

式中：$M_i$ 是所有对网页 $i$ 有出链的网页集合；$L(j)$是网页 $i$ 的出链数目；$N$ 是所有网页总数；$\alpha$ 代表的是阻尼因子，取值为 0～1，一般取值为 0.85。根据上面的公式，可以计算每个网页的 PR 值，在不断迭代趋于平稳后，即为最终结果。

在表现网页之间的链接关系时，谷歌使用了矩阵，假设 $\boldsymbol{S}=(s_{i,j})$为谷歌初始矩阵，$s_{i,j}$ 代表网页 $j$ 跳转到网页 $i$ 的概率，当$\langle j, i\rangle \in A$ 时，则 $s_{i,j}=\frac{1}{L(j)}$；其余情形时，$s_{i,j}=0$。其中 $L(j)$ 是网页 $j$ 的出站链接总数。

现在假定 $N=4$（共有 $A$、$B$、$C$、$D$ 四个网页），其对应的有向图如图 10.4 所示，则初始矩阵 $\boldsymbol{S}$ 的计算结果为

$$\boldsymbol{S}=\begin{bmatrix} 0 & 0.5 & 0 & 0.5 \\ 0.33 & 0 & 0 & 0.5 \\ 0.33 & 0.5 & 0 & 0 \\ 0.33 & 0 & 1 & 0 \end{bmatrix}$$

得到初始矩阵 $\boldsymbol{S}$ 后，便可计算网页 PR 值。若只有 $\alpha$ 概率的用户会点击网页链接，剩下 $1-\alpha$ 概率的用户会跳到无关的网页上，则访问网页 $A$ 的概率为$(1-\alpha)/4$，
因此谷歌矩阵 GM 可由下式得到：

$$\mathrm{gm}_{i,j}=\alpha s_{i,j}+\frac{1-\alpha}{N}$$

$$\mathrm{GM}=\alpha\times\begin{bmatrix} 0 & 0.5 & 0 & 0.5 \\ 0.33 & 0 & 0 & 0.5 \\ 0.33 & 0.5 & 0 & 0 \\ 0.33 & 0 & 1 & 0 \end{bmatrix}+\frac{1-\alpha}{4}\begin{bmatrix} 1 & 1 & 1 & 1 \\ 1 & 1 & 1 & 1 \\ 1 & 1 & 1 & 1 \\ 1 & 1 & 1 & 1 \end{bmatrix}$$

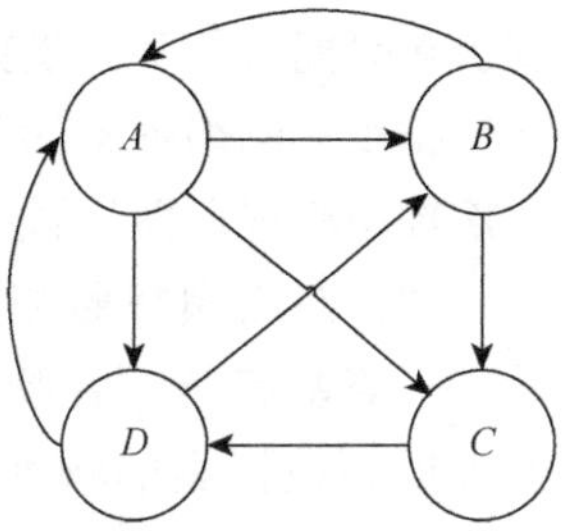

图 10.4　网页有向图

在有向图 $G$ 及其谷歌矩阵 GM 中，$n$ 是 $G$ 中的节点数，可以通过下面的式子逐级地迭代更新秩向量，直到得到 $P_n=P_{n-1}$ 时，才算迭代完成，这时的 $P_n$ 就是 PR 值。因此计算网页 PR 值的过程便转化成一个马尔可夫链过程。

$$P_n=\mathrm{GM}\times P_{n-1}$$

## 10.3　搜索引擎的大数据时代

在移动互联网的浪潮下，应用程序 APP、云应用、社交媒体等让数据爆炸式增长，未来人类社会的数据类型将更加庞杂，这对搜索引擎提出了更高的要求：旨在通过大数据技术从这些数据中挖掘出具有价值的信息，创造促进人类发展的知识，实现产出价值与用户体验的双赢。从搜索引擎本质来看，它就是一种典型的大数据应用，大数据技术发展日新月异，搜索引擎也得到了前所未有的发展。目前，谷歌、百度、雅虎作为搜索引擎的典型代表，随着用户需求的不断多元化、丰富化，大数据技术在搜索引擎中的应用不断增多，搜索引擎也迎来了大数据时代。

### 10.3.1　谷歌的大数据应用

谷歌在互联网搜索、云计算以及广告技术等领域均是技术的引领者，其开发的基于互联网的产品和提供的相应服务使其在全球范围内拥有了无数用户。作为被公认的全球最大的搜

索引擎，谷歌每天产生海量数据，这促使谷歌成为大数据时代的开拓者，其提供的大数据智能典型应用包括以下几个方面。

（1）用户情绪分析。在自然语言处理技术的逐渐成熟下，谷歌发布了自然语言处理功能的自动归类，可以自动对内容进行归类，帮助企业把具备共同特点的内容进行归档。例如，内容发布商可以把网络发布内容进行分析，划分为“娱乐”和“体育”两类话题。此外，谷歌云自然语言 API 可以对内容进行一些情绪分析，但目前只能将情绪划分为“积极”“消极”“中性”三类，谷歌还能够借助云自然语言 API，以及相关搜索内容，来分析用户对具体的产品、地点和企业的感受。例如，客户可能对一家公司的整体购买体验很满意，但却不太喜欢他们购买的一款产品的某个细节。又或者，他们可能喜欢某款产品，但却不认同企业的购买体验。有了这种技术，便可更好地判断用户情绪的具体指向。

（2）流感趋势预测。随着人们健康意识的增强，由于搜索引擎的流行，大部分用户会选择在互联网上搜索并传递相关疾病信息。通过大数据技术研究健康信息的趋势及其预测人们的关注与需求，并分析用户的行为，以挖掘出疾病变化的预警信息。“谷歌流感趋势”是由谷歌公司研究者和美国疾控中心共同开发的线上服务。2008 年 11 月到 2015 年 8 月，该线上服务依据用户网络搜索的关键词来预测流感，并且每天更新。2007～2008 年，“谷歌流感趋势”比疾控中心提前两周预报了发病率。可见，该应用在流感等疾病的预警方面起到了重要作用。

（3）网络舆情监测。谷歌借助大数据技术推出了一款基于搜索引擎日志挖掘的应用产品——谷歌趋势。谷歌趋势通过分析全球数十亿用户在谷歌网站输入的搜索查询，得出某一关键词被搜索的频率和相关统计数据。互联网用户每天在搜索引擎中输入数十亿次的搜索查询，这些查询词反映了用户关心和感兴趣的话题。通过谷歌趋势可以挖掘这些由用户输入产生的数据资源，并以图形可视化的方式展示热门关键词，成为分析网络舆情态势的重要手段。例如，通过在谷歌趋势中输入某一关键词，用户可直观地看到该关键词的搜索量的变化趋势，并可通过指定地区和时间段，得到关键词相关情况的详细分析。

### 10.3.2　百度的大数据应用

百度作为全球最大的中文搜索引擎公司，已成为人们应用最广泛的搜索引擎之一，其基于搜索引擎，演化出了图像、语音、知识图谱、自然语言处理等人工智能技术，一直致力于为网民提供最方便、快捷的个性化服务。随着移动互联网、物联网的快速发展，信息采集成本不断降低，从而加速了物理世界向网络空间的量化，数字世界与现实世界的融合过程中产生并积累了大量的数据。面临庞大的数据量带来的计算能力和网络带宽的新挑战，百度需要通过高性能的云平台以及大数据技术对数据进行处理。作为一个开源的高效云计算基础架构平台，Hadoop 具备高可靠性、高扩展性、高效性、高容错性等优势，其作为搜索引擎底层的基础架构系统，支撑着搜索引擎的服务与建设。因此，在百度搜索引擎中，Hadoop 发挥了不可忽视的作用。

目前，百度拥有 3 个 Hadoop 集群，总规模在 700 台机器左右，其规模还在不断地增加。为了更好地利用 Hadoop 进行数据处理，百度在以下几个方面进行了改进和调整。

（1）调整 MapReduce 策略。百度将作业限制于运行状态的任务数，并调整预测执行策略，以控制预测执行量，使一些任务不需要预测执行。同时，百度根据节点内存状况进行调度，平衡中间结果输出，通过压缩处理减少了 I/O 负担。

（2）改进 HDFS 的效率和功能。由于在 PB 级数据量的集群上数据是共享的，这样较容易对数据进行分析，但是需要对权限进行限制。同时，百度为了在一个分区坏掉后，节点上的其他分区还可以正常使用，采取了让分区与节点独立等方法。此外，百度修改了客户端选取块副本位置的策略，增加功能使选取块时跳过出错的数据的点。

（3）修改推断执行策略的执行策略。该策略包括：采用速率倒数替代速率，以防止数据分布不均时经常不能启动预测执行情况的发生；增加任务时必须达到某个百分比后才能启动预测执行的限制，从而解决 Reduce 运行等待 Map 数据的时间问题；当只有一个 Map 或 Reduce 时，可以直接启动预测执行。

（4）对资源使用进行控制。由于内存使用过多会导致操作系统跳过一些任务，百度通过修改 Linux 内核对进程使用的物理内存进行独立的限制，超过阈值可以终止进程。此外，百度分组调度计算资源，以实现存储共享、计算独立，使其在 Hadoop 中运行的进程是不可抢占的。

当前，百度自主研发了超大规模分布式存储和计算系统，其中分布式存储系统可以存储长文本、语音、视频等异构数据，实现单集群文件数达 100 亿。大规模分布式计算系统使 MapReduce 的性能提升了 50%以上，并实现了基于大数据的智能自动化运维框架，以满足超大规模集群运维的需求。

为了获得更好的用户体验和搜索的精准对接，百度在技术上不断地挑战自我，在搜索的实践中积累了整套大数据的处理和实践技术，占据了世界领先的地位。用户在搜索的过程中留下的信息，包括大量的文本、图片和影音等数据资源，百度对这些复杂的异构数据进行了处理与分析，从中发掘价值，实现了更多的大数据应用，可见大数据技术正推动着搜索引擎不断向前演进。具体实践应用主要体现在以下几个方面。

（1）智能交互。随着用户需求更趋于复杂化和个性化，百度在语音识别和图像识别这两项前沿技术领域实现突破，并取得了一系列领先成果。在语音识别上，百度于 2010 年开始进行智能语音及相关技术研发，推出了第一代基于云端识别的互联网应用“掌上百度”。2012 年 11 月，百度上线了中国第一款基于深度神经网络（deep neural network，DNN）的汉语语音搜索系统，成为最早采用 DNN 技术进行商业语音服务的公司之一，目前已经积累了数万小时的声学训练语料和海量文本语料。百度语音技术对内应用于手机百度、百度输入法、百度地图、百度导航等一系列产品，同时对外推出开放平台，提供多个垂直领域的识别和解析服务，覆盖汽车、医疗、手机、电商、家电和车载等十几个领域。在图像识别上，百度于 2012 年底将深度学习技术成功应用于光学字符识别（optical character recognition，OCR）识别和人脸识别，并推出相应的 PC 端和移动端搜索产品。目前百度的人脸识别准确率超过 98%，处于国际领先水平，图像识别技术已经用于手机百度、百度识图等多个应用中，这可以说是人工智能领域的一次技术飞跃。

（2）知识图谱。当用户使用搜索引擎时，需要的不止是索引到相关的网页，更希望找到答案、加深了解以及发现更多的内容。为了使搜索引擎更加智能，百度知识图谱依托于强大的互联网数据分析技术，对互联网海量数据进行挖掘，并应用高效、精准的算法对数据进行分类梳理，将复杂的知识体系通过数据挖掘、信息处理、知识计量和图形绘制显示出来，用实体以及实体关系刻画这个世界，构建宏大的知识网络，让用户更便捷地获取信息。

（3）深度问答。深度问答是一种基于海量互联网数据和深度语义理解的智能系统，基于对用户自然语言的理解，实现对海量数据的深层分析和语义理解，并通过搜索与语义匹配的技术，提炼出答案信息，对信息进行聚合、提炼，给出最全面、准确的结果。其重心在于正确理解用户复杂和多变的需求，并掌握海量结构化的知识库数据，这就需要强大的人工智能技术和海量复杂的大数据处理能力，包括问题分析和理解技术、实体知识体系建模技术、文本分析和关系抽取技术以及语义分析和排序技术等。

同时，百度也积极在大数据的商业实践上不断探索，以充分发掘和利用大数据的价值，并取得了显著的成绩。例如，公共生活领域中的大数据预测，百度已经推出了景点舒适度预测和城市旅游预测、高考预测、世界杯预测等服务。又如，公共卫生领域中的疾病预测，百度将搜索数据与医疗数据、医保数据等进行关联，并结合图像识别和语音识别技术、可穿戴设备数据采集等，通过大数据分析与挖掘能力可以实现人群疾病分布关联分析等，这将极大地推动疾病研究、医药研发、药品监管、居民医疗服务和全民健康教育等事业发展。

### 10.3.3　雅虎的大数据应用

雅虎是全球知名的搜索引擎，在全球大部分国家和地区提供搜索服务，并在搜索市场中占据较大的市场份额。Hadoop 是其最重要的底层技术之一，支撑着雅虎的业务，使其可以实现核心的产品体验。雅虎主要的大数据实践应用包括如下几个方面。

（1）个性化推荐。我们现在对个性化推荐并不陌生，可能随便打开一款商业 APP，无论新闻客户端还是娱乐类的应用软件，都已经有个性化推荐的功能，它能够了解用户的喜好与习惯，为其量身定制喜欢的内容。对于雅虎而言，其在很多方面就应用了大数据挖掘和分析技术，以实现个性化服务，雅虎借助大数据的机器学习算法来实现精准推荐，利用了地理位置信息、用户浏览习惯以及很多其他数据来为用户呈现个性化的内容。简单来说，用户用得越多，获得的内容就越接近用户想要的东西。最新数据显示，推出个性化内容之后，雅虎首页内容的点击率实现了 100%的增长，这是因为用户一旦习惯了这种高度个性化的内容，就很难再适应过去那种千篇一律的主页内容。

（2）广告定向投放。雅虎提供的精准广告投放系统，为许多广告商、外贸企业带来了大量的收益，是其进行海外推广的重要工具。雅虎在投放广告时，结合雅虎数据、第三方数据以及广告主的数据，精准定向投放广告主，让广告能够最大限度地触及优质用户，带来更多的成交机会。雅虎广告投放具有一定技巧，即是以关键词竞价方式投放的，访客只有“准确”输入广告主在后台提交的关键词，雅虎广告主的广告才会展示在这位访客面前，而访客在搜索框能输入这个关键词，他肯定是对这个产品或服务感兴趣，所以这种方式会为广告主带来性价比高的回报。搜索广告的出现大幅提高了广告的精准度，为用户量身定制的广告将作为一种信息，给广告主带来更加精准的投放和更高的用户转化率。

数据爆炸将我们推向大数据时代，大数据是新一轮信息技术革命与人类经济社会活动的交汇融合的必然产物，搜索引擎中蕴含着丰富的数据资源，如何将大数据技术高效应用于搜索引擎中，为个人、企业、政府从庞大的数据中挖掘有价值的内容，这正是大数据技术在搜索引擎中的价值所在。

## 10.4　习题与思考

（1）写出自己最常使用的搜索引擎的特点及使用方法。

（2）查阅相关文献，谈谈目前中文搜索引擎的发展趋势。

（3）查阅相关资料，谈谈大数据技术在搜索引擎优化中的具体应用。

（4）查阅相关资料，百度和谷歌使用什么类型的搜索引擎，它们的原理是什么？

（5）分别使用百度、谷歌、雅虎、搜狗这 4 种搜索引擎搜索关键词“大数据技术”，分析不同引擎搜索结果首页信息的区别。

（6）查阅相关资料，并结合本章内容，从人工智能、VR 技术、云计算这三个角度，找出具体实例，谈谈搜索引擎优化的发展趋势。

（7）查询相关资料，进一步了解百度竞价排名的使用方法。

# 第 11 章　大数据在推荐系统中的应用

随着互联网规模的急剧扩大与信息数量的几何增长，用户一直面临着“信息过载”的困境。虽然用户可以通过搜索引擎查找自己感兴趣的信息，但是在用户没有明确需求的情况下，搜索引擎也难以帮助用户有效地筛选信息。为了让用户从海量信息中高效地获得自己所需的信息，推荐系统应运而生。推荐系统是大数据在互联网领域的典型应用，它可以通过分析用户的历史记录来了解用户的喜好，从而主动为用户推荐其感兴趣的信息，满足用户的个性化推荐需求。

本章首先介绍推荐系统的概念，简述推荐系统在各类网站中的应用；然后介绍推荐系统的基本实现原理，其中重点介绍了基于内容的推荐和协同过滤推荐算法的基本思想；最后通过实例来阐述大数据在推荐系统中的应用。

## 11.1　应用现状概述

### 11.1.1　推荐系统的概念

社交网络媒体行业和电子商务行业产生了大量纷繁的网络信息，一方面，网民未能快速、准确地从海量冗余数据中找到目标信息；另一方面，数据的爆发式增长也超出了平台或系统的承受范围。信息消费者和信息提供者都面临着“信息过载”问题。目前，针对信息过载问题的解决办法之一是以搜索引擎为代表的信息检索系统，如谷歌、百度等，它们可以帮助用户从海量信息中找到自己所需要的信息。但是，通过搜索引擎查找内容是以用户有明确的需求为前提的，用户需要将其需求转化为相关的关键词进行搜索。因此，当用户需求很明确时，搜索引擎的结果通常能够较好地满足用户的需求。然而，当用户没有明确需求时，就无法向搜索引擎提交明确的搜索关键词，用户得到的结果与其他用户使用同一个关键词搜索信息得到的结果相同。例如，用户突然想观看一部自己从未看过的最新的热播剧，面对众多的当前热播剧，用户可能显得茫然无措，不知道哪部影视剧适合自己的口味。这时，以搜索引擎为代表的信息检索系统获得的结果显然未能有效满足用户的个性化需求，仍然无法很好地解决信息过载问题。

解决信息过载问题的另外一个非常有潜力的办法是推荐系统，它是根据用户的信息需求、兴趣等历史数据，将用户感兴趣的信息、物品等主动推荐给用户的信息推荐系统。例如，在众多的热播剧中，当你打开一部看起来不错的影视剧后，看了几分钟无法激起你的兴趣，就会继续寻找下一部剧集，等你终于找到一部自己爱看的影视剧后时，可能此时已经浪费大部分的休闲时间，心情也会备受影响。此时，你可能更想要的是一个自动化工具，它能根据你以往的观影历史，结合你对影视的喜好，从庞大的影视作品库中找到符合你兴趣的剧集供你选择。这个你所期望的工具就是“推荐系统”。

推荐系统通过研究用户的兴趣偏好，进行个性化计算，由系统发现用户的兴趣点，从而引导用户从海量信息中发现自己的信息需求。一个好的推荐系统不仅能为用户提供个性化的服务，还能和用户之间建立密切关系，让用户对推荐产生依赖。例如，作为推荐系统鼻祖的亚马逊，已将推荐的思想渗透到商品电子商务系统的各个角落，为其带来了丰厚的额外营业额。直至今日，推荐系统在学术界和工业界都有着极高的研究价值与应用意义。

### 11.1.2　推荐系统的应用

1997 年，雷斯尼克（Resnick）和瓦里安（Varian）对推荐系统做出了结构化的定义，标志着推荐系统的发展进入萌芽阶段。早期的推荐系统主要应用在信息检索领域，随着信息技术的高速发展，具有良好的发展和应用前景的推荐系统逐渐在电子商务、在线视频、在线音乐等购物、影音领域发挥着越来越重要的作用。

推荐系统在满足用户需求的同时推荐用户感兴趣的物品，淘宝网的“猜你喜欢”个性化推荐，利用用户的历史浏览记录和购买记录来为用户推荐商品；网易云音乐的推荐歌单、腾讯视频的猜你会追，根据用户的影音播放或收藏记录来分析用户的娱乐偏好，从而进行推荐。从推荐的结果来看，以上举例主要是基于内容的推荐，例如，同一风格的影音作品或者同一歌手、演员的其他作品。当然，也有基于协同过滤（collaborative filtering）的推荐。我们在听歌时还可能查看排行榜，通过热歌榜或飙升榜看看别人都在听什么歌、别人都喜欢什么歌曲，然后找一首广受好评的歌曲播放。这种方式可以进一步扩展：如果能找到和自己历史兴趣相似的一群用户，看看他们最近在听什么歌，那么结果可能比宽泛的热门排行榜更能符合自己的兴趣。这种方式称为基于协同过滤的推荐。

从以上两种推荐方式可以看出，推荐算法的本质是借助一定的方式将用户和物品联系起来，而不同的推荐系统利用了不同的推荐算法。同时学术界对推荐系统的研究热度一直很高，与推荐系统在工业界的商业化应用相互促进。根据推荐系统的相关研究，推荐系统从萌芽走向成熟经历了三个阶段，分别是协同过滤算法的提出、推荐算法的商业化应用、推荐算法的深度研究热潮。本章的后续章节也会介绍主流推荐算法的基本实现原理以及推荐系统的商业化应用，帮助大家加深对推荐系统的了解。

## 11.2　基本实现原理

### 11.2.1　推荐系统模型

一个完整的推荐系统通常由三个重要的模块组成：用户建模模块、推荐对象建模模块和推荐算法模块。推荐系统首先对用户进行建模，通过用户本身数据（姓名、性别、年龄、职业、学历、身高、体重、消费能力等）和用户行为属性（登录、购买、收藏、分享、评论、浏览等）等，分析、计算用户的偏好，同时也对推荐对象建模，主要是基于对象属性数据（颜色、尺寸、类目等）及对象与用户的交互数据。然后，将用户模型和推荐对象模型的特征通过某种系统的方法进行匹配，同时使用相应的推荐算法进行计算筛选，找到用户可能感兴趣的推荐对象，之后根据用户的新需求及推荐场景对推荐结果进行一定的过滤和改进，最终将推荐结果展示给用户。推荐系统基本架构如图 11.1 所示。

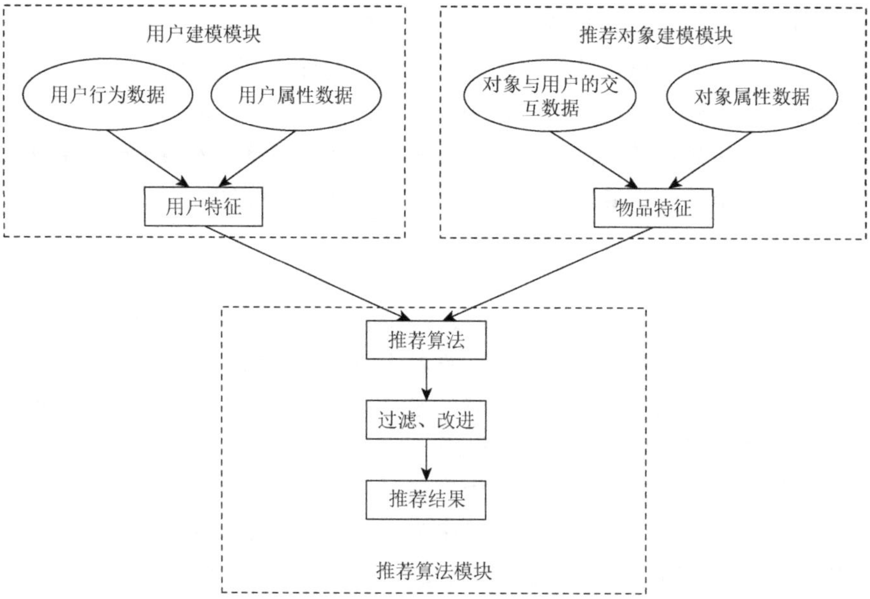


图 11.1　推荐系统基本架构

推荐系统通常需要处理庞大的数据集，根据数据进入云平台后对数据进行处理并对外提供服务的时间周期，可将推荐系统细分成离线计算部分与实时计算部分。离线计算部分对应的业务特点是数据量大、计算复杂、数据来源广，因此完成数据的处理时间比较长，但可得出较高准确率的推荐结果，例如，在数据存储上使用 HBase、HDFS 来存储、查询、汇总、分析数据，选择 MapReduce、Spark 技术架构进行离线计算。而实时计算部分则要求实时处理数据，快速响应推荐请求，能容忍相对较低的推荐准确率。例如，实时流处理系统 Storm、基于内存的分布式计算框架 Spark，以及建立在 Spark 基础上的实时处理系统 Spark Streaming 都可以满足不同实时推荐的需求。

### 11.2.2　推荐系统的主要算法

推荐系统是为满足电子商务发展和解决网络信息超载而产生的，其关键和核心是采用的推荐算法和推荐方法。目前主要推荐方法有专家推荐、基于统计的推荐、基于内容的推荐、基于协同过滤的推荐和混合推荐。其中，基于内容的推荐和基于协同过滤的推荐在推荐系统中应用最广，接下来本小节主要从推荐的算法思路、优缺点等角度阐述这两种推荐方法。

**1. 基于内容的推荐**

基于内容的推荐方法源于信息检索领域，该方法是根据推荐物品或内容的元数据，发现物品的相关性，再结合用户过去的喜好记录，为用户推荐相似的物品。这一推荐策略首先抽取推荐对象内在或外在的特征值，和用户模型中的用户个人信息的特征（基于喜好记录或预设兴趣标签）相匹配，就能得到用户对物品感兴趣的程度。例如，在进行音乐推荐时，系统分析用户以前选择的音乐的共性特征，找到用户的兴趣点，然后从其他音乐中选择和用户兴趣点相似的音乐推荐给用户。计算推荐对象的内容特征和用户模型中个人信息特征二者之间的相似性是该推荐策略中的一个关键部分，如式（11.1）所示就是计算该相似性的一个函数。

$$u(c,s)=\cos(\text{userprofile},\text{content}) \tag{11.1}$$

score 的计算方法有很多种，如最常用的向量夹角余弦的距离计算方法，如式（11.2）：

$$u(c,s)=\cos(W_c,W_s)=\frac{\sum_{i=1}^{K}W_{i,c}W_{i,s}}{\sqrt{\sum_{i=1}^{K}W_{i,c}^2}\sqrt{\sum_{i=1}^{K}W_{i,s}^2}} \tag{11.2}$$

计算所得的值按其大小排序，将靠前的若干个对象作为推荐结果呈现给用户。

基于内容的推荐策略中的关键就是用户模型描述和推荐对象内容特征描述。其中，推荐对象内容特征描述提取方法根据推荐对象有所不同。对物品做特征提取一般采用打标签的方法，如专家标签、用户自定义标签、隐语义标签。而对于文本信息的特征通常是通过关键词展现出来，分词、语义处理和情感分析用到的自然语言处理（natural language processing，NLP）及潜在语义分析（latent semantic analysis，LSA）常用来处理文本信息。目前对文本内容进行特征提取的方法比较成熟，如浏览页面的推荐、新闻推荐等。但网上的多媒体信息大量涌现，而对这些多媒体数据进行特征提取还有待技术支持，因此多媒体信息还没有大量用于基于内容的推荐。

基于内容的推荐的优点如下。

（1）推荐效率高，推荐结果直观，容易理解，不需要领域知识。

（2）不需要用户的评价等历史数据。

（3）没有关于新物品出现的冷启动问题。

（4）没有数据稀疏问题。

（5）比较成熟的分类学习方法能够为该方法提供支持，如数据挖掘、聚类分析等。

基于内容的推荐的缺点如下。

（1）物品特征提取能力有限。图像、视频、音乐等多媒体资源没有有效的特征提取方法。即使是文本资源，其特征提取方法也只能反映资源的一部分内容，例如，难以提取网页内容的质量，这些特征可能影响到用户的满意度。

（2）存在新用户出现时的冷启动问题。当新用户出现时，系统较难获得该用户的兴趣偏好，就不能和推荐对象的内容特征进行匹配，该用户将较难获得满意的推荐结果。

（3）推荐内容太过单一，很难出现新的推荐结果。推荐对象的内容特征和用户的兴趣偏好匹配才能获得推荐，用户将仅限于获得与以前类似的推荐结果，很难为用户发现新的感兴趣的信息。

（4）不同语言描述的用户模型和推荐对象模型无法兼容也是基于内容推荐系统面临的又一个大的问题。

（5）对推荐对象内容分类的方法需要的数据量较大，目前，尽管分类方法很多，但构造分类器时需要的数据量巨大，给分类带来一定困难。

**2. 基于协同过滤的推荐**

协同过滤（collaborative filtering，CF）方法是通过提取出用户-项目评分数据，并对数据进行分析从而预测用户的偏好。主要分为基于内存的方法和基于模型的方法。根据研究对象的不同，基于内存的方法可以进一步分为基于用户（user-based）的方法和基于项目（item-based）的方法。

1）基于用户的协同过滤推荐（UB-CF）

基于用户的协同过滤推荐算法的基本思想是：根据已有的大量用户评分数据，查找与目标用户评分相似的最近邻居，然后根据最近邻居对推荐对象的评分来预测目标用户对未曾评分的推荐对象的评分，选择预测评分最高的若干个推荐对象作为推荐结果反馈给目标用户。推荐过程如图 11.2 所示。

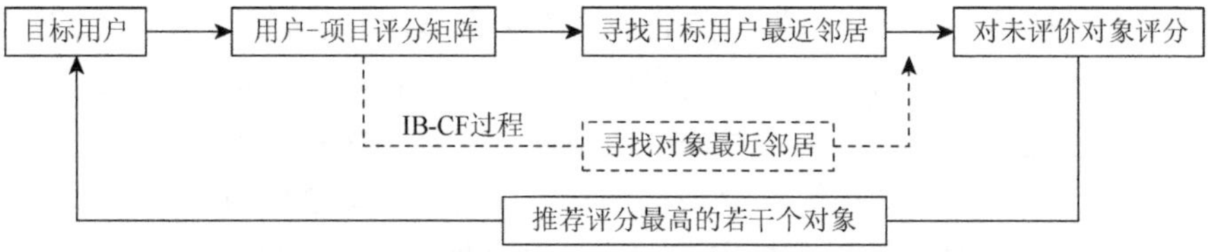


图 11.2　基于用户的协同过滤推荐过程

假设有用户 $a$、$b$、$c$ 和物品 $A$、$B$、$C$、$D$，其中用户 $a$、$c$ 都喜欢物品 $A$ 和物品 $C$，如图 11.3 所示，因此认为这两个用户是相似用户，于是将用户 $c$ 喜欢的物品 $D$（物品 $D$ 是用户 $a$ 还未接触过的）推荐给用户 $a$。

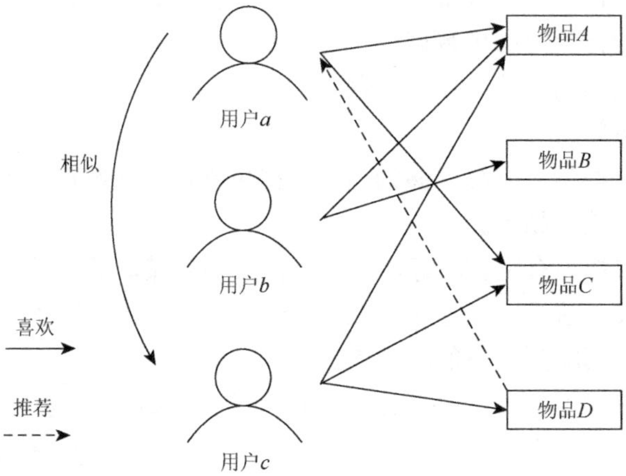


图 11.3　基于用户的协同过滤

基于用户的协同过滤推荐主要步骤有两个，首先是查询最近邻居，然后是产生推荐。其核心就是查询最近邻居。要找到最近邻居就要度量用户之间的相似度，相似度越高，用户就越相近。目前使用较多的相似度算法有余弦相似度、皮尔逊相关系数和修正余弦相似度。

给定用户 $u$ 和用户 $v$，令 $N(u)$ 为用户 $u$ 喜欢的物品集合，$N(v)$ 为用户 $v$ 喜欢的物品集合，则使用余弦相似度计算用户相似度的公式如下：

$$W_{uv}=\frac{|N(u)\cap N(v)|}{\sqrt{|N(u)|\times|N(v)|}} \tag{11.3}$$

由于很多用户相互之间并没有对同样的物品产生过行为，所以其相似度公式的分子为 0，相似度也为 0。因此，在计算相似度 $W_{uv}$ 时，我们可以利用物品到用户的倒排表（每个物品所对应的、对该物品感兴趣的用户列表），仅对有对相同物品产生交互行为的用户进行计算。

图 11.4 展示了基于图 11.3 的数据建立物品到用户的倒排表并计算用户相似度矩阵的过程。首先，建立用户喜欢的物品列表；其次，建立物品对应的用户列表，即对于每个物品，找出喜欢它的用户。最后，计算用户之间的两两相似度。由图 11.4 可知，先建立用户 $a$、用户 $b$、用户 $c$ 喜欢的物品列表，由于喜欢物品 $C$ 的用户包括用户 $a$ 和用户 $c$，所以将 $W[a][c]$ 和 $W[c][a]$都加 1，以此类推，建立物品对应的用户列表。对每个物品的用户列表进行计算之后，就可以得到用户相似度矩阵 $\boldsymbol{W}$，矩阵元素 $W[u][v]$即为$W_{uv}$ 的分子部分，将 $W[u][v]$除以分母便可得到用户相似度 $W_{uv}$。

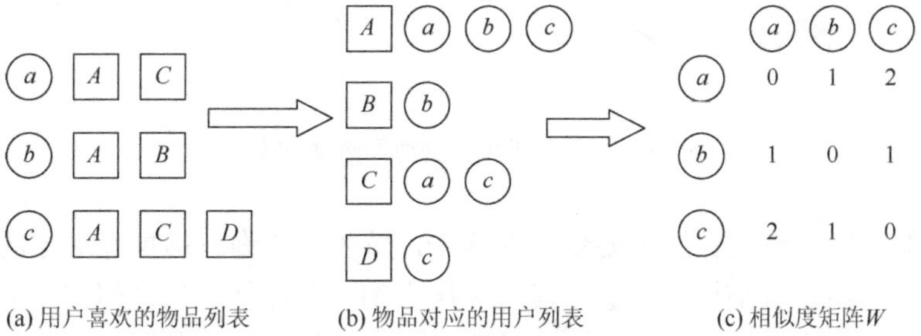


图 11.4　物品到用户的倒排表及用户相似度矩阵

通过相似度度量方法得到目标用户的最近邻居后，下一步需要产生推荐。再使用如下公式来度量用户 $u$ 对物品 $i$ 的兴趣程度 $p(u,i)$：

$$p(u,i)=\sum_{v\in S(u,K)\cap N(i)} w_{uv}\times r_{vi} \tag{11.4}$$

式中：$S(u, K)$是和目标用户 $u$ 最相似的 $K$ 个用户的集合；$N(i)$ 是喜欢物品 $i$ 的用户集合；$w_{uv}$ 是用户 $u$ 和用户 $v$ 的相似度；$r_{vi}$ 是隐反馈信息，代表用户 $v$ 对物品 $i$ 的感兴趣程度，为简化计算，可令 $r_{vi}=1$。

所有物品计算 $p(u,i)$ 后，可以再进行一定的处理，如降序处理，最后选择预测评分最高的前 $N$ 个推荐对象作为推荐结果反馈给目标用户。

2）基于项目的协同过滤推荐（IB-CF）

基于用户的协同过滤推荐算法在一些网站（如亚马逊、Netflix）中得到了应用，但该算法有一些缺点。随着网站的用户数目越来越大，计算用户兴趣相似度矩阵将越来越困难，而被推荐的物品数量则保持相对稳定，计算出的物品相似度矩阵更新频率低，可在较长的一段时间内使用，为此提出了基于项目的协同过滤推荐算法。

基于项目的协同过滤推荐的基本原理与基于用户的协同过滤推荐类似，首先找到目标对象的最近邻居，由于当前用户对最近邻居的评分与对目标推荐对象的评分比较类似，所以可以根据当前用户对最近邻居的评分预测当前用户对目标推荐对象的评分，然后选择预测评分最高的若干个目标对象作为推荐结果呈现给当前用户。

仍然以图 11.4 所示的数据为例，用户 $a$、$c$ 都购买了物品 $A$ 和物品 $C$，因此可以认为物品 $A$ 和物品 $C$ 是相似的，如图 11.5 所示。因为用户 $b$ 购买过物品 $A$ 而没有购买过物品 $C$，所以推荐算法为用户 $b$ 推荐物品 $C$。

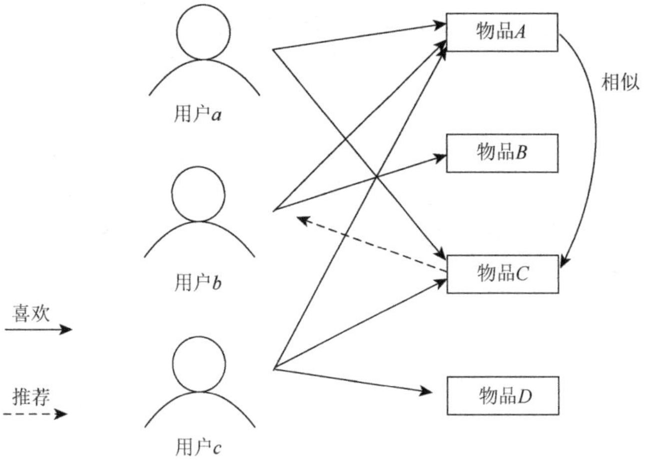


图 11.5　基于项目的协同过滤推荐

基于项目的协同过滤推荐的主要步骤有两个，首先是查询目标推荐对象的最近邻居，然后是产生推荐。其核心就是推荐对象的最近邻居查询，即计算对象之间的相似度。而计算对象之间的相似度的方法和计算用户间的相似度相似，主要也是三种方法，分别是余弦相似度、皮尔逊相关系数和修正余弦相似度。

找到目标推荐对象的最近邻居后，就可以利用最近邻居产生推荐了。可使用如下公式来度量用户 $u$ 对物品 $j$ 的兴趣程度 $p(u,j)$：

$$p(u,j)=\sum_{i\in N(u)\cap S(j,K)} W_{ji}r_{ui} \tag{11.5}$$

式中：$S(j,K)$是和物品 $j$ 最相似的 $K$ 个物品的集合；$N(u)$ 是用户喜欢的物品的集合；$W_{ji}$ 是物品 $i$ 和物品 $j$ 的相似度；$r_{ui}$ 是隐反馈信息，代表用户 $u$ 对物品 $i$ 的感兴趣程度，为简化计算，可令 $r_{ui}=1$。

由式（11.5）可以看出，$p(u,j)$ 与 UB-CF 算法中 $p(u,i)$ 的定义基本一致，也是将计算得到的 $p(u,j)$ 进行处理后，取前 $N$ 个物品作为最终的推荐结果展示给用户 $u$。

从上述介绍可以看出，UB-CF 和 IB-CF 算法的思想是相似的，计算过程也类似，最主要的区别在于：UB-CF 算法推荐的是那些和目标用户有共同兴趣、爱好的其他用户所喜欢的物品；IB-CF 算法则推荐那些和目标用户之前喜欢的物品类似的其他物品。因此，UB-CF 算法的推荐更偏向于社会化，而 IB-CF 算法的推荐更偏向于个性化。

UB-CF 算法适合应用于新闻推荐、微博话题推荐等应用场景，因为在上述场景中物品（如新闻）的个数可能大于用户的个数，而且新闻的更新速度也很快，所以它的相似度不稳定，这时用 UB-CF 可能效果更好。

IB-CF 算法则在电子商务、电影、音乐等应用场景中广泛使用。因为在大部分的 Web 站点中，物品的个数是远远小于用户的数量的，而且物品的个数和相似度相对比较稳定，同时基于项目的机制比基于用户的实时性更好一些，所以 IB-CF 成为目前推荐系统的主流。

**3. 基于模型的协同过滤推荐**

基于模型的方法采用数据挖掘和机器学习算法对评分数据样本进行训练学习并建立模型，通过模型来预测未知评分。该方法主要利用矩阵分解、关联算法、聚类算法、分类算法以及回归算法等进行研究。其中矩阵分解因其较高的准确性和可扩展性在近几年得到广泛应用。矩阵分解主要是对具有稀疏性的历史偏好数据进行降维分析，分解之后的矩阵就代表了用户和物品的隐藏特征。矩阵分解的基本思路是通过用户-项目评分矩阵来学习用户和项目在低维潜在空间上的矩阵表示 $P$ 和 $Q$，对应的优化模型如下：

$$C=\sum_{(u,i)\in R_0}\left(R_{ui}-P_u^{\mathrm{T}}\cdot Q_i\right)^2+\lambda\left(\sum_u\|P_u\|^2+\sum_i\|Q_i\|^2\right) \tag{11.6}$$

式中，$P$、$Q$、$R$ 分别表示用户特征矩阵、项目特征矩阵和用户-项目评分矩阵。优化模型中的第一项 $R_{ui}-P_u^{\mathrm{T}}\cdot Q_i$ 表示真实评分值与预测评分值的误差，第二项 $\lambda(\sum_u\|P_u\|^2+\sum_i\|Q_i\|^2)$ 是正则化项，用来避免模型过拟合，$\lambda$ 一般通过交叉验证得到。

**4. 基于协同过滤的推荐的优缺点**

（1）协同过滤推荐的优点：①复杂的非结构化的对象可以应用协同过滤，如电影、音乐、图像等推荐对象；②善于发现用户潜在的兴趣偏好，协同过滤可以发现内容上完全不相似的资源，用户对推荐信息的内容事先是预料不到的；③它不需要对用户或者物品进行严格的建模，而且不要求对物品特征的描述是机器可理解的，所以这种方法不需要专业知识即可进行推荐；④随着用户的增多，其推荐性能会不断提升；⑤以用户为中心自动进行推荐。

（2）协同过滤推荐的缺点：①存在冷启动问题，对于新进入的用户，由于得不到他们的兴趣偏好而无法进行推荐，新的推荐项目由于没有用户评价它而得不到推荐，这就是冷启动问题，冷启动问题是推荐系统研究的难点和重点；②存在稀疏性问题，由于用户数目的大量增长，而且用户之间选择存在差异性，用户的评分差别非常大，同时推荐对象的数量也在大量增长，使大量的推荐对象没有经过用户的评价，这些会导致部分用户无法获得推荐，部分推荐对象得不到推荐，这就是稀疏性问题；③系统开始时推荐质量差及推荐质量取决于用户历史偏好数据的多少和准确性；④对于一些特殊品味的用户，不能给予很好的推荐。

事实上，在实际应用中，没有任何一种推荐算法能够做到适用于各种应用场景且都能取得良好的效果，不同的推荐算法各有千秋，分别有其适合的应用场景，也各有局限。因此，实践中常常采用将不同的推荐算法进行有机结合的方式，这样做往往能显著提升推荐效果。

### 11.2.3　协同过滤实践

本小节介绍如何基于公开数据集、使用 Python 语言来实现一个简易的推荐系统。

**1. 实践背景**

我们选择以 MovieLens 作为实验数据[①]，采用 UB-CF 算法，使用 Python 语言来实现一个简易的电影推荐系统。MovieLens 是 GroupLens Research 实验室的一个非商业性质的、以研究为目的的实验性项目，采集了一组从 20 世纪 90 年代末到 21 世纪初由 MovieLens 网站用户提供的电影评分数据。其中，MovieLens 100 k 数据集包括了 1 000 名用户对 1 700 部电影的评分记录，每个用户都至少对 20 部电影进行过评分，一共有 100 000 条电影评分记录。

基于这个数据集，我们使用基于用户的协同过滤推荐算法，根据用户对电影的评分，为目标用户找到相似的用户即近邻用户，然后在这些近邻用户中找出目标用户没有评分但近邻用户有评分的电影，最后将这些电影推荐给目标用户，作为目标用户感兴趣的电影。

---

① 实验数据来源：http://grouplens.org/datasets/movielens。

在实际应用中，我们通常实现的是 Top-*N* 推荐，即为目标用户提供一个长度为 *N* 的推荐列表，使该推荐列表能够尽量满足用户的兴趣和需求。对于基于用户的协同过滤推荐，我们同样可以将得到的近邻用户电影评分结果进行降序排序处理，并选出 Top-*N* 作为对目标用户的推荐结果。

此外，之所以选择 Python 语言来实现该简易推荐系统，是因为 Python 的语法较为接近自然语言，即使没有使用过 Python 的读者，结合代码的注释，对本小节出现的 Python 代码也不会有太大的理解难度。

**2. 数据处理**

MovieLens 数据集中包含用户信息数据、电影信息数据及用户对电影的评分数据，可用于实现更为精准的推荐。为简化实现，我们仅使用数据集中用户对电影的评分数据进行计算，同时使用电影的基本信息数据来辅助输出推荐结果。

在数据集中，用户对电影的评分数据文件为 u.data，将其用 pandas 处理转换成文件 ratings.csv，数据格式如图 11.6 所示，每一行的 4 个数据元素分别表示用户 ID、电影 ID、评分、评分时间戳。

| userId | movieId | rating | timestamp |
|---|---|---|---|
| 1 | 31 | 2.5 | 1260759144 |
| 1 | 1029 | 3.0 | 1260759179 |
| 1 | 1061 | 3.0 | 1260759182 |
| 1 | 1129 | 2.0 | 1260759185 |
| 1 | 1172 | 4.0 | 1260759205 |

图 11.6　用户对电影的评分数据

电影的信息数据文件为 u.item，将其用 pandas 处理转换成文件 movies.csv，数据形式如图 11.7 所示，我们主要使用前两个数据元素——电影 ID、电影名称（上映年份），用于最终推荐结果的展示。

| movieId | title | genres |
|---|---|---|
| 1 | Toy Story(1995) | Adventure \| Animation \| Children \| Comedy \| Fantasy |
| 2 | Jumanji(1995) | Adventure \| Children \| Fantasy |
| 3 | Grumpier Old Men(1995) | Comedy \| Romance |
| 4 | Waiting to Exhale(1995) | Comedy \| Drama \| Romance |
| 5 | Father of the Bride Part Ⅱ(1995) | Comedy |

图 11.7　电影的基本信息

首先，我们将所需数据读入并进行一定的预处理，主要是将 ratings.csv 和 movies.csv 进行合并，利用透视表转换成用户-电影评分矩阵，代码如下。

```
ratings=pd.merge(ratings[['userId','movieId','rating']],movies[['movieId','title']],on='movieId',how='left')
#合并后创建了一个表格,表格中有'userld','movield','rating','title'
rp=pd.pivot_table(ratings,index=['userId'],columns=['movieId'],values='rating')#创建 DataFrame 透视表
rp=rp.fillna(0)#缺失值 NaN 补 0
rp_mat=np.matrix(rp)#转换成用户-电影评分矩阵
```

**3. 计算用户间的相似度**

根据前面介绍的计算用户的相似度的方法，可采用余弦相似度基于用户-电影评分矩阵计算用户间的相似度，这一部分的代码如下：

```
from scipy.spatial.distance import cosine
m,n=rp.shape
#计算得到用户相似度矩阵
mat_users=np.zeros((m,m))
for i in range(m):
for j in range(m):
if i! =j:   #不是对角线
mat_users[i][j]=(1-cosine(rp_mat[i,:],rp_mat[j,:]))
else:
mat_users[i][j]=0  #对角线,即用户和自己比较
pd_users=pd.DataFrame(mat_users,index=rp.index,columns=rp.index)
```

**4. 计算推荐结果**

当用户余弦相似度矩阵计算完成后，就可以针对用户进行推荐了。这一部分的代码如下：

```
#找出和目标用户 uid 相似的 n 个用户
def topn_simusers(uid,n):
users=pd_users.loc[uid,:].sort_values(ascending=False)
topn_users=users.iloc[:n,]
topn_users=topn_users.rename('score')
print("Similar users as user:",uid)
return pd.DataFrame(topn_users)

#找到最相似用户的前 n 部电影评分
def topn_movieratings(uid,n_ratings):
  uid_ratings=ratings.loc[ratings['userId']==uid]
  uid_ratings=uid_ratings.sort_values(by='rating',ascending=[False])
  print("Top",n_ratings,"movie ratings of user:",uid)
  return uid_ratings.iloc[:n_ratings,]
```

**5. 展示推荐结果**

我们尝试对目标用户 uid = 17 的用户进行推荐，可得到的最相似用户为 uid = 596，找到 uid = 596 的 20 个评分高的电影，并结合 uid = 17 的用户的所有评分记录，从 uid = 596 的 20 个评分高的电影中选出 uid = 17 的用户没看过的电影推荐给目标用户，这一部分代码如下：

```
#uid=17 的所有评分记录
uid=17
uid_ratings1=ratings.loc[ratings['userId']==uid]
uid_ratings1
#从 uid=596 的 20 个评分高的电影中选出 uid=17 的用户
recommend_movies=[]
for i in range(n_ratings):
rt=top_movie_ratings2['movieId'].iloc[i]   #第 i 个电影的 ID
movie_title=top_movie_ratings2['title'].iloc[i]    #第 i 个电影的名称
# 如果 uid=17 的用户没看过,添加到推荐名单
if uid_ratings1.loc[uid_ratings1.movieId==rt].rating.values.size==0:
     recommend_movies.append(movie_title)
 print('Recommended movies for the user 17 is:\n',recommend_movies)
```

推荐结果如图 11.8 所示，输出了电影的名称、年份，这样一个简单的电影推荐系统就完成了。

```
Recommended movies for the user 17 is
['Gladiator(1992)',
'Falling Down(1993)',
'Wings of Desire(Himmel uber Berlin,Der)(1987)',
'Beach,The(2000)',
'High Fidelity(2000),
'Endless Summer,The(1966)']
```

图 11.8　推荐结果

## 11.3 应用案例

随着移动互联网应用的快速普及，移动端新闻资讯入口的竞争空前激烈，在传统的资讯巨头腾讯、百度等多重夹击下，“今日头条”以“你关心的，才是头条”的理念和“越用越懂你”的特色，在移动端资讯入口争夺战中脱颖而出，成为“两微一端”中的“一端”。“今日头条”的异军突起，在一定程度上改变了新闻资讯的传播方式，同时也开创了“个性化新闻资讯”消费的模式。大数据既是“今日头条”的核心运营资源，也是其服务数亿用户的基本支撑，更是其竞争力和生命力的根本来源，这方面的实践值得我们深入研究和学习借鉴。

“今日头条”是国内一个以技术驱动、以服务创新为生命力的新闻资讯类客户端产品，作为个性化推荐的领先实践者，“今日头条”高度依赖大数据，大数据在今日头条推荐系统中得到了广泛的应用，包括大数据驱动的智能推荐引擎、构建的系统架构以及利用大数据逐步找到了可行的用户画像的方式。

### 11.3.1　智能推荐引擎

“今日头条”为每位用户提供精彩纷呈的个性化资讯，其背后的支撑是一个强大的智能推荐引擎。“今日头条”的智能搜索引擎取决于三大特征值：用户特征取决于兴趣、职业、年龄、性别等，还有很多模型刻画出的隐式用户兴趣；环境特征取决于地理位置、时间、网络和天气；文章特征取决于主题词、兴趣标签、热度、时效性、质量、作者来源和相似文章。每个特征值都有相应的表现值，通过不同特征值之间的相互匹配，模型会给出不同场景下针对不同用户的推荐内容，最终得出“你关心的，才是头条”的推荐结果。

### 11.3.2　智能推荐引擎系统架构

“今日头条”智能推荐的系统架构如图 11.9 所示。

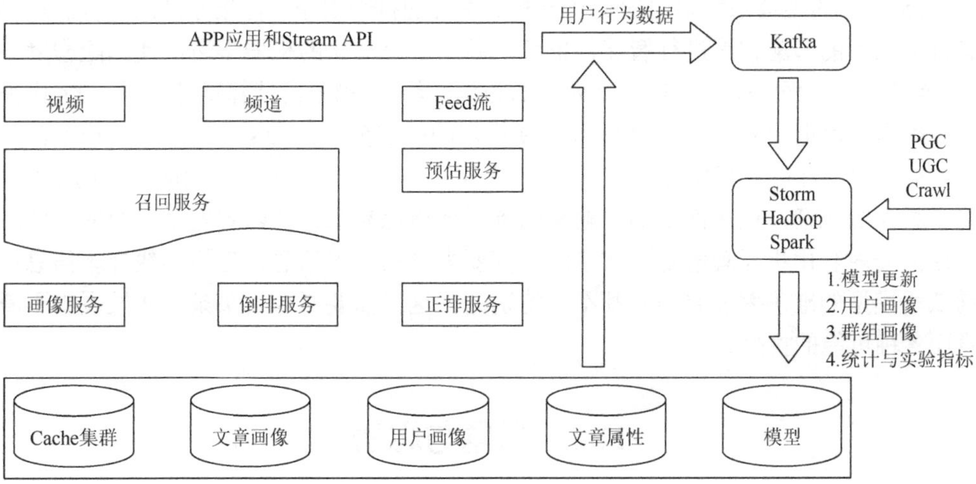


图 11.9　“今日头条”智能推荐的系统架构

系统底层主要用于存储，包括 Cache 集群、文章画像、用户画像、文章属性和模型；中间层主要包括各类服务集合和业务流，服务类型包括画像服务、倒排服务、正排服务、召回服务和预估服务，业务流包括视频、频道和各类 Feed 流；顶层为应用与流接口层，输出行为数据，交由 Kafka 进行处理，随后由 Storm、Hadoop、Spark 等大数据专业工具进行处理，包括模型更新、用户画像、群组画像以及统计与实验指标等结果的形成，然后再进入底层，形成新的循环。在图 11.9 中：PGC 为 professionally generated content，即专业生产内容；UGC 为 user generated content，即用户原创内容；Crawl 指搜索引擎常用的抓取系统，用于实现网页抓取、抓取调度等功能。

### 11.3.3 用户画像

对用户进行全面的画像是提供个性化服务的前提，“今日头条”从现实发展的需要出发，经过不断探索，逐步找到了可行的用户画像的方式。“今日头条”开始采用的是用户标签批量计算框架，流程比较简单，每天抽取昨天的日活用户过去两个月的动作数据，在 Hadoop 集群上批量计算结果。但问题在于，巨大的存量用户数和每天的用户行为数据量高速增长，兴趣模型种类和其他批量处理任务都在增加，涉及的计算量太大。2014 年，批量处理几百万用户标签更新的 Hadoop 任务，当天完成已经开始变得勉强。紧张的集群计算资源很容易影响其他工作，集中写入分布式存储系统的压力也开始增大，并且用户兴趣标签更新延迟越来越大。面对这些挑战，2014 年底今日头条引入了基于 Storm Python 框架的流式计算系统，达到了以下多方面的目的：①采用写 MapReduce 的方式来写 Streaming Job；②拓扑（topology）用另一种标记语言（yet another markup layout，YAML）描述，代码自动生成，降低了编写任务的成本；③框架自带 KafkaSpout，业务仅关注拼接和计算逻辑；④批量处理 MapReduce 相关算法逻辑可以直接复用在流式计算中。当然，并非所有用户标签都需要流式系统。像用户的性别、年龄、常驻地点这些信息，不需要实时重复计算，就仍然保留每日更新，“今日头条”混合使用流式计算和批量计算来构建用户画像。

“今日头条”的推荐系统采用的是基于机器学习的推荐引擎，能根据用户特征、环境特征和内容特征三者的匹配程度进行智能化推荐，并通过自动化的机器学习，使匹配程度不断地提升。“今日头条”平台采用海量数据处理的架构，能在 0.1 s 内计算推荐结果，3 s 内完成内容提取、挖掘、消重、分类，5 s 内计算出新用户的兴趣分配，10 s 内更新用户模型，真正实现了实时动态化的智能推荐服务。“今日头条”作为一家顺应时势、快速成长的创新型公司，已取得了骄人的成绩，但所面临的问题和困难同样错综复杂，如内容安全方面的泛低质内容识别，这部分内容由机器理解是非常难的，需要大量的反馈信息，包括其他样本信息比对，而目前低质模型的准确率和召回率都不是特别高。这就需要“今日头条”在发展中不断地去勇敢直面各种可能的挑战。

## 11.4 习题与思考

（1）试分析推荐系统的动机以及所能解决的问题。

（2）一个完整的推荐系统一般由 3 个部分组成，请说明这 3 个部分及其功能。

（3）请列举几种推荐算法，并进行简要描述。

（4）一般推荐系统的推荐结果包括在线计算结果和离线计算结果，试分析采用这种混合方式能带来什么好处，为什么能提升推荐效果？

（5）协同过滤算法是常用的推荐算法，试简要描述该算法。

# 第 12 章　大数据在其他行业中的应用

## 12.1　大数据行业应用

当前我们正处于大数据信息时代，大数据技术蓬勃发展，正加速成为发现新知识、创造新价值的新一代生产力，其应用已渗入经济社会的各个微观单元，并逐渐成为各行各业寻求突破、创新发展的关键力量。当前大数据已在各个领域产生深远的影响，改变了人们的生产与生活方式。

### 12.1.1　大数据行业应用现状

大数据的研究与应用已经在互联网、商业智能、咨询与服务以及医疗服务、零售业、金融业、通信等行业日趋成熟，并产生了巨大的社会价值和产业空间。2020 年，全球大数据市场规模持续增长，但其增长速度还不是远远高于整个信息和通信市场。从 Gartner 发布的 2021 年新兴技术成熟度曲线中可以看出，技术创新和商业模式创新仍然推动着大数据进入成熟阶段，技术创新仍然是实现企业差异化的一个关键因素，例如，主权云、人工智能、量子机器学习、多重体验等新兴技术尚处于期望膨胀期。大数据应用在各行各业已经呈现成熟后的稳定期。互联网行业则一直是大数据应用的领跑者，金融、零售、电信、公共管理、能源、娱乐、医疗卫生等领域的应用也不断丰富，特别是出现疫情后，医疗卫生和公共安全领域发展的大数据应用，使大数据的社会价值和经济价值进一步得以体现。

### 12.1.2　大数据行业应用模式

一般来说，按照用户的不同，大数据行业应用模式可以分为三类：企业类大数据应用、公共服务类大数据应用和研发类大数据应用。

（1）企业类大数据应用。企业类大数据应用主要是指致力于商业和企业应用服务，包括消费者行为分析、精准营销、个性化推荐、品牌监测、信贷保险、库存管理、监控预警、网站分析优化等。企业类大数据应用目前应用最广的就是基于用户信息分析的营销类大数据分析。例如，金融企业的大数据除了可以基于用户信息进行精准营销，还可以通过这些数据分析结果降低运营成本，或者进行反欺诈、反虚假交易，从而控制风险。

（2）公共服务类大数据应用。公共服务类大数据应用是指，不以营利为目的、侧重于帮助政府提高科学化决策与精细化管理，从而为社会公众提供服务的大数据应用。典型案例如谷歌开发的流感、登革热等流行病预测工具，能够比官方机构提前一周发现疫情暴发情况。国内公共服务类大数据应用主要集中在政府大数据平台的建设上，例如，山西省建设“畜牧兽医大数据系统平台”等就增强了全省重大动物疫情的防控能力。另外，公共安全系统也联手企业和商家进行网络打假、网络侦查等行动。

（3）研发类大数据应用。研发类大数据应用是利用大数据技术促进前沿技术研发、持续改进产品性能的应用。互联网大数据的典型应用就是进行 A/B 测试，指服务商同时收集新老版本下的用户行为数据进行分析比对，用于指导产品后续的改进方向。例如，利用各种语言版本的网页数据，不断提高翻译质量的机器翻译，利用更多语音指令不断提升质量的语音识别技术，以及无人汽车等智能化技术。

### 12.1.3 大数据行业应用概览

大数据无处不在，互联网、金融、生物医学、电信、能源、物流、城市管理等在内的各行各业都已经融入了大数据的印记。表 12.1 是大数据在各个行业中的应用情况。

**表 12.1 大数据在各个行业中的应用情况**

| 行业 | 大数据的应用 |
|---|---|
| 互联网 | 分析客户行为、推荐信息、个性化服务、社交平台、广告投放 |
| 金融 | 金融管理、信用处理、金融安全、第三方支付、高频交易、信贷风险分析 |
| 生物医学 | 流行病预测、健康管理、医药研发、临床决策支持、电子病历分析 |
| 电信 | 客户分析、流量分析、网络管理、精准营销、业务运营监控 |
| 能源 | 智能电网、高效采掘、页岩勘探、油气管道检修、风能定制选定 |
| 物流 | 物流路线优化、货车匹配、库存预测、智能入库管理、供应链协同管理 |
| 城市管理 | 交通管理、大数据监控、城市环境管理、城市规划、市民生活管理 |
| 体育娱乐 | 训练球队、影音作品推荐、预测比赛、电影分析、电视剧分析 |
| 公共安全 | 警务大数据、车辆、人员、互联网监控、通用搜索、建立档案 |
| 汽车 | 无人驾驶、汽车营销、智能车联网、驾驶行为分析与管理、二手车评估 |
| 餐饮 | 用户点餐分析、食品推荐、食品安全管理、人流量预测、菜单优化 |

此外，在建筑、农林管理、政府管理、军事管理等各个行业，大数据均有成功应用。

### 12.1.4 大数据应用的时代划分

从最开始的谷歌在搜索引擎中开始使用大数据技术，到现在无处不在的各种人工智能应用，伴随着大数据技术的发展，大数据应用也从曲高和寡走到了今天的遍地开花。今天大数据和人工智能的种种成就，离不开全球数百万大数据从业者的努力，其中也包括你和我。

**1. 搜索引擎时代**

作为全球最大的搜索引擎公司，谷歌也是我们公认的大数据鼻祖，它存储着全世界几乎所有可访问的网页，数目可能超过万亿规模，全部存储起来大约需要数万块磁盘。为了将这些文件存储起来，谷歌开发了 GFS，将数千台服务器上的数万块磁盘统一管理起来，然后当作一个文件系统，统一存储所有这些网页文件。

谷歌得到这些网页文件是为了构建搜索引擎，需要对所有文件中的单词进行词频统计，然后根据 PageRank 算法计算网页排名。这中间，谷歌需要对这数万块磁盘上的文件进行计算处理，也正是基于这些需求，谷歌又开发了 MapReduce 大数据计算框架。

其实在谷歌之前，世界上最知名的搜索引擎是雅虎。但是谷歌凭借自己的大数据技术和 PageRank 算法，使搜索引擎的搜索体验得到了质的飞跃，人们纷纷弃雅虎而转投谷歌。因此，当谷歌发表了自己的 GFS 和 MapReduce 论文后，雅虎应该是最早关注这些论文的公司。

**2. 数据仓库时代**

谷歌的论文刚发表的时候，吸引的是雅虎这样的搜索引擎公司和 Doug Cutting 这样的开源搜索引擎开发者。但是当 Facebook 推出 Hive 的时候，嗅觉敏感的科技公司都不淡定了，它们开始意识到，大数据的时代真正开启了。

曾经我们在进行数据分析与统计时，仅仅局限于数据库，在数据库的计算环境中对数据库中的数据表进行统计分析，并且受数据量和计算能力的限制，我们只能对最重要的数据进行统计和分析。

而 Hive 可以在 Hadoop 上进行 SQL 操作，实现数据统计与分析。也就是说，我们可以用更低廉的价格获得比以往多得多的数据存储与计算能力。我们可以把运行日志、应用采集数据、数据库数据放到一起进行计算分析，获得以前无法得到的数据结果，企业的数据仓库也随之呈指数级膨胀。

在数据仓库时代，只要有数据，就几乎一定要进行统计分析，如果数据规模比较大，我们就会想到要用 Hadoop 大数据技术，这也是 Hadoop 在这个时期发展特别快的一个原因。

**3. 数据挖掘时代**

大数据一旦进入更多的企业，我们就会对大数据提出更多的期望，除了数据统计以外，我们还希望发掘出更多数据的价值，大数据随之进入数据挖掘时代。

讲个真实的案例，很早以前商家就通过数据发现，买尿不湿的人通常也会买啤酒，于是精明的商家就把这两样商品放在一起，以促进销售。啤酒和尿不湿的关系，可以有各种解读，但是如果不是通过数据挖掘，可能想破脑袋也想不出它们之间会有关系。在商业环境中，如何解读这种关系并不重要，重要的是它们之间只要存在关联，就可以进行关联分析，最终目的是让用户尽可能看到想购买的商品。

除了商品和商品之间存在关系，大数据还可以利用人和人之间的关系推荐商品。如果两个人购买的商品有很多都是类似甚至相同的，不管这两个人相隔多远，他们一定有某种关系，如可能有差不多的教育背景、经济收入、兴趣爱好等。根据这种关系，大数据可以进行关联推荐，让他们看到自己感兴趣的商品。

更进一步，大数据还可以将每个人身上的不同特性挖掘出来，打上各种各样的标签："90后"、生活在一线城市、月收入 1 万～2 万元、宅等，这些标签组成了用户画像，并且只要这样的标签足够多，就可以完整描绘出一个人，甚至比这个人最亲近的人对他的描述还要完整、准确。

现代生活几乎离不开互联网，各种各样的应用无时无刻不在收集数据，这些数据在后台的大数据集群中一刻不停地在被进行各种分析与挖掘。这些分析和挖掘带给我们的是否是美好的未来，还要依赖大数据从业人员的努力。但是可以肯定，不管最后结果如何，这个进程只会加快而不会停止，你我只能投入其中。

**4. 机器学习时代**

在过去，我们受数据采集、存储、计算能力的限制，只能通过抽样的方式获取小部分数据，无法得到完整的、全局的、细节的规律。而现在有了大数据，可以把全部的历史数据都收集起来，统计其规律，进而预测正在发生的事情，这就是机器学习。

将人类活动产生的数据，通过机器学习得到统计规律，进而可以模拟人的行为，使机器表现出人类特有的智能，这就是人工智能。

## 12.2 大数据在医疗卫生行业中的应用

随着科技时代的到来，各个领域中均出现了数据的爆炸式增长，而大数据也成为当今社会被研究的重点话题，并且其数据的分析以及应用也已经成为世界科技界以及各国政府所关注的焦点话题。但是目前所面临的难题依旧是怎样更好地获取、分类、存储、处理和传输这些数据。在医疗领域，我国正处在一个医学信息爆炸的时代，如医药研发、疾病诊疗、公共卫生管理、居民健康管理、健康危险因素评价与分析等各个领域每天都会产生大量的数据，这也对医疗领域大数据技术的应用起到了推进的作用。

### 12.2.1 应用现状概述

**1. 医疗大数据的概念**

目前针对医疗行业的大数据存在不同的理解，从“big data”到“medical big data”“healthy big data”，最先发展大数据的西方也未有统一的概念。在我国，由于受翻译、应用等多种因素影响，将医疗行业的大数据称为“医疗大数据”“医学大数据”“健康大数据”“健康医疗大数据”等。

**2. 应用现状**

1）医药研发方面

在医药研究开发部门或公司的新药研发阶段，能够通过大数据技术分析来自互联网的公众疾病药品需求趋势，确定更为有效率的投入产出比，合理配置有限的研发资源。除研发成本外，医药公司能够优化物流信息平台及管理，更快地获取回报，一般新药从研发到推向市场的时间大约为13年，使用数据分析预测则能帮助医药研发部门或企业提早将新药推向市场。

2）疾病诊疗方面

通过健康云平台对每个居民智能采集健康数据，居民可以随时查阅、了解自身健康程度。同时，提供专业的在线专家咨询系统，由专家对居民健康程度做出诊断，实现疾病的科学管理。在医疗卫生机构中，通过实时处理管理系统产生的数据，连同历史数据，利用大数据技术分析就诊资源的使用情况，实现机构的科学管理，提高医疗卫生服务水平和效率，引导医疗卫生资源科学规划和配置。大数据还能提升医疗价值，形成个性化医疗，如基于基因科学的医疗模式。

3）公共卫生管理方面

大数据可以连续整合和分析公共卫生数据，提高疾病预报和预警能力，防止疫情暴发。公共卫生部门则可以通过覆盖区域的卫生综合管理信息平台和居民健康信息数据库，快速检测传染病，进行全面疫情监测，并通过集成疾病监测和响应程序，进行快速响应，这些都将减少医疗索赔支出、降低传染病的感染率。通过提供准确和及时的公众健康咨询，将会大幅提高公众健康风险意识，同时也将降低传染病的感染风险。

4）居民健康管理方面

居民电子健康档案是大数据在居民健康管理方面的重要数据基础，大数据技术可以促进个体化健康事务管理服务，帮助、指导人们成功、有效地维护自身健康。另外，大数据可以对患者健康信息进行集成整合，在线远程为诊断和治疗提供更好的数据证据，进一步提升居民健康管理水平。

5）健康危险因素分析方面

互联网、物联网、医疗卫生信息系统及相关信息系统等普遍使用，可以系统、全面地收集健康危险因素数据，包括环境因素、生物因素、经济社会因素、个人行为和心理因素、医疗卫生服务因素，以及人类生物遗传因素等，利用大数据技术对健康危险因素进行比对关联分析，提出居民健康干预的有限领域和有针对性的干预计划，促进居民健康水平的提高。

### 12.2.2　应用案例——Nference 对 COVID-19 的研究

**1. nferX 平台介绍**

Nference 公司开发的 AI 软件平台 nferX，使非结构化医学知识可计算。使用神经网络算法，通过对生物医学文献、大规模分子和真实世界数据集中的非结构化和结构化信息进行三角测量，nferX 能实时、自动地生成相关方案，以支持药物发现和开发、药物生命周期管理和精准医疗。

**2. 对 COVID-19 的相关研究结论**

疫情肆虐，要深度研究 COVID-19（新型冠状病毒肺炎），需要同化所有生物医学知识来解码发病机制及应对方式。Nference 的数据平台 nferX，从上亿份生物医学文献中，将 COVID-19 从分子研究、临床研究、流行病学研究三个维度进行深度研究，并得出相应结论。

1）分子研究

感染：在疫情开始时，易受 SARS-CoV-2（新冠病毒）感染的特定人群细胞类型基本上不为人知。nferX 是第一个以前所未有的规模和分辨率绘制病毒受体（ACE2）的地图。这项研究揭示：除了呼吸系统之外，胃肠道系统和心血管-肾脏系统是感染 COVID-19 的显著来源。

进化：分子拟态是新冠病毒利用宿主机制采用的进化策略。研究发现，SARS-CoV-2 在病毒刺突蛋白中进化出了一个独特的呋喃（含氧五元杂环化合物）裂解位点，这是迄今为止任何冠状病毒测序都没有的。SARS-CoV-2 模仿人类 ENAC-α 的呋喃可裂解肽，这可能与一些 COVID-19 患者报告的湿肺综合征有关。

2）临床研究

早期检测：在对新冠病毒的研究中，nferX 率先使用深度神经网络来对数以万计的新冠病毒聚合酶链反应（polymerase chain reaction，PCR）测试患者的临床记录进行分析。研究表明，嗅觉丧失（嗅觉改变或丧失）和味觉障碍（味觉改变或丧失）是即将进行 COVID-19 诊断的最早特异性指标，比典型的 PCR 检测日期提前 4～7 天。

预测：要了解 COVID-19 疾病进展的可能进程，需要对数千名患者的所有检测结果进行全面的分析。研究表明，COVID-19 相关凝血病（coronary artery calcium，CAC）的特点是在临床表现时血浆纤维蛋白原水平较高和血小板计数较低，但是这些测试结果在疾病的后续阶段会有显著变化。

治疗：患者入住重症监护室（intensive care unit，ICU）和死亡的概率与细胞因子风暴和急性呼吸窘迫综合征（acute respiratory distress syndrome，ARDS）相关。研究表明，皮质类固醇治疗后血浆 IL-6 水平是 COVID-19 重症患者在 ICU 住院时间的一个重要指标。

3）流行病学研究

接种疫苗：Nference 公司针对 10 多万名患者完整的免疫记录的初步分析表明，美国食品药品监督管理局（Food and Drug Administration，FDA）批准的多种疫苗在降低 SARS-CoV-2

感染风险方面起了作用。这些疫苗被推荐给大多数劳动群体以及儿童和老年人群，从而为各年龄组增强 SARS-CoV-2 免疫力提供了选择。

诊断：Nference 的 SARS-CoV-2PCR 检测和 IgG 血清正位化检测结果显示，大多数长期病毒 RNA 脱落者没有住院，并且没有症状。研究发现，IgG 血清阳性的个体仍然可以脱落病毒 RNA，这就需要监测病毒载量和中和抗体滴度。

社区传输：Nference 与妙佑医疗合作，开发并部署了一个流行病学跟踪平台，该平台整合了美国各地县一级的 SARS-CoV-2PCR 检测数据，可实现 SARS-CoV-2 传染性时空“热点”的预测，并已成功用于分配个人防护装备资源的过程中。

### 12.2.3　医疗大数据的发展趋势

**1. 将医疗数据转化为医学价值**

医疗大数据已经广泛应用于医学领域，未来的医疗大数据应用会对人们的生活和健康产生重要的影响。就社会层面来说，医疗大数据与社会的福祉有着莫大的关联。医疗信息的综合化和信息化能有效指导医学实践，这使医学实践不断得到加强，将实践经验加以总结能更好地突破现有医疗的瓶颈。医疗大数据还能促进医疗体系完善，催生出更多新领域的治疗方案。医疗数据能帮助医生验证一些医学现象，通过虚拟的临床模拟来验证医疗数据，通过这样的快捷方式能获得有价值的信息，进而指导实际的医学疾病治疗。

**2. 加强数据的安全和深入研究**

由于医疗数据都是基于患者本人及其疾病治疗方案的整合，所以在对医疗大数据进行分析的同时，要注意保护患者的个人隐私。由于数据时代中信息的展现方式多样化，人们可以任意进入网络中获取有利的信息。因此，医院在收集患者的相关个人资料以及疾病情况的同时还要注意保护患者的隐私。对于医院的医学数据要采取访问限制的措施，为访问信息设立相应的管理机构，确保信息使用安全。对于信息的采集和收集也要加强管理，这也是管理医学数据的有效措施。近年来，隐私保护和隐私攻击模型同步发展，对各类方法的有效性提出了严峻的挑战，以差分隐私保护为代表的新的研究方向，成为面向医疗信息发布的隐私保护方法的主流。

**3. 预测风险的能力增强、数据可视化程度提高**

医生可以根据网络医疗大数据对病患的病史进行分析，进而更快地得出诊断结果，这也缩短了对患者病情的考察时间，使患者能得到及时救治。将医疗数据和人的身体状况相结合，通过提前预知一些常见疾病来帮助人们在生活作息和饮食中有效控制常见疾病的发生风险。将数据技术和医疗图像相结合，能有效地将医学透析图像更为清晰地传达出来，有利于医生对病情加以研究和认识，帮助提高医学成像的速度，还能加强医学资源共享，促进医疗卫生事业的进步和发展。

## 12.3　大数据在智慧物流中的应用

智慧物流是 IBM 在 2009 年首次提出的概念，其主要指运用智能化、信息化和自动化技术所形成的一种新兴物流形态。智慧物流具有三个典型特征：一是数据驱动，即利用大数据、互联网、人工智能等技术，建设物流信息平台，从对内管理和对外服务两个角度优化资源配置，为物流企业创造更好的经济效益和社会效益；二是信息联通，即将物流管理看作一项系统工程，将政府部门、物流企业、社会客户的信息进行共享联动，使数据信息的传递更加便利、高效；三是人工智能，即将本应由人来完成的复杂工作交由设计好程序的机器完成，通过技术赋予机器人的思维和行动能力，从而降低人工成本和提高管理效率。

### 12.3.1　应用现状概述

随着社会经济的高速发展和大数据技术的出现，智慧物流的概念综合了各项新兴技术，系统化地将一般物流的各个环节进行优化，重点提升物流效率、降低运营成本。智慧物流作为物流产业的一种新业态，其核心内容在于依靠大数据或云计算等技术实现产业优化。在这一方面，国外的研究时间比较早，内容也更加深入，侧重于智慧物流技术的实际应用。例如，物流信息系统的应用可以在收益与成本计算方面发挥促进作用，而企业的规模与核心业务水平也取决于智慧物流水平。因此，在大数据时代下，智慧物流系统与应用方式可以缩短供应链周期，降低生产成本，以动态化、精确化的发展规划方案适应现代电子商务运营模式。

在物流领域的发展中，大数据技术在行业领域的应用能够促进智慧物流的快速发展，能够提升智慧物流的服务质量，运用数据为决策提供支持，从而完善智慧物流综合管理体系。

### 12.3.2　应用案例——京东无人车

近年来，京东持续进行技术投入，通过人工智能技术降低成本，提升物流效率，为客户提供更优质的服务。京东无人化物流配送包括无人配送车、无人机、无人货车等多种运输方式，并与无人仓储体系进行对接，从而实现从自动分拣、配送路径优化到京东无人仓，再到最后一公里的无人车、无人机，物流的各个环节都有智能物流技术的体现。

（1）无人车系统解析。采集数据的设备由单目摄像头、GPS、惯性传感器、Wi-Fi/LTE 通信模块组成，将卡车驾驶员的驾驶经验数据、道路和安全状况等驾驶里程数据保存到京东云服务器上。这些数据通过人工智能算法不停学习如何降低风险，并配合使用京东云后台对大数据的挖掘和分析处理，能够更好地实现采集预警数据、分析驾驶行为、降低事故率、提高算法准确率等一系列功能。这些大数据符合无人车自动驾驶系统的数据需求，用来对无人车的自动驾驶系统进行建模和训练，以发展和完善无人车自动驾驶系统。

（2）大数据技术对无人车运营的应用。高精度地图数据是无人车导航运行的数据基础，只有详细而全面的高精度数据，才能为无人车行驶提供可靠的行动指引。同时，无人车运行本身也是数据的感知行为，借助车身的各种传感器，无人车能够对实际道路情况有实时的感知，并且随着无人车运营数量的规模化，数据感知的范围能够覆盖更多的区域和场景，从而实现数据的实时感知更新。这种借助海量行驶感知数据的数据更新模式，被称为“众包式”数据更新，是目前无人驾驶领域实现地图更新的主要技术方式。

（3）大数据在无人车未来的应用。未来无人车都会被联网，每一辆行驶在道路上的无人车都将会从其他无人车所学到的驾驶经验中获益。驾驶会变成一个网络行为，驾驶里程数据和驾驶行为数据能够被记录和存储，并对其进行分析，然后重新将新的驾驶配置分配给每一辆车。在这样的情况下，驾驶将变得更加安全，需要更多的合作，大幅提高无人车运行的效率，而大数据、智能和云平台会以个性化的服务方式更好地服务汽车制造商和保险公司。

### 12.3.3 智慧物流的发展趋势

智慧物流的发展是时代变革的必然趋势，也是产业结构转型升级、转变经济发展方式的重要举措。目前，我国智慧物流业取得了不小的进步，已步入高速发展阶段。在未来，可以预测智慧物流发展会出现以下趋势。

（1）智慧物流融合互联网技术，推动行业持续升级：智慧物流是现代综合型物流系统，主要以互联网技术为依托，其发展不断呈现出网络化、自动化的趋势，从数字化向程控化演进并持续推动行业的升级，电子商务物流、同城快递、同城配送等相关技术也会实现飞速发展。

（2）基于物联网技术的智慧物流操作系统开始落地应用，并推动产业的全面创新与升级：人工智能技术将沿着物联网的网络延伸到物流服务全链路，推动全链路的智能规划、数字路由、智能调度、智能分仓、智能调拨、智能控制等方面的技术创新。

（3）大数据促进物流供应链优化：在未来，通过大数据分析形成物流流通数据后，以往货物由品牌商仓库发出的模式，将更改为部分商品或货物从厂家直发，货物不动而数据动，做到路径最优，提升运营效率。

（4）物流自动化将迎来跨越式发展：未来依托共享信息技术平台，每一个人、每一辆车、每一间闲置的仓储库房，都有可能成为物流的共享环节，物流资源将像云计算一样，按需付费，碎片化的运力、仓储资源都有可能参与到社会化物流环节中。柔性自动化系统和作业模式将在应用中不断成熟，形成相关的技术标准，推动仓储自动化系统的大规模复制时代的到来。

（5）信息化、智能化、集约化和小批量定制是未来物流的发展趋势：智慧物流以客户需求为中心，灵活地实施物资调动，满足下游的需求。互联网拓展了营销渠道，通过互联网及时反馈消费者需求信息，信息将快速到达生产企业指令中心，而智慧物流可促进资源配置的优化与高效运作，实施订单化管理，减少企业库存，降低上游经营风险。依托“互联网+”兴起的智慧物流云仓系统将蓬勃发展：智慧物流云仓系统是伴随电子商务产生的有别于传统仓储方式的智能化仓储模式，其最大的区别在于智能自动化装备和信息化软件集成应用。依托智能制造兴起的云仓，将成为电子商务发展的中坚力量。

## 12.4 大数据在智慧城市中的应用

随着社会的进步与发展，传统的城市发展模式已经无法满足当今城市的发展需求，在现阶段，大数据对城市管理发展的影响日益显现，只有融合先进的大数据技术，才能促进城市发展的转型升级。大数据技术具有显著的优势，将其运用到城市管理中能够促进智慧城市的建设与发展，实现革命性蜕变。

### 12.4.1 智慧城市的概念

IBM 公司于 2008 年提出“智慧地球”这一理念，进而引发了智慧城市建设的热潮。2010 年，IBM 正式提出了“智慧的城市”愿景，希望为世界的城市发展贡献自己的力量。智慧城市就是运用信息和通信技术手段感测、分析、整合城市运行核心系统的各项关键信息，从而对包括民生、环保、公共安全、城市服务、工商业活动在内的各种需求做出智能响应。其实质是利用先进的信息技术，实现城市智慧式管理和运行，进而为城市中的人创造更美好的生活，促进城市的和谐、可持续发展。

智慧城市实际上与大数据息息相关，它是一种基于互联网、物联网的新模式和新形态，可以通过大数据技术进行各种数据的采集与分析，也可以通过大数据技术进行智慧城市的建设、管理以及生活服务。

### 12.4.2　大数据在城市交通领域中的应用

改革开放以来，深圳从一个不为人知的小渔村，一跃成为国际科技大都市。随着城市人口的增长速度不断加快，城市的交通系统越来越拥堵，传统的城市交通管理模式的局限性也逐渐地暴露出来。

在广东省“数字政府”改革建设“全省一盘棋”和深圳市新型智慧城市深化建设的工作部署下，深圳交警坚持开放共享、多元互动、协同共治的理念，提出了智慧交通建设新构想。智慧交通“深圳模式”始终坚持以下做法。

（1）智慧交通，顶层设计是蓝图。深圳交警按照“智慧+”新构想，打造由业务部门主导科技创新应用、科技部门提供平台支撑的新警务机制，设立了人工智能、人脸识别、数据建模、地图应用、视频应用等新技术 26 个攻坚团队。通过“多核驱动”，全面开展“智慧+治堵”“智慧+执法”“智慧+指挥调度”“智慧+便民服务”等实战应用。同时，联合多家顶尖科技企业开展《深圳市智慧交通建设顶层设计》，从全局视角，设计总体框架，打造“城市交通大脑”。

（2）智慧交通，数据融合是抓手。“智慧+”新机制要达到最优效果，实现可持续发展，最根本的抓手是数据信息的融合。深圳交警打造了数据汇聚平台，利用大数据、云计算、人工智能等前沿核心技术，将系统的软、硬件解耦，提供统一多算法融合及调度平台，规范业务输入和输出标准，使更多具有交通应用算法能力的科技企业在同一平台进行试验，达到技术叠加、优中选优的目的，为智慧交通提供最强、最优的解决方案。

（3）智慧交通，精准管控是关键。在新型智慧城市建设方案的统筹规划下，实现执法、通行精准的管控是关键。深圳通过建设电子警察、闭路电视、车牌识别以及 RFID、地磁等一大批前端采集设备，构建了一张“无处不在”的交通信息感知网，实现了车辆动态、静态信息实时掌控。通过技术创新，引进人工智能研判分析，赋予多种思维逻辑，建立“执法的大脑”，已实现了不礼让行人、客货分离、开车打手机、不系安全带等违法行为的智能执法，对非深号牌、泥头车等各类车型结合时间、空间的禁行限行执法，确保各项交通管理措施落实到位，执法效能明显提升。

### 12.4.3　大数据在市民生活领域中的应用

大数据与我们的生活息息相关，大数据技术也融入我们日常生活中的方方面面，如在旅游、客运售票、租车、包车、修车业务、服务大厅、个人信息、生活缴费、天气信息、失物招领及信息反馈等方面，运用大数据技术，就能为城市居民提供精准的信息查询功能，并方便市民的生活。

社区管理与服务是现代化的城市生活体系中必不可少的部分，大数据技术在社区管理上也发挥着重要的作用。例如，在社区管理中，社区门禁管理的应用主要是对出入社区的人身份进行识别与管理，传统的社区门禁管理方式以门禁卡为主，而大数据技术的应用可以将社区内部居民的面部特征进行采集并传输到社区服务系统中，实现人脸智能识别，也可以进行指纹信息的采集与传输，实现密码识别。只要二者数据匹配，就可以通过门禁；一旦数据不匹配，摄像头就会自动采集非法人员的面部特征，并进行声光警示。这些技术不仅可以为社区居民提供多样化的生活方式，还可以优化社区服务质量。

## 12.5　大数据在金融行业中的应用

以大数据为基础的网络金融模式，已经开始对传统金融发展模式造成了一定的影响。在金融服务领域当中，融合了大数据分析技术的现代化金融发展模式，已经逐渐扩大了市场占有率，其地位也得到了全面提升。其中，基于大数据的移动支付以及支付宝业务等，已经成为当今社会人们日常生活和生产环节中必不可少的一部分。大数据分析技术可以持续推动金融产业的创新型发展，并且使其逐渐成长成为影响我国传统金融领域发展的新兴势力。

### 12.5.1　大数据在银行中的应用

大数据在银行中的应用主要表现在两个方面：信贷风险评估和供应链金融。

在信贷风险评估中，传统方式是基于过往的信贷数据和交易数据等静态数据，对于企业违约的其他影响方面，如行业的整体发展状况和实时经营状况等考虑不到，而将大数据融入信贷风险评估后，首先以客户大数据为基础，为存量客户建立客户画像，然后建立专项集中的企业及个人风险名单库，统一“风险客户”等级标准，最后统筹各专业条线、各业务环节对大数据增量信息的需求优先序列，针对不同类型的业务进行相对实时的更新。

在供应链金融中，将供应链的相关企业作为一个整体，对金融风险进行控制，使风险考量授信主体向整个链条转变。利用大数据技术，银行可以根据企业之间的投资、控股、借贷、担保以及股东和法人之间的关系，搭建企业间的关系图谱，有利于关联企业的分析和风险控制。

### 12.5.2　大数据在证券行业中的应用

大数据在证券行业中的应用主要包括三个方面：股市行情预测、股价预测以及智能投顾。

在股市行情预测方面，大数据有效拓宽了证券企业量化投资数据维度，通过对海量个人投资者样本进行持续性跟踪监测，对账本投资收益率、持仓率、资金流动情况等一系列指标进行统计、加权汇总，了解个人投资者交易行为的变化、投资信息的状态与发展趋势、对市场的预期以及当前的风险偏好等，对市场行情进行预测。

在股价预测方面，证券行业客户的投资与收益以直接的、客观的货币形式直接呈现。传统方法对于股票市场对投资的反应很难衡量，利用大数据技术，可以收集并分析社交网络如微博、朋友圈、专业论坛等渠道上的结构化和非结构化数据，了解市场对企业预期的感知情况。

针对智能投顾方面，基于客户的风险偏好、交易行为等个性化数据，采用量化模型，在客户资料收集分析，投资方案的制定、执行以及后续的维护等步骤上均采用智能系统自动化完成，为客户提供低门槛、低费率的个性化财富管理方案。

### 12.5.3　大数据在保险行业中的应用

大数据在保险行业中的应用主要体现在骗保识别和风险定价两方面。

对于保险企业来说，赔付直接影响其利润的多少。而赔付中的“异常值”是推高赔付成本的主要驱动因素之一。借助大数据手段，保险企业通过建设保险欺诈识别模型，从数万条赔偿信息中挑选出疑似诈骗索赔，再根据疑似诈骗索赔开展调查。另外，借助内部、第三方和社交媒体数据进行早期异常值检测，包括客户健康状况、财产状况、理赔记录等，及时进行干预措施，减少先期理赔。

对于保费的定价，基于大数据分析技术采用灵活定价的方式，对高风险群体收取较高的费用，对低风险群体则降低费用，大大提高了保险产业的竞争力。

### 12.5.4　大数据在支付清算行业中的应用

大数据在支付清算行业中的应用主要表现在交易欺诈识别方面，利用账户基本信息、交易历史、位置历史、历史行为模式、正在发生的行为模式等，结合智能规则引擎进行实时的交易反欺诈分析，整个流程包括实时采集行为日志、实时计算行为特征、实时判断欺诈等级、实时触发风控决策、案件归并形成闭环。

## 12.6　大数据面临的挑战和发展前景

未来的信息世界“三分技术，七分数据”，得数据者得天下。继实验科学、理论科学、计算机科学之后，以大数据为代表的数据密集型科学将成为人类科学研究的第四大范式。大数据中蕴藏着关乎社会动向、市场变化、科技发展、国家安全的重要战略资源。毫无疑问，大数据对未来科技和经济的发展将会产生不可估量的深远影响。不过，虽然大数据的前景灿烂，但其中也孕育着新的问题和挑战。

### 12.6.1　大数据面临的挑战

**1. 业务视角的不同导致的多样性**

以往，企业通过内部 ERP，客户关系管理（customer relationship management，CRM）、供应链管理（supply chain management，SCM）、商务智能等信息系统建设，建立高效的企业内部统计报表、仪表盘等决策分析工具，为企业业务敏捷决策发挥了很大的作用。但是，这些数据分析只是冰山一角，更多潜在的、有价值的信息被企业束之高阁。大数据时代，企业业务部门必须改变看数据的视角，更加重视和利用以往被遗弃的交易日志、客户反馈、社交网络等数据。这种转变需要一个过程，但实现转变的企业已经从中获得了巨大收益。有关数据显示，亚马逊仅三分之一的收入来自基于大数据相似度分析的推荐系统。因此，对于企业来说，不同的业务视角，决定了大数据技术不同的应用场景，业务场景的多样化是大数据时代数据分析面临的主要挑战。

**2. 数据对象的异构性和低价值性**

企业数据广泛地分布在不同的数据管理系统中，为了便于数据分析，就需要对数据进行集成，相对于传统的数据集成中遇到的异构性问题，大数据的异构性问题更加严峻。首先，数据类型从结构化变成了非结构化、半结构化和非结构化相结合；其次，数据的产生方式从传统的固定数据源变成了移动数据源；最后，数据的存储方式从原来的关系型数据库变成了新兴的数据存储方式。这些变化都给数据的集成带来了巨大的挑战。另外，大数据低价值性的特征，也给数据集成带来了新的挑战。在数据分析之前，必须对数据进行有效的清洗，避免无用数据对数据分析的干扰。对于数据清洗质与量的把握，必须谨慎，太细或太粗粒度的数据都会对分析效果产生影响。

**3. 数据分析的实时性与动态性**

不同于传统的数据分析形成的一套行之有效的分析体系，大数据的半结构化、非结构化数据的激增，给数据分析带来了挑战，数据处理的实时性和动态性要求也给大数据分析带来了一定的难度。现在有多种大数据架构可供我们选择，如 Flink、Storm 等都是面向实时处理的。但是目前仍没有一个通用的处理框架，各种工具支持的应用类型也相对有限，以至于在实际的应用场景中，必须要根据具体的业务要求对现有的工具进行优化才能满足需求。同时，大数据时代的数据模式会随着数据量的不断变化而变化，因此，为了能够适应快速变化的数据模式，就必须设计出简单且高效的索引结构，对于不同应用场景下的索引方案的设计也是大数据时代数据分析的主要挑战之一。另外，在实时、动态地进行数据分析时，很难有足够的时间与经验建立知识体系，先验知识的不足也给大数据分析带来了巨大挑战。

**4. 技术架构的不同**

相对于大数据的存储结构而言，传统的 RDBMS 和 SQL 面对大数据已经力不从心，更高性价比的数据计算与存储技术和工具不断涌现，对于已经熟练掌握和使用传统技术的企业信息技术人员来说，学习、接受和掌握新技术需要一个过程，从内心也会认为现在的技术和工具足够好，对新技术产生一种排斥心理。新技术本身的不成熟性、复杂性和用户不友好性也会加深这种印象。但大数据时代的技术变革已经不可逆转，企业必须积极迎接这种挑战，以学习和包容的姿态迎接新技术，以集成的方式实现新老系统的整合。

**5. 数据管理工具的易用性**

数据从集成到分析，再到最后的数据揭示，易用性问题贯穿了整个流程。对于数据管理的易用性问题，大数据时代需要关注这几个原则：①可视化原则，可视化原则要求产品不仅能将最终结果通过清晰的图像直观展示出来，并且在用户见到产品时就能够大致了解产品的初步使用方法；②匹配原则，匹配原则要求新的大数据处理技术和方法将人们已有的经验知识考虑进去，以便人们快速掌握自己的操作过程，大数据处理技术需要大范围引入人机交互技术，以便人们较完整地参与整个分析过程，有效提高用户的反馈感，从而在很大程度上提高易用性。满足这些原则的设计才能达到良好的易用性。

### 12.6.2　大数据的发展前景

2020 年，我国大数据产业迎来新的发展机遇期，产业规模稳步增长。2016～2019 年，短短四年时间，我国大数据产业市场规模由 2841 亿元增长到 5386 亿元，增速连续四年保持在 20%以上。根据近年来大数据行业市场规模的增长态势，2020 年大数据行业规模约为 6670 亿元。我国目前大数据领域的企业超过 3000 家，而超过 70%的大数据企业为 10～100 人规模的小型企业，中小企业在产业蓬勃发展过程中发挥着重要作用。随着全球经济形势的变化和行业政策的实施，大数据中小企业面临的外部市场环境和依托的基础设施也发生了重大变化，从而影响企业规模分布。

首先，目前行业竞争格局从规模上看，以小型企业为主导；从行业应用方面看，以金融、医疗健康、政务等为主要类型。除此之外依次是互联网、教育、交通运输、电子商务、供应链与物流、城市管理、公共安全、农业、工业与制造业、体育文化、环境气象、能源行业。

其次，从企业融资细分的分布来看，大数据行业融资企业分布在近 20 个领域，在企业服务、医疗健康、金融等垂直细分领域的大数据应用展现出巨大的潜力。

最后，从技术发展来看，大数据技术仍然保持着旺盛的发展趋势。根据 Gartner 最新的分析可以看出，大数据技术主要有五大发展趋势。

（1）存储与计算分离。在传统集群系统中，计算和存储是紧密耦合的，以 Hadoop 为例，在传统 Hadoop 的使用中，存储与计算密不可分，而随着业务的发展，常常会为了扩充存储而带来额外的计算扩容，这其实就是一种浪费。同理，只为了提升计算能力，也会带来一段时期的存储浪费，将计算和存储分离，可以更好地应对单方面的不足。笔者认为，存储与计算分离是一种分层架构思想，即将存储能力和计算能力分开，各自服务化，通过高速网络连接。以 AWS 的大护具架构为例，底层统一采用 S3 存储，存储层上架设各种计算引擎如 Hive、Spark、Flink 等。

（2）实时计算和实时数据仓储。实时计算一般是针对海量数据进行的，要求为秒级，其任务主要分为数据的实时入库、数据的实时计算两部分。实时计算的发展趋势要求数据源的实时性和不间断性，并且尽量减少因数据量大带来的成本损耗，实时数据仓储则侧重于对数据处理流程的精细规划和分层，以提高数据的复用性。

（3）人工智能推动数据智能应用。相比于传统机器学习算法，深度学习提出了一种让计算机自动学习产生特征的方法，并将特征学习融入建立模型的过程中，从而减少了人为设计特征引发的不完备。深度学习借助深层次神经网络模型，能够更加智能地提取数据不同层次的特征，对数据进行更加准确、有效的表达。而且训练样本数量越多，深度学习算法相对传统机器学习算法就越有优势。

（4）数据融合。2020 年，阿里云正式推出大数据平台的下一代架构——“湖仓一体”，打通数据仓库和数据湖两套体系，让数据和计算在湖与仓之间自由流动，从而构建一个完整的、有机的、大数据技术生态体系。为企业提供兼具数据湖的灵活性和数据仓库的成长性的新一代大数据平台，降低企业构建大数据平台的整体成本。

（5）技术融合。物联网、云计算等技术与大数据技术的发展路线必将交接、碰撞，而这已经成为现实。多年来，大数据给人留下的印象为花钱多，灵活度低、令人头疼的运营管理等。但在近年，随着现代数据仓储等概念的兴起，更新的云架构层出不穷，势必引起新的技术变革。

放眼全球，研究发展大数据技术，运用大数据推动经济发展、完善社会治理、提升政府服务和监管能力正成为趋势。但是，随着研究应用的不断深入，我们发现，即使在大数据分析应用中大放异彩的深度神经网络，尚存在基础理论不足、模型不具有可解释性等问题。大数据技术仍然拥有巨大发展空间，我们还要继续加快大数据的发展进程。

## 12.7　习题与思考

（1）大数据的行业应用模式可以划分为哪几类？

（2）医疗领域的大数据的来源有哪些？

（3）医疗领域大数据的应用存在哪些问题？

（4）试分析智慧物流未来发展所面临的挑战。
（5）如何解决大数据应用中的数据安全问题？
（6）智慧城市的概念是什么？
（7）大数据在金融行业有哪些应用？
（8）大数据面临的挑战有哪些？

# 参 考 文 献


董西成，2013. Hadoop 技术内幕：深入解析 MapReduce 架构设计与实现原理[M]. 北京：机械工业出版社.

樊重俊，刘臣，霍良安，2016. 大数据分析与应用[M]. 上海：立信会计出版社.

何晓群，刘文卿，2001. 应用回归分析[M]. 北京：中国人民大学出版社.

黄东军，2019. Hadoop 权威指南[M]. 北京：电子工业出版社.

李蒙，刘文荣，何锦辉，等，2020. SEO 搜索引擎优化实战[M]. 北京：清华大学出版社.

李群，袁津生，2020. 搜索引擎技术与应用开发[M]. 北京：清华大学出版社.

林子雨，2017. 大数据基础编程、实验和案例教程[M]. 北京：清华大学出版社.

林子雨，2021. 大数据技术原理与应用[M]. 北京：人民邮电出版社.

刘宝锺，2020. 大数据分类模型和算法研究[M]. 昆明：云南大学出版社.

刘凡平，2019. 大数据搜索引擎原理分析[M]. 北京：电子工业出版社.

吕晓玲，宋捷，2019. 大数据挖掘与统计机器学习[M]. 北京：中国人民大学出版社.

马秀麟，姚自明，邬彤，等，2015. 数据分析方法及应用[M]. 北京：人民邮电出版社.

维克托•迈尔-舍恩伯格，肯尼思•库克耶，2013. 大数据时代[M]. 盛杨燕，周涛，译 . 杭州：浙江人民出版社.

齐小华，高福安，1994. 预测理论与方法[M]. 北京：北京广播学院出版社.

秦志光，刘峤，刘瑶，等，2015. 智慧城市中的大数据分析技术[M]. 北京：人民邮电出版社.

石胜飞，2018. 大数据分析与挖掘[M]. 北京：人民邮电出版社.

王珊，萨师煊，2018. 数据库系统概论 [M]. 5 版. 北京：高等教育出版社.

王晓佳，2012. 基于数据分析的预测理论与方法研究[D]. 合肥：合肥工业大学.

王振武，2017. 大数据挖掘与应用[M]. 北京：清华大学出版社.

吴喜之，张敏，2020. 应用回归及分类：基于 R 与 Python 的实现[M]. 5 版. 北京：中国人民大学出版社.

谢月，2012. 网页排序中 PageRank 算法和 HITS 算法的研究[D]. 成都：电子科技大学.

姚国章，2019. 大数据案例精析[M]. 北京：北京大学出版社.

易丹辉，2014. 统计预测：方法与应用[M]. 2 版. 北京：中国人民大学出版社.

张晨曦，刘真，刘依，2015. 计算机组成原理[M]. 北京：清华大学出版社.

赵刚，2013. 大数据：技术与应用实践指南[M]. 北京：电子工业出版社.

郑继刚，2014. 数据挖掘及其应用研究[M]. 昆明：云南大学出版社.

Wrox 国际 IT 认证项目组，2017. 大数据分析与预测建模[M]. 姚军，译.北京：人民邮电出版社.